创新中国书系

硬科技 2

从实验室到市场

米磊 曹慧涛 李浩 张程 ｜ 著

中国人民大学出版社
·北京·

编委会及编写组名单

编委会

主　任　米　磊

副主任　曹慧涛　李　浩　张　程

委　员　李　妍　王　峰　熊　德　杨军红　曹　鹏

　　　　郭　鑫　赵瑞瑞　侯自普　石　晶

编写组

组　长　赵瑞瑞

副组长　侯自普

第一章　侯自普

第二章　纪　喆　胡　旸　侯自普

第三章　侯自普　赵瑞瑞

第四章　胡　旸　侯自普

第五章　赵瑞瑞　纪　喆

第六章　冯凡璎　赵瑞瑞

第七章　纪　喆　冯凡璎

第八章　侯自普

第九章　李彩侠

第十章　武慧童

第十一章　陈　烨　侯自普

审　校　赵瑞瑞　侯自普

在科技成果向产业化转移的"死亡谷"上架起一座"铁索桥"

王恩哥

中国科学院院士

松山湖材料实验室理事长

中国科学院原副院长

北京大学原校长

新中国的科学技术事业是在很低的起点上逐步发展起来的，经过几代人接续奋发图强，取得了诸多显著成就。在举步维艰的努力中，我们对科技创新内在规律的认知也越来越深。现在，全球科技创新演进到了一个新的变革期，既面临着千载难逢的历史机遇，也面临着前所未有的巨大现实挑战。站在历史发展的十字路口，我们应该系统思考中国科技创新走过的道路、找准科学和技术的"中国问题"，才能少走弯路，朝着建设世界科技强国的目标前进。

从开始学习物理算起，我从事物理的学习和研究至今已有40多年了。六年前，我在广东参加了一个新体制的科研机构的建设。我想把过去三四十年的科研工作经历结合近几年的应用实践体会，借此次机会跟大家讲一讲。这也是我一直在想的，即：中国能不能在科技成果向产业转化的过程中架起一座"铁索桥"，体系化地去解决科技与产业"两张皮"历史痼疾。

科技创新是一场接力赛，从基础原理研究开始，到最终形成商品，需要经历漫长的过程。大致上，可以分为科学研究突破、工程技术攻关和产业化发展三个环节，每个环节的工作任务和成果产出形态存在差异。基于这样的划分逻辑，我曾提出"三品论"：样品、产品、商品。我认为，传统的大学、研究所通常做的是"样品"，比如做支笔，在许多支笔中总结最好的结果，然后在国际上发一篇优秀的论文。而企业做的是"商品"，在资本和市场的加持下，不仅要解决产业链、供应链中的"卡脖子"问题，还要大规模满足市场对物美价廉的商品的需求。

那么，中间"产品"这个环节由哪类创新主体承担呢？基础研究解决的是"可不可能"的问题。高校和研究所如果把大量的笔做得都一样，是不符合他们的定位的。企业同样缺少在产品转化环节深耕的动力和人才支撑。所以，需要有一个新体制的成建制的机构来专门从事"产品"的研发。而此类机构，过去我们是缺少的。

2017年，广东省提出打造几个新体制的省级实验室。在广东省的邀请下，2018年我们发起设立了松山湖材料实验室。松山湖材料实验室作为新体制的研发机构，主要是做"产品"，并且瞄准"商品"目标，攻克产业化过程中的技术难关。在松山湖，我们如果觉得某支"笔"有用，就会找这支笔的研发团队，问他们愿不愿意走出学校或研究所的大门，到我们实验室这个平台上试一试。在这个平台上，我们的追求不是发文章，而是希望把100支"笔"都做得一样好，完成过程化技术攻关，使它们成为产品。

在松山湖工作一段时间以后我真正体会到，为什么在中国科技成果的产业化会这么艰难。从科研到商业应用，科技成果只是其中的一环，能否转化成功是另一件事。在科技成果向产业转化的过程中，存在一个"死亡谷"。无论怎么做，这个"死亡谷"总是存在的，再好的科技成果都会由于很多因素而在中间停下来。一旦陷入

"死亡谷"，无论科技成果多好，甚至达到顶峰，也未必能够保证最终实现产业化，被市场接受。

在过去的几年里，我在想这其中有没有规律。所以我一直想把松山湖材料实验室做成一个"样板工厂"，通过它来探索科技成果产业化的规律，让科技成果减少产业化的阻力，被市场接受，让样品顺利变成商品，以此在科技成果向产业化转移的"死亡谷"上架起一座"铁索桥"。那么"铁索桥"又是什么呢？我想，"铁索桥"很可能是一种软实力，用一个新词叫作"创新策源能力"。就是在这个地方聚集各种推动创新转化的充足资源，包括以工程技术攻关为目标的新型研发机构、应用开发工程师、早期社会资本、活跃的产业集群、政府新机制、新政策导向等，将它们整合在一起，形成一种健康的有利于科技成果产业化的环境。

其实，在这方面已经有许多探索。例如，在过去十年中，本书作者及其团队摸索出了一套很好的实践经验，在搭建科技成果转化生态中做了诸多被社会广泛认可的尝试。《硬科技2：从实验室到市场》这本书，应该说就是他们十年探索的浓缩凝练。书中对科技成果转化为现实生产力所需要的诸多要素进行了翔实的介绍，包括体制机制、思想、金融、人才、关键共性技术平台、新型研发机构等。不同的技术领域，对于成果转化的要素需求可能存在一定的差异，但是本书中所介绍的诸多实例，大都是科技成果产业化中值得参考的。

2024 年 4 月

让科研与企业的现实需求相衔接

王田苗

北京航空航天大学机器人研究所名誉所长

中关村智友研究院院长

当前，全球正处在历史性的变革和动荡时代。一方面，科技的颠覆性发展正在推动社会形态变革、产业重组、生活方式变化；另一方面，我们国家正处于向第二个百年奋斗目标奋进的关键时期，处在重新审视新时代底层逻辑的时候。我们会发现，也直观感受到了国家的主导支柱性产业必须自主可控，特别是在半导体、航空航天、高端制造、关键核心部件与材料等"卡脖子"领域，我们要有发展的主导权。不仅如此，中国未来要发展，必须积极拥抱并且掌握高附加值的前沿硬科技，率先培育出未来新兴产业及其生态体系，力争在新领域新赛道引领全球新一轮发展。

如何应对当今时代的变化呢？必须要依赖科技创新。从创新驱动发展战略，到贯彻新发展理念、构建新发展格局，再到高质量发展和新质生产力，党中央一系列顶层设计上的部署，正在潜移默化地推动我国经济社会发展的基本逻辑重构。科技创新既是解决"卡脖子"问题的重要手段，又是迎接智能革命、能源革命、生物科技革命、交通革命的基础生态。

但是，科技创新如何高效转化出强大的现实生产力？这是时下政府及工业界、科技界、金融界等各方面需要深入思考的问题，且形势紧迫。科技创新是一项复杂的系统工程，涵盖科学发现、技术发明和产品创新、企业发展等多个方面。从全生命周期历程来讲，科技创新始于科学发现，成熟于技术突破，决胜于产业落地，高效推进于政策法规支持。科技强，最终要落脚在人才强、产业强、企业强、生态强。实施创新驱动发展、实现高水平科技自立自强的难点，不仅仅在于如何厘清人才、科学、技术和企业之间的边界，更在于如何建立起科学发现、技术发明和企业创新之间的互动机制和流转通道。我有幸长期从事科学研究和科技成果转化培育工作，深刻体会到科技创新、成果转化、企业创业之路的长期性、艰难性和不确定性。一般来讲，企业受制于商业等各方面的约束，无法长期不计回报地开展大规模基础科研和关键核心技术的研发工作；特别是对于大多数民营企业而言，往往没有开展这些工作所需要的人才、资金、平台。而企业的可持续发展又迫切需要从基础科研和技术发明中汲取营养。

非常遗憾的是，长期以来我国科研端与产业端始终按照自身的逻辑独立运行，两者之间没有形成面向问题解决的一致的价值目标和利益共享机制，导致科研供给与企业现实需求往往是错位和脱节的。究其原因，是因为当前我国科研界与产业界、高校院所与企业、科研成果与实用工程产品之间深度融合、协同攻关、顺畅转化的体制、体系和生态还未搭建起来，大量科研成果无法基于利益共享高效导入企业中，由企业进一步进行试验和产品研发，转化为满足人民美好生活需要的商品，转化为现实生产力。近几年，中央层面的多个重要会议强调"提高科技成果转化和产业化水平""强化企业创新主体地位""加强企业主导的产学研深度融合"，凸显了党中央和国家解决这一问题的迫切态度。

《硬科技 2：从实验室到市场》一书正是在此背景下孕育而生

的，是由其作者团队基于十余年科技成果转化实践经验形成的一部著作。书中对科技成果转化诸多问题的分析，都是作者从真切的实践体会中凝练而来的；书中提出的各类转化要素安排，都是经过作者实践验证可行且效果明显的。米磊最早是做科学研究的，后来投入到科技成果转化事业之中，先后投资孵化了400余家硬科技企业，这些硬科技的来源大多是科研院所的研究成果。作者这一双重身份本身就搭建起了科研与产业之间互动的桥梁，对于科研成果向现实生产力转化发挥着至关重要的作用。

本书尝试从体系化建构的视角解决科研与产业"两张皮"历史顽疾，立足"科学—技术—产业"科技创新全生命周期的宏大视角，审视科技成果转化诸多问题，从源头上将科技创新各个环节融合在一起进行思考。不同领域的科技成果转化对转化的要素需求存在一定差异，而本书中所介绍的诸多要素大都是科技产业化必不可少的。另外，本书对相关要素的介绍不是泛泛而谈，而是深入每个要素的内在机理，对各类要素的作用、现状与不足进行了详细的分析。比如，科技金融部分全面介绍了金融与科技创新的关系以及科技金融的演进趋势，精准识别出了我国科技金融早期资金匮乏的问题，并结合作者的实践提出了具有建设性的建议。

本书从系统性层面进行探讨的宏观视野令我眼前一亮，受益匪浅。针对硬科技创新创业难度大、周期长、投入大等特点，我一直秉持一个观点：科学家的创新是长板理论，而硬科技创业是木桶理论，不同发展阶段需要吸纳不同的优势互补的人才与资源组合。科技成果转化需要完善的创新要素和生态支撑。任何要素的缺失，都将给整个成果转化或硬科技企业的发展带来难以逾越的鸿沟。在多年从事科研工作和推动技术产业化的实践中，我对此深有体会。本书恰恰对科技成果转化生态体系进行了翔实全面的论述，构建了一套契合科技成果转化本身特点的"人—机—料—法—环"创新生态体系，既包括思想层面，也包括体制机制层面，还包括机构、平台、人才、金融、政策等各个要素。

相信这部浸透着作者智慧和汗水的著作，对于我国科技成果转化的宏观体系建设、中观政策制定和微观转化路径，皆有很大的价值，科技创新链条上不同环节的工作者都能够从中获得一定启发。最后，作为同样长期从事科研和产业化的一名实践者，我真切地期盼我国的科研成果能够源源不断地注入产业之中，注入企业之中。中国应该走出一条从科技强到产业强，再到国家强的科技自立自强之路，使我们的"腰杆子"能够硬起来，在更长远的未来引领全球产业变革，为人类经济社会发展贡献中国力量。

2024 年 4 月

目　录

引言　构建科技与产业的双向循环

◎ 悄然升温的科技成果转化"热"

党的十八大以来，党中央、国务院立足世界百年未有之大变局和国家经济发展规律，实施创新驱动发展战略，为中国经济发展的底层逻辑"换挡"谋篇布局。创新驱动发展的核心要义是向科技创新要发展动力，旨在推动我国丰厚的科研成果向现实生产力转化，加快创新优势向发展优势转化。

科技成果转化作为"创新驱动发展战略"的中间环节和纽带，正日益成为政府、学术界、产业界、金融界等社会各界广泛关注的公共话题。习近平总书记在科学家座谈会上指出，科学家应坚持面向世界科技前沿、面向经济主战场、面向国家重大需求、面向人民生命健康，为科学家工作提出了基本遵循。科学家、科研人员不仅要勇攀科学高峰，而且应在经济主战场和国家重大需求、人民生命健康领域发挥作用。国家颁布出台的科技成果转化"三部曲"，更是将我国科技成果转化工作推向一个新的高度。此后，围绕科技成果转化的各项配套制度、政策如雨后春笋应运而生。各区域、地方政府在经济发展重大规划中，都将科技成果转化作为重要落脚点，释放科研支持经济发展的巨大潜能。

党的十八大以来，官方媒体开始密集刊载有关科技成果转化主题的文章、评论。

2022 年，全国"两会"以科技成果转化为议题的相关议案出现"井喷"现象，多位人大代表提交了相关议案，议题涵盖体制机制、人才、分配机制、对策等，议题来源既有科研界的两院院士和科学家，也有产业界和商业界的企业家，还有科技服务机构、投资机构、金融机构及政府机构的代表，彰显了各界对科技成果转化的关注和重视。

悄然升温的科技成果转化"热"，正推动着我国科技成果转化事业的蓬勃发展。近几年，我国科技成果转化生态获得巨大改善，原来束缚科研向现实生产力转化的一些牢笼羁绊被打破，科研人员、高校和科研院所从事科技成果转化的热情空前，科技成果转化数量和质量获得巨大提升。

党的十八大以来，我国高校院所转化出一大批高质量的产业化项目，在解决核心产业被"卡脖子"问题和产业转型升级中的作用日益突出。面对国外芯片禁运，全国高校与科研院所凝心聚力，在"卡脖子"技术领域攻坚克难，在国产替代方面实现了许多突破。更有一批科研人员聚焦"非对称技术"，寻求换道超车，在新兴的光子芯片领域与国外展开竞争。大批光子技术实现了产业化，许多产品的技术指标还达到了国际领先水平。面向国家"碳中和"目标，以中国科学院为代表的国家战略科技队伍，源源不断地为中国新能源产业发展输送诸如中储国能、中科海纳、骥翀氢能等新能源企业军团。在商业航天、5G、人工智能、物联网等战略新兴产业领域，高校和科研院所技术人员、科学家创业者正成为践行创新驱动发展理念的生力军。

欧美发达国家自第一次工业革命以来，经过数百年的探索积累，基本打通了科研向现实生产力转化的通道，构建了比较完善的科技创新体系，能够将科技优势迅速转化为产业优势、经济优势。

我国亟须构建具有自己特色的科技创新体系。

一个严峻的现实是，欧美发达国家为保持自身优势地位，千方百计阻挠我国发展进程，打压我国的科技创新。美国更是逆全球化大势，实施技术出口管制，将任何可能影响美国引领地位的中国企业纳入实体清单。例如，美国前司法部长巴尔在一次演讲时讲道，中国在5G技术领域的领先会让美国失去经济制裁的权力。为达到遏制中国的目的，美国更是动用国家力量制裁华为、中兴。"中兴事件"中被迫离职的高管张振辉用八个字表达自己的心情："实非所愿，深感屈辱。"

我国科技成果转化工作起步较晚，存在断带和鸿沟，制约着创新优势向发展优势的顺利转化。在新一轮科技革命和产业变革进程中，我国不仅要解决科研引领问题，还面临着科技产业化重任，搭建科技成果转化体系成为"重中之重"。

◎ 破解科技与经济"两张皮"难题

十一届三中全会上，党中央基于国内外发展形势变化，立足我国人民日益增长的物质文化需要同落后的社会生产之间的矛盾，做出了有助于中国经济社会快速发展的最佳选择，提出"以经济建设为中心"的基本路线。以改革开放为分界线，我国经济开启了一种"双轨"并行的发展模式。

一条轨道是国防军工产业、重工业继续沿着新中国成立以来的举国体制路线演进，产学研深度融合自成体系，服务国家战略需求，形成了一个完善的内循环体系。另一条轨道是面向经济主战场领域，我们充分发挥劳动力等要素的低成本优势，利用全球产业分工机会，通过参与全球化经济大循环，承接发达国家前三次科技革命的技术红利，快速实现经济总量做大的既定目标。

改革开放至今 40 余年来，我国经济社会发展取得了质、量双提升的巨大成效。质的方面，诸如"嫦娥"飞天、"蛟龙"入海、"天眼"观星、"北斗"组网，还有"祝融号""和谐号""华龙一号"等，都彰显了我国强大的创新能力。量的方面，我国 GDP 总量于 2010 年超过日本，我国成为世界第二大经济体，成为全球唯一拥有联合国产业分类中所列全部工业门类的国家。我国连续 12年保持世界第一制造业大国的地位，创造了长达 40 年 GDP 高速增长、西方经济理论无法解释的"中国奇迹"。

但我们也应清晰地认识到，我国科技与产业实际上是错位的。国防军工产业的产学研深度融合、自成体系，与美国创新生态非常类似。不同的是：美国创新生态属于半开放或者全开放生态，国防军工产业成果会外溢到经济主战场领域；我国则是封闭生态，相关科技成果在国防军工产业以及重工业内部循环，未能充分外溢到经济主战场领域。

我国面向经济主战场领域，在"快速做大"的总定位下，选择了一条捷径，构建形成了"国外科学技术＋中国低端产业"的外向型科技创新生态。研发和市场两头靠外，造成我国产业附加价值整体较低，产业链供应链短板明显，"卡脖子"技术问题凸显，总体上处于国际分工和产业链的中低端。一直以来，我国处于"微笑曲线"的中间部分，即依靠人力、资源和要素投入在国际产业分工体系中位于产业链中的制造环节；而价值最高的研发和市场环节，如汽车产业中的发动机、消费电子中的芯片，则被欧美发达国家牢牢把控。有数据显示，苹果手机单台利润高达 151 美元，而富士康生产一部苹果手机只有 4 美元的代工费。

20 世纪 80 年代之前出生的人，大都亲历了我国改革开放至今40 多年经济发展演进的壮阔历程。从中央决定在深圳、珠海、汕头和厦门设置经济特区开始，沿海地区利用外资和引进的国外设备，吸引大量劳动力由内地向沿海转移，我们硬生生培育起以加工制造为主体、以出口为导向的本土工业。内地则以 1982 年中央颁布的五个"一号文件"为起点，乡镇企业快速发展：两三个人一搭伙，申请租赁一块土地，工厂就办起来了。总体上能够感受到，我国经济主战场领域在起步阶段，科技含量比较低，主要依靠劳动力资源和自然资源投入换取经济总量的攀升，挣的是"辛苦钱"。

进入 21 世纪以来，依靠引进、吸收、消化、再创新的路径，我国经济科技含量日益提升，但在全球产业链分工中处于价值链中低端这一局面并没有从根本上扭转。核心问题是长达 40 余年的科技与经济"两张皮"老顽疾没有根治，根本问题是科研供给系统仍旧停留在国防军工、战略型重工业等国家重大战略需求领域的自循环体系，科研供给系统无法充分外溢至经济主战场领域。

进入新时期，国内外形势发生变化，逆全球化趋势日益显现。为了保持自身优势地位，欧美发达国家未来可能连"边边角角"的创新成果都会对我们采取封锁措施。从我国内部来看，人口红利在逐渐消失，产业链供应链短板也日益显现，特别是大量的资源消耗也对我国生态产生巨大的压力。

以创新驱动发展战略为起点，我国开启构建"中国科研＋中国高端技术＋中国高端产业"的科技创新体系的历史进程，目标是从承接发达国家扩散的技术红利，变成自主创造自己的技术红利，最终跨上全球产业分工体系的顶端。

新的发展逻辑本质是向科技创新要发展动力，用创新和知识红利锻造产业链供应链长板，补齐产业链供应链短板，提升供给体系的创新力和关联性，在事关国家安全领域形成自主可控、安全可靠的产业链供应链体系。

◎ 构建科技与产业的双向循环

实施创新驱动发展，国家给出的具体路径是"围绕产业链部署创新链，围绕创新链布局产业链"，目标是构建科技与产业双向循环路径，形成一个螺旋式上升的经济大循环系统。在这个大循环系统中，科技端源源不断提供高质量创新供给，带动产业向中高端升级或催生新的科技产业。而产业端从需求和问题出发也持续不断提出关键共性技术需求，反过来牵引科技端实现原始创新突破，继而带动产业持续升级，循环往复，螺旋上升。

党的十八大以来，我国推进科技成果转化的体制机制改革，从中央到地方出台了一系列措施，涵盖成果转化收益、国资管理、机构建设、考核评价等，破除了制约科技成果转化的各类"条条框框"，极大释放了科技成果向现实生产力转化的潜能。

国家及各区域各项举措主要还聚焦在科技成果转化体制机制的完善方面，解决的是科技成果能否转化出来的问题。而当前全球科技创新竞争已经进入体系化竞争阶段。转化链是连接创新链和产业链的桥梁和纽带，要实现科技成果转化需要搭建起与创新链、产业链相匹配的生态体系。创新链、转化链、产业链"三足"并重，构成一个完善的创新闭环。

对于科技成果转化来讲，除了要解决能否转化出来的问题，还需要聚焦科技成果转化生命周期历程，搭建涵盖体制机制、思想观念、政策、人才、资金、机构、平台、环境等各类要素且融合互动的科技成果转化生态。从目前的情况来看，我国科技成果转化生态体系各要素还存在诸多"短板和空白"：思想理念还未彻底转变，面向产业需求的高水平、成建制的研发机构还在孕育，赋能行业发展的关键共性技术平台依旧不够，技术经理人、硬科技帅才等人才还很短缺，金融供给不足问题还很突出。前路漫漫，我们还有很长的路要走。

相信，通过科技成果转化要素体系和生态体系的搭建，中国经济发展的底层逻辑将成功实现"换轨"，在"科技产业双循环、经济高质量发展大循环"的创新生态闭环中，中国科研优势能落脚到产业优势，源源不断地为产业提供高水平关键核心技术，转化出一批引领时代发展的产业龙头，支撑中国实现科技自立自强并引领新一轮科技革命。

第一章 揭秘科技创新的底层规律

科技成果只有同国家需要、人民要求、市场需求相结合，完成从科学研究、实验开发、推广应用的三级跳，才能真正实现创新价值、实现创新驱动发展。

——习近平

自然科学、思维科学与社会科学是科学的三大领域。自然科学研究自然界物质的类型、状态、属性及运动形式。思维科学则是研究思维活动规律和形式的科学。社会科学研究的是人类社会的种种现象和运行规律。本章从社会科学的研究视角，揭秘科技创新的规律。

人类社会的发展由经济系统、社会系统、知识系统三大系统构成：经济系统属于生产力范畴，是人类社会发展的基础；社会系统属于生产关系范畴，是促进生产力发展的制度性安排；知识系统是人类社会发展的源头，为经济系统、社会系统输入源源不断的思想、文化、价值、科学、技术等"营养"。

知识系统属于认识论范畴，而经济系统属于实践论范畴。科学知识、思想、原理作为认识论元素，不会直接对实践产生影响，中间需要一个必不可少的转化环节，产出面向产业需求的技术。因此，知识系统和经济系统的互动，内在地产生了科学革命、技术革命和工业革命三种形态的变革。

科学革命提升人类认知的深度和广度，技术革命则是由认识论向实践论探索的中间阶段，真正给人类经济社会发展带来直接或最终影响的是工业革命。产业是否强大，是决定一个国家强大与否的关键。

从科学原理的提出到最后实现产业化，构成了知识系统和经济系统互动的全生命周期历程，科技成果转化是中间纽带和桥梁。

第一节　人类社会发展的三大系统

与自然世界一样，人类社会在一定的规律和规则支配下发展演进，并不断重塑自我运行机制。我们经常会看到，人类社会在发展的每个重大变革期、转折点，往往需要事实上也经常自发地修正原有理论，以更精确的理论框架解释社会发展、预判未来走向。在解释人类社会运动基本形式和规律时，社会系统论是各界广泛接受和认可的一种理论模型。社会系统论认为人类社会是由政治、经济、文化、社会等多个子系统构成的一个整体，各个子系统之间存在着多种多样的"输入—输出"关系。在这个过程中，社会秩序得以结构化，并形成社会系统的动态平衡。

社会系统、经济系统、知识系统这三大系统是推动人类经济社会良性运行和协调发展的主要力量，在人类经济社会发展中分别发挥着不同的功能。社会系统是以生产关系为基础的制度体系的集合，主要涵盖政治制度、经济制度、文化价值规范，以及分配机制、激励机制等，为知识系统和经济系统提供制度保障。经济系统则以生产力为基础，主要输出物质产品和服务产品，是社会运行的物质基础。知识系统包含文化、价值、思想、科学、技术等各类知识，并通过相应的输出机制，为社会系统和经济系统提供思想的源泉。

知识系统产出的知识分为社会科学知识和自然科学知识两大类。以文艺复兴为分水岭，在文艺复兴之前长达数千年的时间里，知识系统产出的主要是宗教、哲学、社会文化与价值、治国理政等各种思想，这些思想的生产主体多具有"官学"或"贵族"背景，这些思想能够直接传递至社会系统中的政治决策最高层，经过最高决策层的甄别筛选，最终以制度的形式形成社会治理体系。同时，社会系统建构了一套支撑社会科学知识持续生产与再生产的保障体系，最终实现两个系统的循环互动。自然科学在该阶段仍旧依附于社会科学，并未形成独立的知识体系，与经济系统的互动也处于零星、分散的状态。

文艺复兴之后，自然科学冲破神学和经验哲学的束缚开始自成体系。16~17 世纪，以哥白尼"日心说"为标志，近代科学乘着文艺复兴的东风诞生了。后续经由以开普勒、伽利略特别是牛顿为代表的一大批科学家的推动，建立了近代自然科学体系。一直到 19 世纪自然科学的三大发现，以物理、化学、生物等为基底的自然科学体系正式形成。自然科学崛起，改变了知识系统的供给结构，社会科学知识独霸知识系统的局面被扭转。

伴随着知识系统内部结构的变化，知识系统与社会系统、经济系统互动的格局也发生了变化，知识系统与经济系统"输入—输出"的交换关系开始成为社会运行的重要形式。以科技为代表的知识系统，作为第一生产力，开始推动人类经济社会跨越式发展。

第二节　科技创新的全景剖析

知识系统与经济系统的互动，本质上是认识论与实践论互动，是认识作用于实践的过程，具体表现在从科学原理到产业的过程。科学、技术和产业三种形态共同构成了科技创新的全景图。科学、技术和产业三者既相互联系、相互作用，又在发生条件、具体表现和功能作用等方面存在着本质区别。

◎ 科学、技术与产业的功能作用

科学知识的突破开启了人类认识世界、改造世界的新阶段，是人类走向开化的一次里程碑式的进步。科学包括科学理论、科学观点和科学事实等基本要素，科学知识的突破归根结底是人类认知体系和思想体系的飞跃，标志着人类在认知客观世界方面有了全新的认识论体系。

但科学无法对生产力产生直接作用，需要相应的转化。科学知识只有转化为能够被产业应用的技术，才能发挥对现实生产力的促进作用。在从文艺复兴到第一次工业革命长达三个世纪的时间中，科学始终停留在认识论层面，主要作为对抗中世纪神学和经验主义哲学的思想武器而存在。16 世纪末和 17 世纪初，培根提出自然哲学实践论，呼吁科学要为现实生产力服务，并投身于对脱离实际、脱离自然的一切知识加以改革，把经验和实践引入认识论，由此掀起了科学革命向技术革命转变的热潮。

技术革命由科学原理延伸而来，最终又将走向产业中，是认识论和实践论的结合体。其中，技术作为中间纽带，架起了认识论与实践论、知识与经济、科学与产业之间的桥梁。技术变革是技术原理、技术手段上的新发明，引起整个技术体系结构的变化，起核心作用的主导技术或主导技术群发生转换，旧的技术体系被扬弃，新的技术体系产生。

技术革命能够引起产业的变革，推动生产体系、生产方式的进步，最终实现生产力的飞跃。工业革命是产业变革的代表，从第一次工业革命人类从农业社会进入以机器为代表的工业社会，到第二次工业革命引发的电气化，再到第三次工业革命带来的信息化，人类社会生产方式不断发生质的飞跃。电子学等基础物理科学理论的突破，为电子技术和微电子技术突破提供了支撑，催生了集成电路技术，集成电路技术的出现又催生了以其为底层技术的"消费电子"产业。

◎ 科学、技术、产业变革的条件

一个国家在部署科技创新时，不仅要具有科技创新全景图的思维和视野，也要关注科学、技术和产业三个形态变革的条件。科学原理的突破，是否必然引起技术变革？技术的变革是否一定会引起产业的变革？尽管科学、技术和产业是科技创新三个阶段的不同形态，但三者之间是必要不充分的关系。科学原理的突破为技术变革提供了基础，但是要实现技术的变革，还需要其他一些条件的催化。产业变革也同理。

实践是认识的基础，是认识的来源，是认识发展的动力。拥有的经验材料获得质的进展，是科学原理突破发生的必要前提之一。历次科学知识的爆发式突破皆是经验材料积累到一定程度后才产生的。此外，可以用于观察和实验的工具、手段的质的进展，也是科学原理突破的重要基础。先进的科学仪器便是科学原理突破的重要物质条件。从古代的日晷，到近代科学发展中的显微镜、温度计、天平，再到现在的粒子加速器、超导托卡马克等大科学装置，都为所在时期的重大科学突破提供了支撑。

科学原理的突破为技术变革提供了基础条件，但只是科学原理的突破还不足以引发技术变革。技术变革的发生条件还涉及社会实践的需求，即社会发展对技术发展提出新的需求，这个需求可以是客观发展规律的结果，也可以是人类前瞻性预判所得出的现实需求。前者如集成电路发展到一定阶段后达到了物理极限，催生了社会对集成光路这项更具潜力的新技术的需求。后者则如可控核聚变，人类对社会环境以及能源利用方式的前瞻性预判催生了对可控核聚变技术的需求。

产业变革的发生条件更为复杂。除了完成技术变革外，技术在产业中推广应用催生新兴产业部门，或对传统产业部门进行技术改造，进而改变整个社会生产函数，最终才能完成产业变革。完成这个过程，涉及人类习惯的改变和应用生态的形成，因为一项新技术或者新产品在初期是很难被人们接受的。同时，产业变革的实现，也涉及社会资源和资金在产业体系内部进行重新分配，确保资源和资金流向新的产业部门。资源和资金的分配问题也是产业变革的一大难点。同时，产业变革还涉及产业体系内部协作、产业利益格局调整、产业环境、产业政策等各类要素。

第三节　科学强最终要落脚在产业强

科学、技术与产业构成了科技创新的体系。科技创新要想实际推动经济社会的发展，需要完整地经历这个全生命周期过程。在这个过程中，科学强是基础，技术强是核心，产业强是根本。当年，美国借助第二次科技革命的东风实现崛起，依靠的正是产业革命的领先优势。当时，欧洲仍旧是世界科学中心，大多数科学技术的突破主要发生在英国和德国。但是，美国重视实用创新的社会风气、完善的金融支撑体系以及大规模的市场需求，使第二次科技革命成果得以在美国实现产业化，美国因而可以超越英国实现崛起。面向新一轮科技革命，当今的中国与第二次科技革命时期的美国面临许多相似的情况，在举国攻关抢抓核心科技突破的同时，更需要推动科技成果的产业化落地，抓住新一轮产业变革的机遇。

◎ 大国依靠产业强实现崛起

不论是从历史上大国更迭的经验来看，还是从当前大国竞争的核心来看，抑或是从未来世界政治经济格局的调整来看，一个国家强大与否，关键是看这个国家是否拥有强大的产业优势。科研强的最终落脚点是产业强。

先来看一看近代大国地位的更迭情况。自16世纪起，在欧洲，自然科学得到系统发展，在之后的近200年时间里，科学对一国的经济发展并未发挥实际的作用，而只是作为整个欧洲对抗神权的思想武器而存在。在第一次工业革命爆发前的欧洲内部，先是葡萄牙、西班牙，后是荷兰，实现大国崛起依托的基本都是强大的海上贸易。培根帮助英国意识到"科学技术是生产力"，英国因此掌握了大国崛起的秘诀。英国利用欧洲在科学上的突破，率先在蒸汽机技术领域完成了产业化，成为世界上第一个工业化国家，并掀起了全球工业革命的浪潮。

当时英国诞生了一批全球一流的工业企业，例如，克罗姆福德纱厂于1769年在英国诺丁汉创办，瓦特与博尔顿联合创办了索霍制造厂等。到了19世纪中叶，英国依靠工业革命获得快速发展，英国的工业总产值占到世界的30%以上。

但是，英国崛起之后，开始将重心向金融领域转移，错失了第二次工业革命和第三次工业革命的机会。德国和美国抓住机遇，将当时最先进的科技成果在本国实现产业化，逐渐实现崛起。尽管当时英国仍旧保留着全球科学中心的地位，但是相关科研成果大部分在德国和美国落地产业化，最终导致英国国内产业空心化，也逐渐丧失了全球头号强国的地位。

在第二次工业革命中，世界一流的科技企业大多诞生于德国和美国。如德国的西门子（1847 年）、戴姆勒（1890 年），美国的国际电话电报公司（1877 年）、通用电气（1892 年）、福特（1903 年），这些企业如今仍旧引领着全球相关产业领域的走向。第三次工业革命中，美国孕育的仙童半导体（1957 年）、英特尔（1968 年）、微软（1975 年）、苹果（1976 年）等企业，使美国在全球信息产业领域一骑绝尘。

19 世纪初，全球科学中心仍旧在欧洲（以英国、法国为主）。德国①、美国的科研尚处于起步阶段，实力不强。19 世纪末 20 世纪初，德国、美国两个国家高度重视科技的产业化，走上了"欧洲科学＋欧洲技术＋本国产业"的发展模式，充分借助欧洲的科学和技术来培育本国产业。当时，美国的技术基本来自欧洲。借助欧洲的原创技术，美国在本土实现产业化，推动企业做大做强，之后通过企业创新主体的牵引，组建本国的科研体系和应用技术研发体系，最终形成了科技创新闭环。

从当前世界竞争格局来看，为了抢占新一轮科技革命先机，以求未来在全球竞争格局中保持优势地位，世界科技强国一方面努力实现科研突破，另一方面不遗余力地开展科技的产业化工作。我国

---

① 19 世纪初，德国还不是一个统一的国家，而是泛指一个松散的德意志邦国联合体。直到 1871 年德意志实现统一，严格意义上的"德国"才真正出现。但本书的主要目的是介绍各发达国家的创新经验，为了方便起见不在名称上严格区分，敬请读者自行判断。

一方面在原始科技创新方面不断实现突破，另一方面开始集中力量破解科技与经济"两张皮"难题，实施创新驱动发展，推动产业转型升级。科技强国的落脚点在科技产业化，科研成果只有最终转化为强大的产业，才能实现对国家综合实力的强大支撑。

◎ 对我国的启示：强化科技产业化

我国经济社会发展的短板恰恰是科研成果产业化不够。改革开放以来，我国的科研进步举世瞩目。2010年，中国科技人力资源总量居世界第一位，国际科技论文数量居世界第二位，发明专利授权量居世界第三位。近十年来，我国全社会研发经费快速增加。不过，尽管我国经济突飞猛进，并且我国于2010年超越日本成为全球第二大经济体，我国产业整体仍处于全球产业分工体系的中低端，我国丰厚的科研成果并未全面转化为现实生产力。

欧美发达国家在科技创新中的部署逻辑给予我国的启示在于，在着力部署科研的同时，科技产业化不可忽视。推动全球产业革命，引领新一轮科技革命成果的产业化，才是我国实现科技自立自强和建设世界科技强国的最终决胜点。未来，如何推动我国在科研上的突破转化成现实生产力，是我们应该深入思考的重大问题。

我国推动新能源汽车相关技术全面产业化的实践证明了这一逻辑。欧美国家依靠先发优势，几乎统治着全球内燃机汽车产业，其相对于我国巨大的时间优势、技术优势，使我国几乎没有赶超的可能。而我国瞄准新能源汽车领域，在全国范围内推动其产业化，加之有强大的市场体量支撑，使我国一跃成为全球新能源汽车产业引领者。其实，全球汽车产业龙头企业，包括戴姆勒、福特、日产、马自达等，很早就已经掌握了纯电力驱动、氢燃料电池等技术，但受制于利益格局一直推迟新能源汽车的产业化布局和落地，最终丧失新能源汽车先发优势。我国率先推进新能源汽车相关技术的产业化，绕过欧美国家在内燃机发动机技术上积累的优势，实现换道超车。

第四节　跨越科技成果转化的"谷海"

◎ 科技创新全生命周期理论

从生命周期理论视角来看，从科学原理到最终的产业化，需要历经 9 个阶段。20 世纪 70 年代，美国航空航天局（NASA）提出了技术成熟度理论，作为对装备研制关键技术成熟度进行量化评价的系统化标准。1995 年，美国航空航天局起草并发布了《TRL 白皮书》，将技术成熟度分为 9 个等级，分别是：（1）基本原理被发现和阐述；（2）形成技术概念或应用方案；（3）应用分析与实验室研究，关键功能实验室验证；（4）实验室原理样机组件或实验板在实验环境中验证；（5）完整的实验室样机、组件或实验板在相关环境中验证；（6）模拟环境下的系统演示；（7）真实环境下的系统演示；（8）定型试验；（9）运行与评估。

科技创新 1～9 级，可划分为三个主要阶段，即科研、转化和产业化。其中，1～3 级主要面向基础科学研究，包括提出新问题、设计新实验、探索新现象、发现新规律、揭示新原理、建立新方法、提出新理论。4～6 级为科技成果转化阶段，主要解决科学原理向关键核心技术转化的问题。7～9 级为产业化阶段，主要聚焦关键核心技术向产品转化。

其实，早在 20 世纪 50 年代，钱学森就已经开始关注科技创新的内在层次结构。钱学森于 1947 年在浙江大学做了题为"工程和工程科学"的学术报告，就讲到工程和工程科学之间的联系。此后，科技创新内在结构层次成为钱学森开展科学研究时秉持的重要逻辑分类，并延伸到产业环节，形成了"科学—技术—产业"科技创新全生命周期三段式思想。如 1979 年，其在《中国激光》发表《光子学、光子技术、光子工业》，对光子学的发展首次提出"光子学、光子技术和光子工业"的三阶段构想。建立和发展光子学就要研究其应用，这就是光子技术。光子技术有着非常广阔的前景，其发展必然会带起一个新的工业——光子工业。

◎ 科技与产业之间的"谷海"

是否所有达到足够成熟度等级的科研成果都能顺利完成转化，实现产业化呢？现实是，科研与产业之间存在着难以逾越的"死亡之谷"和"达尔文之海"，即通常所讲的科技成果转化"谷海"。大量科研成果无法有效地实现产业化、商品化。

"死亡之谷"由时任美国众议院科学委员会副委员长 Ehlers 于 1998 年首次提出，描述了政府资助的基础研究成果与产业界资助的应用性研发之间存在着一条难以跨越的沟壑，科技成果无法有效地商品化、产业化，科技成果与产业化发展之间出现断层，大量科研成果湮灭于"死亡之谷"。科技成果转化阶段，高校、研究机构作用逐渐变弱，企业作用逐渐变强。通常情况下，政府设立基础研究项目的主要目的是满足国家公共部门的战略性需求，主要由国家科研机构和高校负责研发，不适合进一步介入 TRL4 级之后的阶段。而企业为了降低研制风险，减少研制成本，实现利益最大化，会尽量选用成熟的应用技术，不会轻易触碰 TRL 中低于 7 级的技术。因此，TRL4～6 级之间的地带，就成了科技成果的"死亡之谷"。

　　"达尔文之海"最早由布兰斯科姆和奥尔斯瓦尔德提出，描述科技成果由技术开发进入商业阶段后，存在技术和商业思想的鸿沟，导致科技成果转化项目在未获得市场客户认可和大规模商业化推广之前，便面临着失败的风险。布兰斯科姆和奥尔斯瓦尔德认为多个方面的因素共同造成了这一现象的产生。首先是科研人员研究动力不足。科研人员的主要研究任务是证明一项科学原理具备转化为商业产品的可能性。但在完成原理验证和产品原型之后，使产品原型具备完善的功能、良好的用户体验、足够低的成本和强大的市场吸引力，仍需要开展长期且成本高昂的研发工作。但从事学术研究的科学家或者科研院所缺少相关激励或动机来开展相关工作。同时，这些成果尚未转化成可赚钱的产品，企业得不到盈利却要承担创新风险，除极少数超大型企业外，一般企业也无力涉足。其次，技术人员与商业经理、投资者之间缺少有效沟通和相互信任。技术人员关注技术本身而很少考量经济产出价值；商业经理、投资者则更多地关注商业价值和投资回报，而很少关注技术实现路径和周期。除此之外，新技术、新产品市场化应用与推广所需的基础设施不健全，如内燃机汽车需要加油站、新操作系统需要新的软件，尤其是新技术、新产品可能需要新的分销和服务模式以及市场推广培训等。以上诸多因素，都可能导致一项新技术、新产品最终无法实现大规模商业化应用。

　　填平科技成果转化的"死亡之谷"和"达尔文之海"，需要完善的科技成果转化生态做保障。但是我国的科技成果转化工作起步较晚，体制和政策、环境氛围、人才、资金、新型研发机构及关键共性技术平台等各类要素缺失，科技成果转化生态体系不健全，导致众多科技成果转化为产品原型之后便停步，未能转化为满足市场需求的商品。

◎ **科技与产业实现"双向互动"**

科技与产业之间不是单向流动,而是双向互动(如图 1-1 所示)。欧美发达国家通过填平科技成果转化"谷海",形成了科技成果转化的双向路径。习近平总书记提出的"围绕产业链部署创新链,围绕创新链布局产业链"的思想,清晰准确地总结出了两条路径的内在逻辑。围绕产业链部署创新链,就是以产业转型升级为牵引,部署关键核心技术攻关,突破"卡脖子"技术制约。围绕创新链布局产业链,就是瞄准科技制高点布局引领性、变革性技术,培育壮大各类新兴产业,打造经济高质量发展的新增长点。

图 1-1 科技与产业的双向互动

◎ **围绕产业链部署创新链**

从科技到产业的循环,能够解决一个国家未来产业培育的问题,是美国科技创新和产业发展的主要模式。从第二次工业革命开始,美国从英国手中接棒,持续引领科学理论突破,不断产生颠覆性技术,相继催生电气、航空航天、汽车、芯片、精密仪器、能源、医药医疗等新的产业频谱,抢抓产业窗口红利,占据产业制高点,成为世界科技强国。

进入 21 世纪以来,全球科技创新空前活跃,以人工智能、光电芯片、新材料等为代表的硬科技正在加快发展,并不断在应用端取得突破,催生新业态、新模式和新需求,给全球发展和人类生产生活带来变革性影响。

从经济系统出发，产业端以产业技术需求和产业升级为导向，提出关键核心技术需求，经由转化链"解读"，整合各类创新要素协同攻关，牵引科研立项，推动重大原始创新突破。经历"产业需求→关键核心技术攻关→科学原理突破"三个关键环节，实现关键核心技术的突破。

揭开人类工业革命序幕的蒸汽机技术，便是在产业需求拉动下诞生的，是"围绕产业链部署创新链"路径的典型案例。17世纪后期，英国的采矿业特别是煤矿工业已发展到相当大的规模，单靠人力、畜力已难以满足排除矿井地下水的需求。现实的需要促使许多人，如英国的帕潘、萨弗里、纽科门等致力于"以火力提水"的探索和试验。1698年，托马斯·塞维利制成了世界上第一台实用的蒸汽提水机，取得标名为"矿工之友"的英国专利。1712年，纽科门在英国西部科尼格里的煤矿安装了其发明的蒸汽机，得到市场的认可。短短3年时间，英国各地使用了100多台纽科门蒸汽机承担抽水任务。但纽科门蒸汽机的缺陷在于能耗大，需要消耗大量煤炭，只适用于在煤矿附近使用，难以满足纺织、运输等其他行业的需求。基于英国国内其他产业板块的需求推动，瓦特对蒸汽机进行改良，目标是将蒸汽机引入各个产业。1783年，在博尔顿推动下，英国第一家大规模利用蒸汽动力的工厂——阿尔比恩磨坊开工，被后世喻为"开创了蒸汽动力工厂的时代"。此后，蒸汽机开始带动英国纺织业，并逐渐拓展到机器制造、船舶和铁路机车上。在产业需求牵引下，蒸汽机技术不断实现技术上的升级迭代，反向推进了科技的突破。

从产业向科技的循环，能够有效解决产业"卡脖子"技术和产业共性技术的问题，是德国科技创新和产业发展的主要模式。自第二次工业革命之后，德国围绕电气和电子制造、先进机器设备制造、化工制造、汽车制造等需求，持续开展相关领域技术的渐进式创新迭代，从工业 1.0 到工业 4.0，铸造培育了一大批隐形冠军企业，成为世界制造强国。

◎ 围绕创新链布局产业链

以知识系统为起点，在认知需求或者问题导向下，开展原始创新研究，产生源源不断的高质量科技供给，经由转化链的平台、资金、人才等创新要素支持，为产业链提供可面向市场需求的产品，从而催生或带动未来产业发展，历经"科学原理的发现与验证→科技成果转化→新兴产业集群形成"三个关键环节，最终将科学原理转化为新的产品或商品，为经济发展注入新的发展动能。

集成电路技术是"围绕创新链布局产业链"路径的典型案例，科技端的突破催生了以信息技术为代表的庞大的产业集群。20 世纪四五十年代，电子线路体积微型化成为科学界研究的一个热点。1952 年，英国科学家达默提出将电子线路中的分立元器件集中制作在一块半导体晶片上的设想，一小块晶片就是一个完整电路，电子线路的体积就可大大缩小，可靠性大幅提高。此后，杰克·基尔比和罗伯特·诺伊斯分别于 1958 年、1959 年发明了锗集成电路和硅集成电路。1962 年，德州仪器为"民兵-Ⅰ"型和"民兵-Ⅱ"型导弹制导系统研制了 22 套集成电路，集成电路开始在军事领域应用。此后，随着集成电路技术的突破，1963 年弗兰克·万利斯和萨支唐首次提出 CMOS 技术；1971 年，英特尔推出 1kb 动态随机存储器，标志着大规模集成电路出现；1978 年，64kb 动态随机存储器诞生，不足 0.5 平方厘米的硅片上集成了 15 万个晶体管，标志着超大规模集成电路时代的来临；1979 年，英特尔推出 5MHz

8088 微处理器。随着技术不断进步，集成电路开始在计算机领域应用之后，1981 年，IBM 基于英特尔 8088 微处理器，推出全球第一台个人计算机。此后，集成电路开始深入人类生活的各个方面，催生了众多新的产业，极大地改变了人类的生产生活方式。

◎ 科技创新螺旋式上升

关键核心技术缺失是当前制约我国产业发展的重大瓶颈，特别是在深度垂直分工的高技术产业领域，高度依赖进口关键零部件会产生"卡脖子"问题而受制于人。因此，必须根据产业链各环节的需要，全面梳理上下游薄弱环节和关键核心产品的对外依存度，有针对性地进行科研布局和集中攻关，建立"政产学研用"协同创新体系，以创新为产业发展赋能，全面提升产业链现代化水平。

科技与产业的双向循环路径形成了一个螺旋式上升的大循环系统。在这个大循环系统中，科技端源源不断地提供高质量的创新供给，带动产业向中高端升级或催生新的科技研究领域。而产业从需求和问题出发也持续不断提出关键共性技术需求，反过来牵引科技端原始创新突破，继而再带动产业持续升级，循环往复，螺旋式上升。

欧美国家从第一次工业革命开始，经过长达数百年科技创新生态体系建设，基本构建了科技创新的生态闭环，形成了"科学革命—技术革命—产业革命"一体的经济高质量发展模式。改革开放以来，我国充分利用国际分工机会，发挥劳动力要素低成本优势，通过参与国际经济大循环，承接发达国家前三次工业革命扩散的技术红利，培育发展本国产业，构建形成了"国外科学技术＋中国产业"的外向型科技创新闭环生态。

第二章 他山之石：成功的创新经验

领袖和跟风者的区别就在于创新。

——史蒂夫·乔布斯

第一次工业革命以来，英国作为初始国一开始便搭建了完整的科技创新体系，而其他后续完成工业革命的国家，诸如美国、德国、日本等，在搭建科技创新体系时皆经历了持续完善的过程，才最终建立起完善的国家科技创新体系。

从实践经验来看，美国、德国构建本国科技创新体系的过程有一定的规律可循。两国立足现实条件，皆经历了"外国科研＋外国技术＋本国产业""外国科研＋本国技术＋本国产业""本国科研＋本国技术＋本国产业"三个演进阶段。第一次工业革命期间，美国和德国开始通过承接英国外溢的产业，发展本国产业。第二次工业革命期间，两国开始整合吸收全球科研成果，并推动这些科研成果在本国产业化落地，提升本国技术实力和产业实力。此后，两国开始发力科研攻关，铸造本国原始创新能力，最终形成了各具特色的国家科技创新体系，实现了科技与产业的双向互动。

我国也是沿着相同的路径在演进，从承接发达国家的产业"做大"经济规模，到消化、吸收、再创新，提升我国技术水平，目前已经进入构建"中国科研＋中国技术＋中国产业"全链条的国家创新体系的关键时期。在此背景下，我国面临两项新的历史性任务：一是面向新一轮科技革命和产业变革，解决我国重大原始创新不足的问题；二是释放我国数十年的科技成果积累，推动产业转型升级，向中高端迈进。总体来讲，不论是释放已有的科技成果，还是在新的科技竞赛中形成引领性创新突破，科技成果的产业化都成为我国当前最紧迫的任务，也是我国未来发展的重要出路。

第一节　美国：领先世界的颠覆性创新

今天，美国经济总量居全球第一，其科技创新、技术研发、成果转化在世界都居于领先地位。美国拥有世界绝大多数的关键核心技术，拥有众多世界顶尖大学和新型研发机构，其学术研究在世界产生了广泛的影响力。美国还拥有一批世界知名的科技创新企业，为其科技发展和成果转化不断提供动力。美国科技创新能够领先全球的主要原因，在于它搭建了一套产生颠覆性创新的机制和体系。

事实上，17 世纪之前，整个美洲大陆并无近代科学研究活动。当时，美国的前身作为殖民地，其科学活动和科学成果主要来自欧洲。科学活动规模小、高水平科学家少、科研以实用为主是当时美洲大陆科技发展的主要特点。1848 年，美国成立了首个全国性质的科学学会——美国科学促进会，其科技创新活动开始由散乱无章向专业化转变，科学研究活动也逐渐从欧洲（特别是英国）的科研体系中独立出来。

◎ 思想变革推动科技自立（18 世纪末—19 世纪末）

19 世纪南北战争的爆发促使美国开始由以农业为主的种植园经济模式逐渐向工业经济模式转变，美国成为欧洲科学技术应用的最佳场地。在这一时期，欧洲大量科技成果在美国产业化，美国科技创新体系呈现"欧洲科研＋欧洲技术＋美国产业"的特点，美国由此逐渐成为当时的"世界工厂"。美国的科技转化风潮首先源于一系列思想观念的转变。美国工业化程度的加深，带动了后续的反思思潮的兴起，美国人逐渐意识到了推动工业发展和农业技术创新的重要性。而技术创新要顺利实现，就需要良好的制度保证，否则激励不当，便无人愿意创新。因此，美国史上一些重大制度变革成为推动美国科技创新重要的"发动机"。

高等教育变革推动科学研究快速发展

19 世纪初，经济的崛起唤起美国高等教育变革，生产力的提升极大地刺激了美国对人才的需求，大量社会财富开始流向高等教育领域，科学研究开始在大学中受到重视。1862 年，美国国会颁布了《莫里尔法案》，标志着美国联邦政府开始参与科研工作。该法案规定，按照各州在国会的议员人数，拨给每位议员 3 万英亩土地，并将这些赠地所得的收益在每州至少资助开办一所赠地学院，这为此后联邦政府介入各种科技活动提供了法律依据。《莫里尔法案》的出台，间接推动美国大量州立大学建立。更重要的是，随着大学的建立，无数前沿知识涌入科技创新工作之中。《哈奇法案》和《史密斯-利弗法案》紧跟《莫里尔法案》出台。

可以说，上述法案有效地推动了美国对技术创新的关注，促进美国经济增长和科技创新的发展。比如，法案的推出推动美国构建起了完整的国家农业创新体系。

到 1922 年，美国共建立赠地学院 69 所，美国国家科学院、海军天文台等科技管理机构和军事科技机构得以建立，为美国科技和工业现代化储备了丰厚资源。

"研究教育＋科技人才"奠定科技创新基因

1864 年颁布的《鼓励外来移民法》确立了美国鼓励外国劳动力入境的移民政策，当时的美国对移民几乎未加挑选全部纳入。在此过程中，大量顶尖科技人才涌入美国，其中不乏贝尔、特斯拉等世界知名科学家和发明家。同一时期，高校开始鼓励教师从事学术研究以及通过研究培养学生，研究使教育的价值得到了充分展现。第一次世界大战初期，美国大规模动员科学家参与战备工作，并给予较为宽松的科研环境和强有力的资金支持；已形成的现代大学体系已经能够较好地为新型产业发展提供科技人才。"研究教育＋科技人才"为美国科技发展增加了"颠覆性"基因。1907 年，阿尔伯特·迈克尔逊成为美国第一位本土诺贝尔奖获得者，美国科研逐渐脱离欧洲走上自主发展的道路。

◎ 从技术引领到创新引领（19 世纪末—20 世纪中叶）

19 世纪末，美国在以化学和电气工业为主导的第二次工业革命中紧跟欧洲步伐，依靠其在化学、电气工程方面的成果应用经验，在大学建立起相关专业和实验室，开展前沿科学研究，这一举动直接成就了美国的电气工程专业，使之领先世界至今，并促进汽车工业、无线电和电子工业飞速发展。技术的发展和应用使生产力得到释放。此时，美国呈现"欧洲科研＋美国技术＋美国产业"的特点。

工业研究实验室促进美国工业技术发展

20 世纪 20 年代，美国在电气工程领域建立了第一批工业研究实验室。1930—1940 年，工业研究实验室已经成为美国重要的创新主体。科学社会学家本·大卫认为，美国基础科学在 1920 年后的增速超过欧洲，美国不仅不再靠欧洲的科研开展应用和发展，而且原始创新也比欧洲更强。在工业研究实验室的支撑下，美国电气工程开始领先世界，并与电报和电子工业紧密联系，共同发展。美国的汽车、化学工业依托工业研究实验室实现技术突破，开始超越欧洲。虽然此时欧洲仍然保持着理论科学的前沿地位，但美国已经开始撼动以欧洲为主导的世界科技创新体系。

科学：无尽的前沿

1940 年 6 月，美国国防研究委员会成立，大量高水平人才和团队应召进入该组织，美国政府大量注资。1941 年，罗斯福授权建立国家科学研究与发展局，替代国防研究委员会具体负责审批科研项目并提出国家科研目标与任务。科学研究与发展局成为美国政府在第二次世界大战期间领导全国科学研究的"总指挥部"，其积极响应军事和经济发展需要，成功地积聚起全国科学家的力量。美国的战时动员形成了一个联结政府、大学、研究机构、工业企业和军方的创新网络，以军事需求为主导的科研方式影响深远并延续至今。第二次世界大战中，因为德国政府对犹太人的敌对政策，众多犹太科学家为躲避迫害秘密逃亡美国，其中包括物理学家爱因斯坦、现代计算机之父冯·诺依曼、原子弹之父罗伯特·奥本海默等一批全球顶级科学家。美国政府对科技人才和研发的投入直接或间接地影响了第二次世界大战的进程。第二次世界大战后，美国广泛吸纳德国科学家，实施了著名的"回形针"行动。安妮·雅各布森在其《回形针行动："二战"后期美国招揽纳粹科学家的绝密计划》一书中提到，美国转移、吸引德国科技人才超过 1 600 名，这些顶尖人才为美国之后引领世界科技创新发展奠定了坚实的基础。

1945 年 7 月，时任白宫科技政策办公室主任的范内瓦·布什牵头向总统提交了一份科学报告——《科学：无尽的前沿》。这份报告回答了罗斯福总统提出的有关美国战后科学发展的四个问题，提出"政府应该为基础科技研究、应用科学研究的成果提供连续不断的资金支持，以增加工业发展所需要的技术知识积累，从而促进国家经济的持久发展"。这份报告是美国构建促进科技成果转化政策体系的源起。美国的这些思想有别于传统欧洲发达国家只重视基础科学研究的理念，推动了科技与产业的紧密结合，这成为美国超越欧洲、后来居上的重要因素。这种由政府主导的"科技举国体制"使得支持科学发展的力度大幅度提高。到了 20 世纪 50 年代，美国的研究型大学和实验室体系已经明显居于世界前列，此时美国正式由技术引领转变为创新引领。

◎ 科技成果转化推动科技创新自循环（20 世纪中叶—21 世纪）

美国政府的角色转变使得其支持科学发展的力度大幅度提高，大学研究体系飞速扩张。国家科学基金会和国立卫生研究院为大学的基础研究提供支持；国防部、原子能委员会这些具有特殊使命的机构，也从自己的使命和任务出发支持大学的发展，不仅支持基础研究，也对应用研究提供支持，包括材料、电子和核技术等。与此同时，美国的科技创新也面临着政府对科技成果转化不敏感而导致的效率低下的问题，以及来自日本、德国在科技创新和成果转化方面崛起的挑战。

半个世纪以来最鼓舞人心的法案

20 世纪 70 年代，美国前脚刚踏出越南战争，后脚又在半导体国际市场上被日本企业"穷追猛打"，加上国内滞胀危机日益严重，"挽回市场优势，振兴美国经济"成了美国政府亟待解决的问题。因此，美国又想念起了科技对美国经济与国力增长的作用。但此时美国科技成果转化效率与英国、日本、德国等国家相比还有一定的差距。为了解决这样的问题，美国政府着手建立符合时代要求的"颠覆性创新体系"，其中最主要的就是以立法手段推动科技成果转化。

1980 年，伯奇·拜赫和罗伯特·杜尔提出的《拜杜法案》解决了四个问题：首先是由政府资助研究产生的成果权利默认由大学保留；其次是高校享有独占性专利许可；再次是技术转移所得应返归于教学和研究，发明人有权分享专利许可收入；最后是政府保留"介入权"，特殊情况下可由联邦政府处理该发明。《拜杜法案》使私人部门享有联邦政府资助科技成果的专利权成为可能，从而产生了促进科技成果转化的强大动力。美国通过合理的制度安排，为政府、科研机构、产业界三方合作共同致力于政府资助科技成果的商业运用提供了有效的制度激励，由此加快了科技成果产业化的步伐，有效改变了美国科技成果难以民用和商用的现状。

斯坦福大学技术许可办公室相关数据显示，20 世纪 70 年代，美国政府曾拥有超过 7 万件专利，但其中只有 5％被商业化。美国参与科技成果转化的高校数量在 20 世纪 70 年代以前几乎处于"个位数"，直到《拜杜法案》颁布的 20 世纪 80 年代，高校数量以每年约 2～2.5 倍的速度增加。进入 20 世纪 90 年代，根据美国大学技术管理者协会的统计数据，1991 年至 2002 年，美国大学合计申请专利数量从 1 584 件迅速攀升至 7 921 件，科技成果转化率迅速攀升至 80%，奠定了美国在 21 世纪初对科技创新的绝对霸权。为此，《拜杜法案》被英国《经济学家》杂志评价为"美国国会在过去半个世纪中通过的最鼓舞人心的法案"。

从变革和颠覆中走向自立自强

20 世纪 80 年代，《史蒂文森-怀德勒技术创新法》《联邦政府技术转移法》等法案也相继推出。美国历史上这一系列重要的法案持续推动了科技成果转化风潮，也激发了美国学者的创业热情。美国利用政府、企业、高校的伙伴关系，着眼于未来 10～20 年，产出大量具有颠覆性、革命性意义的技术成果，这些成果往往优先应用于军事目的，并在随后的几十年内开始"军转民"，比如阿帕网（因特网前身）、Shakey 机器人（人工智能的开端）、GPS（全球卫星定位系统）等，都对人类社会发展产生了深刻影响。到 20 世纪末，美国紧抓信息时代的变革机遇，重新夺回半导体、计算机和互联网的全球市场，把信息技术的发展和建设列为首要发展的目标。此时，美国呈现"美国科研＋美国技术＋美国产业"的特点。几个世纪以来，美国的科技政策和战略一直围绕"创新"和"竞争力"这两大主题思想展开。在这个过程中，美国积极应对变化，不断创新，形成了技术创新充足供给、科技成果高效转化、社会资本向科技和产业靠拢及持续投入的局面，进一步助推科技创新和产业升级的科技创新体系的自我循环，确保了美国始终处于世界科技的领先地位。从某个角度看，美国科学技术之所以得到大发展，是因为国家在受到实际的或设想的挑战和威胁时所采取的创新性措施，以及在不断颠覆和变革中走向真正的科技自立自强。

◎ 颠覆性创新体系的形成

完备的科技管理体系解决顶层设计问题

美国的科技管理体系虽然由政府构建和主导，却无专职的科技主管部门，各管理权限分散至不同的部门和机构。从国家层面来看，如图 2-1 所示，主要有 6 个科技管理机构。

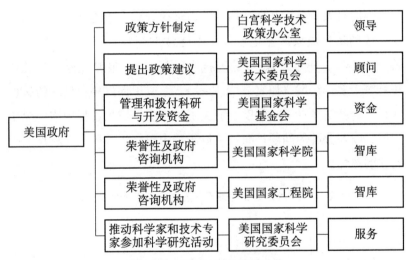

	政策方针制定	白宫科学技术政策办公室	领导
	提出政策建议	美国国家科学技术委员会	顾问
美国政府	管理和拨付科研与开发资金	美国国家科学基金会	资金
	荣誉性及政府咨询机构	美国国家科学院	智库
	荣誉性及政府咨询机构	美国国家工程院	智库
	推动科学家和技术专家参加科学研究活动	美国国家科学研究委员会	服务

图 2-1 美国的科技管理体系

白宫科学技术政策办公室在美国科技创新体系中发挥了"指挥棒"的作用，参与美国政府顶层重大发展战略制定，发挥部门间协调作用。美国国家科学技术委员会负责向总统提出发展科学技术的政策建议。美国国家科学基金会相当于我国国家自然科学基金委员会，任务是管理由政府拨款的科学基础研究与技术开发资金。美国国家科学院和美国国家工程院与中国科学院和中国工程院有着明显的区别，其下面不设科学研究机构，事实上行使的是"科技智库"

的职能。而美国国家科学研究委员会的设立是为了开展科技服务，推动更多的科学家和技术专家参加科学研究活动。这种"科技领导机构＋科技顾问机构＋科技资金管理机构＋科技创新智库＋科技服务机构"模式构成了美国科技创新管理体系的基本形态，也进一步构建了美国在科学研究和技术研发领域多元的组织形态。

规范的法律政策体系解决成果归属和转化的问题

美国自大萧条后开始动用一切力量提升综合国力和竞争力，加快科技创新和成果产业化步伐，围绕技术创新、技术转移出台了《拜杜法案》《史蒂文森-怀德勒技术创新法》《联邦政府技术转移法》等十多部法案（如表 2-1 所示），形成了促进科技创新的法律体系。这些法案在一定程度上解决了科技成果转化过程中诸如成果归属、收益分配等问题，激发了科研机构和科研人员从事科技成果转化的热情。

表 2-1　美国颁布的关于促进科技创新的部分法案

时间	法案
1980 年	《专利和商标法修正案》（即《拜杜法案》）
1980 年	《史蒂文森-怀德勒技术创新法》
1982 年	《小企业创新发展法》
1984 年	《国家合作研究法》
1986 年	《联邦政府技术转移法》
1989 年	《国家竞争力技术转让法》
20 世纪 90 年代	《技术转移商业化法》
	《开启未来：迈向新的国家科学政策》
	《走向全球：美国创新的新政策》

《拜杜法案》修改了过去由政府资助的项目研究成果知识产权

归政府的规定，只保留了政府可以优先使用该项成果的权利，成果的全部知识产权归项目完成单位所有。《史蒂文森-怀德勒技术创新法》和《联邦政府技术转移法》为科研机构和研究人员积极参与成果转化与技术转移活动提供了动力。《小企业创新发展法》促进了科技人员的创新创业活动，提升了小企业与大学、科研机构合作开展新技术研发的信心。《国家合作研究法》为中小企业与大学、科研机构建立长期的技术合作奠定了法律基础。《技术转移商业化法》强化了利益驱动机制和对成果转化与技术转移效果进行评估的法律责任。在各类法案的促进下，美国科技成果转化率大幅提升。

为保证科技创新活动适应市场经济规律有序竞争，美国政府围绕知识产权的使用和保护修订了《谢尔曼反托拉斯法》等既有法案，进一步鼓励了科技创新活动，为科技创新体系提供了完善、稳定的制度环境和坚实的政策基础。当时，美国政府把科技成果所有权益都牢牢掌握在自己手中，导致专利证书形同废纸，造成严重的科技资源闲置和浪费。这些法案直接或间接解决了美国当时面临的问题——常年处于停滞状态的"谁出资、谁拥有"政策。正是在这样一个良性循环的法律制度环境中，美国科技创新力不断被激发，更多的科技成果催生了更多的新兴产业。

美国政府将科技创新政策分为科研经费、金融资本、信息服务、国际合作四个方面，各政策互相补充、互相支撑，形成了分类清晰的"政策丛林"。

科研经费方面，政策规定所有科研经费中都必须包含一定比例的科技成果转化费用，以此加快科技成果转化；并设立基于项目的竞争性研究经费，各研究性大学进行申报竞争获得，以此提高成果转化的积极性。金融资本方面，形成了"立法支持＋政府金融支持＋金融机构支持"的"组合拳"，政府对科技活动税款征收、科技项目融资等方面给予一定的税收抵免，对初期投资较大的项目进行资金补偿，以国家引导的方式设立风险投资基金，以贷款担保、信用和风险担保、低息贷款等多种方式支持成果转化和创新创业。信息服务方面，要求各科研主体的信息及时、清晰和对等地公布，同时通过国家技术信息服务中心将具有转化、应用和开发前景的科技成果迅速推广给社会和企业，建立了链接和服务产学研金用的信息桥梁。国际合作方面，广泛开展科技成果转化的国际合作，缩短转化周期，以最快的速度实现科技成果的市场价值，并鼓励大学、私人研究机构或者科研人员之间开展产业化合作。

分工明确的科研开发体系解决产学研高效协同问题

美国的科研开发体系由联邦政府研究机构，高水平大学，新型研发机构、企业实验室等组成，三者分工明确。

首先，联邦政府研究机构承担具有战略意义、颠覆性、跨时代的重大科研项目，经费由联邦政府负担，避免了因为高校和企业科研开发经费不足而"胎死腹中"的问题，保证了国家级战略科研项目的安全性和持续性，并利用联邦政府的背景，与大学、企业形成紧密合作网络。

其次，扎实的基础研究工作由高水平大学承担，充足的研发投入推动关键核心技术攻关取得突破。研究生教育保证大学研究成果和参与学生同时进入市场，也确保了基础研究到产业化的过程中时刻有创新力的加入。美国高校倡导"企业家精神""创业精神"，培养兼具科学精神和创业精神的学生。高水平大学的学术交流传统促进了成果的转移和扩散，完善的政策体系让科研人员没有专利所属权的后顾之忧。

最后，新型研发机构、企业实验室等承担了行业关键核心技术和科技成果转移转化的工作。美国在国家层面建设了一批面向各领域的创新研究院和新型研发机构，面向行业共性需求研发关键共性技术。企业则是科技成果转移转化的重要主体，美国数量众多的科技龙头企业和企业实验室通过与大学、科研机构联合研发或自主开发的方式，推动科技成果快速转化为面向市场需求的产品。

国防科技进步解决关键核心技术攻关问题

美国将军事科技需求作为国家科技发展的主要方向，拥有一套规模大、体系完整、科研能力强的国防科技创新体系。军事科研力量以政府资助为主导，包括国防部、能源部、美国航空航天局下属的几十个实验室和研发中心，围绕国防安全需求，吸收多所顶级高校的前沿学术成果，邀请众多军工企业参与，共同开展军事技术和设备的研发。这一方面为美国在军事上持续掌握绝对技术优势和占领战略制高点奠定了基础；另一方面，国防科研"国家队"带动了大量的基础研究、应用研究、技术开发、人才培养和军事成果"军转民"。

第二节 德国：隐形冠军之国

与美国"围绕创新链布局产业链"为主的颠覆性创新模式不同，德国走的是一条"围绕产业链布局创新链"的路径。

1871年，德意志实现统一。随后，在"铁血宰相"俾斯麦主导下，德国开始以国家之力推动军工业的发展。与此同时，在德国已经拥有一定科研实力的基础上，伴随着英国技术的输入，德国开启了第二次工业革命。

第二次工业革命之后，德国开始采取"纵向深化创新"的发展模式，主要围绕电气和电子制造、先进机器设备制造、化工制造、汽车制造等产业进行持续渐进式的创新与升级。随着德国科学和工业的发展，至 20 世纪初，德国基本完成了从纺织业（轻工业）到钢铁、机械制造、铁路运输等重工业的进化。

不过，德国由于主动挑起两次世界大战而付出了沉重的代价，最终在二战后再度分裂。相较于东德（民主德国），西德（联邦德国）注重工业基础与技术创新的结合。直到东、西德再次合并，德国才将科技创新置于国家发展的核心位置，并于 2013 年开启了工业 4.0 时代。德国实现了从工业 1.0 到工业 4.0 的转变，并在此过程中衍生出 1 300 余家隐形冠军企业。德国已经是欧盟第一经济大国，工业基础雄厚，制造业发达。

◎ 引入英国科学和技术，打造自主产业

19 世纪初，蒸汽机的大规模应用，加上英国的物理知识通过各种渠道广泛传播，使欧洲大陆的诸多国家和地区都逐步掌握了蒸汽机的相关技术和原理，其中就包括德国。在德国看来，既然机械技术原理相对简单，那么只要找到具有一定技术经验的技术工人，德国就可以"原封不动地"制造出与英国"正版"蒸汽机具有相同功能的"山寨"蒸汽机。因此，自 19 世纪中叶开始，德国也紧跟法国、荷兰的脚步，开始大量"窃取"英国的知识产权，仿制英国商品。

引入技术、人才和设备后，德国采取仿制和低价策略，大批量生产了一系列商品。由于价格低廉，德国制造的产品大量流入英、法等国。德国终究采取的是"山寨"路线，为此被英国所不耻。比如，现在举世闻名的索尔根刀具在当时使用的是铸铁，而不是铸钢，因而质量堪忧，但是，聪明的德国人在刀具上打上了英国谢菲尔德公司的质检印章，以假乱真，索尔根的刀具才得以出口欧

洲其他国家。类似的事情在当时的德国不胜枚举。也正因如此，一位机械制造专家曾在 1876 年的费城世界博览会上评价："德国产品，便宜但拙劣。"英国新闻记者欧内斯特·威廉姆斯在其所著的《德国制造》一书中写道："一家德国企业在向英国出口大量缝纫机的过程中，明目张胆地标上'胜家'①牌和'北不列颠缝纫机'，并将'德国制造'的标识以很小的字号印在缝纫机踏板下面。"

然而，德国人并未因为山寨货感到羞耻。但谎言总有被戳破的一天。在被德国模仿了十多年后，英国终于无法忍受德国拙劣的山寨货。1887 年，英国议会通过侮辱性的商标法条款，规定所有从德国进口的商品必须标注"德国制造"字样，以此将价廉质劣的德国货与优质的英国产品区分开来。最终，在种种质疑之下，德国人开始反思。

可以看到，在第二次工业革命之前，德国在产业尤其是机械工业方面主要还是通过"获取"英国的科技成果以"消化再吸收"方式打造自己的产业。但是，一部商标法之下，德国终于意识到：如果科学与技术都靠抄英国，是无法让德国在世界市场长远立足的。于是，伴随着第二次工业革命的兴起，德国开始在利用国内外科研成果的基础上开展技术自主研发。

◎ 吸取欧洲科学，自主研发技术

今天全球闻名的拜耳、巴斯夫、赫希斯特等德国化工巨头均成立于 19 世纪 60 年代，而这也是第二次工业革命——电气革命的启动期。德国化工能得到迅速发展，主要得益于两个因素：一是德国一系列教育改革培养了科研人才；二是德国更加关注原创科技的转

---

① 美国著名缝纫机生产商。

化。也正是这两个因素推动了德国的产业转型。

从内部因素来看，德国化工巨头的崛起不得不归功于德国教育体制以及以李比希实验室为代表的"科研＋应用"型学校。也就是说，德国凭借基础研究和教育体制，收获了大量的化学专利和应用人才，在科研和技术端已具备了世界一流的实力。

如前文所述，德国曾十分羡慕英国强大的机械工业。但是，德国人也意识到现代工业不同于传统工业，依靠传统的"学徒制"进行人才培养是无法在短期内追上英国的。因此，德国在其义务教育制度的基础上，强调应用科学教学和基础理论训练。于是，德国各地开办了许多工艺学校和职业学校，尤其关注青年工人和学徒的技术教育。此外，德国高等院校不仅十分注重科学理论，还要求大学重点培养应用型研究人员。相关调查研究发现，德国工程师在科研和应用方面均居于欧洲首位。

这里就不得不提到著名的李比希实验室。1824 年，李比希成为吉森大学化学教授，其理想是培养一批新一代化学家。当时，德国大学只教授教材上的知识，并偶尔进行实验，完全没有专门指导实验教学的条例或规定。这意味着，如果想培养出真正的化学人才，就必须保证那些攻读化学学位的大学生能够获得必要的知识和科学训练。凭借着对梦想的执着，1826 年，李比希在政府资助和自掏腰包的情况下，建立起吉森大学化学实验室（李比希实验室前身）。世界上第一个化学教学实验室就此诞生。

自此，李比希开始了他的创新教育之路。首先，李比希打破了以前低水平的自然哲学的教学方式，按照自己编制的新教学大纲授课。其次，学生除了学习讲义内容外，还要动手做化学实验。例如，学生要学会从天然物质中提纯和鉴定新化合物、进行无机合成和有机合成，等等。最后，学生完成课业后，就要开始进行独立的研究，并在导师的指导下完成论文。在李比希的带领下，化学真正成为能够将科研与应用相结合的科学活动。

在李比希的精心指导和实验室中的系统训练之下，奥古斯特·霍夫曼、赫尔曼·斐林、弗里德里希·凯库勒、卡尔·弗雷泽纽斯等一批对后来德国化学工业起到极大作用的人才脱颖而出。也正因为李比希实验室的创新及示范效应，德国开始大规模复制李比希实验室，进一步加强了德国在化工领域的科研与应用实力，德国化工产业得以迅速发展。那些影响世界的尿素、钾肥、磷肥等化学产品均与德国存在紧密关系。如今，化工制造业已然成为德国的支柱产业，德国也已成为全球首屈一指的化工大国。

从外部因素来看，一方面，如前文所说，德国的劣质产品在全球受到了诸多批评，这使得德国人开始重视国家荣誉；另一方面，德国不少学者与产业人员在游历美国之后发现，尽管德国大学的科研能力十分强大，但与产业应用相距甚远，因而借鉴了美国的经验，开始有意识地关注科研、技术、产业联动。

德国在专注科研和技术端实现自主创新的同时，也并未忽略其他欧洲国家的优秀科研成果。得益于法拉第、麦克斯韦、焦耳等人在电学方面的研究贡献，德国获取了大量的电学知识。19世纪40年代，西门子成立，其后，德国依靠电气公司集群成为欧洲电气时代的主导者。数据显示，1891—1913年，德国电气工业总产值增加28倍，规模位列欧洲第一；1910年，德国拥有包括西门子在内的195家电气公司。截至第一次世界大战前（1913年），德国电气产品占全世界的比例为34%，而作为头号工业强国的美国仅占29%。此时的"德国制造"再也不是廉价拙劣产品的代名词。凭借质量与实用性，德国产品在全球受到青睐。

第二次工业革命期间的德国不仅借鉴吸收国外先进科研成果，

同时在应用科学方面开启了自主研究，将科学和工业结合以应用于国内产业的发展，形成了"欧洲科研＋德国技术＋德国产业"模式。德国推动了发电机、内燃机和化工原料的应用，引爆了汽车、化工与制药、电气产业，成为第二次工业革命的发源地之一。最终，德国也因其领导了第二次工业革命而实现经济腾飞。

◎ 德国的科技和产业双循环

第二次世界大战之后，以英、美、法三国为主导的盟国管制委员会提出"限制工业计划"，该计划把德国的工业分为三类：造船业、飞机制造业、轴承制造业等可直接用于军事目的的工业要予以禁止；化学工业、钢铁工业、电气工业等能够用于军事但基本上还是民用的工业要加以限制；没有任何军事意义的工业则听任其自由发展。该计划还要求德国的工业生产能力降至1938年水平的50%～55%。此外，第二次世界大战后近400多位顶尖科学家先后离德赴美，如"火箭天才"冯·布劳恩等，再加上联合国针对战败国家的"十年科研禁令"，德国科技实力一落千丈。

不过，由于冷战，盟国对削弱德国的计划有所动摇。为了遏制苏联在东德的势力，1947年，英美两国发表"修正的工业限制计划"，允许西德地区的工业生产能力恢复至1938年水平的70%～75%，重点恢复基础工业的生产能力。

战争摧毁了德国的基础设施和工业设备，却无法摧毁德国近百年来夯实的科研基础、工业体系以及德国式企业家精神。于是，在英美两国解除限制并提供资金（"马歇尔计划"）的背景下，德国采取了纵向深化创新模式。其新模式的核心是"围绕产业链部署创新链"，紧抓产业需求，开展科技端攻关。

最终，德国从工业1.0走向工业4.0，构建了"以产业为先导，以科技为支撑"的"德国科研＋德国技术＋德国产业"新模式。具体进程如下：

首先，在产业端，德国的中小企业发挥了重要作用。前文提到，19世纪末，德国企业就意识到了山寨货是存在很大问题的。此后，德国企业便围绕基础工业在核心工艺和核心产品上发力。这种转型带来的结果便是德国的许多中小企业都有自己的核心技术或产品，这也是"隐形冠军"之名的由来。此外，德国企业对国际科技创新方面的合作也十分关注。

其次，随着对产业竞争力的要求的提高，德国对应用技术的升级也极为重视。在政府的大力扶持下，一个全新的创新体系被构建起来。

德国成立了一系列著名的研究机构，包括马普学会、弗劳恩霍夫协会、亥姆霍兹联合会、莱布尼茨科学联合会。其中，马普学会侧重基础研究，亥姆霍兹联合会主要从事大科学研究，弗劳恩霍夫协会直接面向产业从事应用技术研发，莱布尼茨科学联合会主要从事面向应用的基础研究。

除了专业的研究机构，德国史太白技术转移中心等老牌转化机构也再度发力，为高校及企业提供专业化、国际化的服务。例如，史太白技术转移中心在50多个国家设立了独立核算、自主决策的专业技术转移机构或分中心，并且拥有众多附属机构、风险投资伙伴和项目合作者。此外，德国洪堡基金会、德国科学基金会等凭借自有资本或公共资金资助具有良好前景的科研项目。

最后是科研方面。1955年，联邦德国结束被盟军占领的状态，成为真正的主权国家。恢复主权后，联邦德国迅速成立了原子能部。1962年，原子能部改组为联邦科学研究部，负责确定科研方向及重点、制定科技政策及管理科研经费。1956—1969年，物理研究中心、材料研究中心、核研究中心、数学和数据处理研究中心、航空航天研究院等 12 个国家级研究中心相继成立。

1990 年，两德完成统一。新德国政府进一步推动实施"产业—技术—科研"的战略。尤其是进入 21 世纪后，德国将科技创新作为国家发展长期战略，在各个层面给予了高度重视与支持。

2006 年，为确保德国在以健康、通信、交通为代表的前沿科技领域处于优势地位，德国政府提出高科技战略计划。为了应对全球金融危机及其引发的经济、财政问题，同时为了在一定程度上应对气候、能源挑战，德国政府于 2010 年 7 月发布"德国 2020 高科技战略"，该战略的重点是从单纯技术领域转向需求领域，重点关注气候/能源、保健/营养、交通、安全、通信五个领域，希冀借此找到经济增长的新动能。2013 年，在德国汉诺威工业博览会上，德国针对自身特点，提出工业 4.0 战略，旨在继续加强德国制造业的实力。2014 年，德国发布《新高科技战略——创新德国》，从内容上来看，该新版战略具体包括数字经济与社会、可持续的经济和能源、工作环境创新、健康生活、智能流动、公民安全六大领域的部署，目的是加强协同创新，推动产学研合作，实现科技和产业发展的密切合作。2018 年，德国出台了"高科技战略 2025"，确定了 12 个优先发展主题，旨在促进科研和创新，增强德国核心竞争力，并提出到 2025 年实现科研经费支出占国民生产总值 3.5％的目标。

可以看到，德国对科技创新的持续重视让德国得以成为欧洲第一经济强国。同时，德国企业在创新上"独具一格"，也因此诞生了诸多闻名世界的"隐形冠军"。

值得注意的是，尽管德国的科技与制造业很强，"隐形冠军"也很多，但是德国的创新系统并不是一个"颠覆式创新"的体系，而是"渐进性创新"的体系。究其原因，与它的"产业—技术—科研"模式有关：德国"专精特新"企业多，企业的策略是关注技术进步以提升全球竞争力，主要关注稳定性、连续性和渐进性。另外，德国重视汽车、机械等传统制造业，新兴产业不是它的发展重点。而德国人一旦形成共识，便会将制度、组织、资源都向这个方向倾斜，不会轻易改变。这一点与美国的冒险精神截然不同。

强大的德国其实一直是一个"均衡偏好者"，在创新与制造业之间寻找着最佳的点——一切科研和创新都是为了实现德国制造业的比较优势，而非颠覆世界，这种选择最终也造就了德国科技创新的模式。

第三节　中国的出路：构建完善的科技创新闭环体系

党的十九届五中全会指出，坚持创新在我国现代化建设全局中的核心地位，把科技自立自强作为国家发展的战略支撑。面对全球新一轮科技革命与产业变革深入演进，全球科技竞争进入白炽化、体系化竞争阶段。欧美发达国家经过数百年积累，已经形成完善的科技创新闭环体系。当前，我国的科技创新闭环体系还未完全建成，科技成果转化环节短板明显，丰厚的科技成果还未充分转化为现实生产力；面对世界政治、经济、科技格局深度调整的重大机遇和挑战，补位科技成果转化体系缺失。构建科技创新闭环体系，推动大规模科技成果实现产业化，是我国顺利实现高质量发展的必由之路。

◎ 中国式现代化建设面临的挑战

何谓中国式现代化

中国共产党第二十次全国代表大会指出，中国共产党未来的中心任务是团结带领全国各族人民全面建成社会主义现代化强国、实现第二个百年奋斗目标，以中国式现代化全面推进中华民族伟大复兴。

以中国式现代化全面推进中华民族伟大复兴，成为我国未来经济社会发展的重要航向标。那么，何谓中国式现代化？中国式现代化既有各国现代化的共同特征，更有基于我国国情的中国特色。正如习近平总书记所讲，我们建设的现代化必须是具有中国特色、符合中国实际的。中国式现代化既不走封闭僵化的老路，也不走改旗易帜的邪路，坚持把国家和民族发展放在自己力量的基点上，把中国发展进步的命运牢牢掌握在自己手中。

就生产力发展方面来讲，中国式现代化摒弃了西方现代化所遵循的生产力发展单纯服务于资本的逻辑，摒弃了西方以资本为中心、两极分化、物质主义膨胀的现代化，而是把增进人民福祉、促进人的全面发展、朝着共同富裕方向稳步前进作为经济发展的出发点和落脚点。在具体方式上，是要推动经济发展质量变革、效率变革、动力变革，要实现"创新成为第一动力、协调成为内生特点、绿色成为普遍形态、开放成为必由之路、共享成为根本目的"的高质量发展模式。

面临的主要挑战

中国式现代化在科技创新方面，需要探索我国自己的创新驱动发展道路，形成"科研—技术—产业"循环流动的闭环体系。比如在科研方面，不再是跟随式和邯郸学步式的科研攻关模式，而是策源的、原创的、引领的。在产业方面，是能够参与国际竞争、主导产业变革、定义标准规则的。

当前，我国科技创新闭环体系并未全面建成，整体上是一种

"国外科学技术＋中国产业"的外向型创新体系。随着世界逆全球化和贸易保护主义抬头，特别是 2019 年开始，美国通过贸易战、科技战对我国持续打压，我国"国外科学技术＋中国产业"的外向型循环被打断，生产体系内部循环不畅，供求脱节现象显现，"卡脖子"问题日益突出。解决这一矛盾，要求我国新时代的发展转型更多依靠创新驱动，不断提高原创科技供给质量和水平，关键在于实现经济循环流转和产业关联畅通，根本要求是提升原创科技供给体系的创新力和关联性，解决各类"卡脖子"问题，畅通国民经济循环。

因此，面向新时代新征程，我国迫切需要重塑经济发展底层逻辑，从承接发达国家扩散的技术红利变成自主创造技术红利，通过加强应用研究，打好关键核心技术攻坚战，锻造产业链供应链长板，补齐产业链供应链短板，打造我国科技创新的内生型创新闭环生态，推动科技与产业从源头上融合发展，从根本上解决我国科技经济"两张皮"长期脱节的难题。

◎ 中国科技发展演进

自第一次工业革命以来，除了先发国英国以一种独特的起步即巅峰的方式实现科技、经济乃至政治崛起之外，后起之国在成为世界科技强国、经济强国的征途中，遵循着大致相同的路径。如前面讲到的，美国、德国，以及日本、法国，都是在初期充分利用全球科学和技术成果发展本国的产业。它们在形成一定的经济基础之后，开始跟随世界科学中心、技术中心的步伐，在科研和技术上加大投入，积累本国的科研和技术基础。当本国科学技术积累到一定体量之后，便需要释放科技的潜力，推动科技成果向现实生产力转化，筑造具有全球竞争力的产业。

尽管受政治、经济、文化、人才以及外部环境的影响，各国科技创新发展路径存在细微的不同，但从宏观视角来看，主逻辑大致是相同的。中国也不例外：新中国成立以来，立足国内"一穷二白"的现实情况，经济社会发展相继经过"国外科研＋国外技术＋中国产业""国外科研＋中国技术＋中国产业"两个阶段的发展，正在向"中国科研＋中国技术＋中国产业"迈进。

充分借力国外科研与技术发展本国产业

1949 年 10 月 1 日，新中国成立，百废待兴。对于当时的党和政府来说，有两件事尤为重要，亟待解决。第一件事，是建立现代国防工业，维护国防安全。第二件事，是发展工业，改善经济，促进民生。新中国成立初期，经济基础十分薄弱，经济总量和人均水平都十分低下，综合实力十分弱小。

在国家一穷二白的情况下，我国最终选择的经济社会发展的主要方式，是借助全球已有的科研成果、技术突破来发展本国的产业，即"国外科研＋国外技术＋中国产业"模式。当时，科学界的主要任务是对世界上现有的科技成果进行理解、消化、吸收，最后在中国大地上推动技术产业化，支撑国防军工和重工业的发展，实现为我所用。该时期，我国的发展目标是"补空白、夯根基"，解决的是"人有我无"的问题，而不是原始创新。

基于"补空白、夯根基"的战略目标，新中国成立伊始就高度重视科技创新工作。1949 年 9 月 29 日，中国人民政治协商会议第一届全体会议通过的《中国人民政治协商会议共同纲领》规定："努力发展自然科学，以服务于工业、农业和国防的建设。奖励科学的发现和发明，普及科学知识。"《共同纲领》明确了科学研究服务于国家事业的战略定位，以满足新中国成立初期我国恢复经济、解决人民温饱问题、维护国防安全的迫切需求。1949 年 11 月，中国科学院成立，其当时的办院方针是"培养科学建设人才，使科学研究真正能够服务于国家的工业、农业和国防事业的建设"。中国科学院这一办院方针，一定程度上反映了科技在国家经济社会发展中的定位。

依靠"举国体制"下有计划、有组织的资源配给与研究，依靠全国大协作全面规划科学技术，我国取得了"两弹一星"、人工合成结晶牛胰岛素、青蒿素等成果，迅速建起能够与国家事业高度结合的创新体系，科技事业逐渐体系化、规模化。此外，"两弹一星"工程还对我国科技进步和经济发展产生了巨大的推动作用，我国建成了完整独立的工业体系、国防体系和基础设施，使得我国从一个典型的农业国转变为工业国。根据《中国统计年鉴》数据，按不变价格计算，1952—1978 年，国内生产总值年均增长 6.6%，世界同期增长率为 4.6%。可以说，新中国成立初期，来自国防工业和重工业的产业需求"倒逼"我国实现科学技术的快速发展，掌握了一些领域的关键核心技术。

有目标地培育本国科学和技术

新中国成立初期，通过"举国体制"的大协作方式，完成了"以科技促国防和（重）工业发展"的战略。但是，中国经济发展和民生问题依旧严峻。对此，党中央作出敏锐判断，抛弃"以阶级斗争为纲"，转向"以经济建设为中心"，中国科技的发展方向也随之转变为面向经济社会发展的主战场，旨在为经济社会发展服务，并在此过程中促进科学技术的快速发展。

改革开放伊始，党中央提出"经济建设必须依靠科学技术，科学技术工作必须面向经济建设"的战略方针。这一阶段，国家在科技发展方面部署了以"发展高科技、实现产业化"为目标的 863 计划、973 计划、攀登计划等专项计划，聚焦对中国未来经济和社会发展具有重大影响的高技术进行攻关，服务我国经济社会发展，集中解决我国战略需求中的重大科学问题，满足了我国发展高科技的战略需求。1987 年，中国科学院的办院方针调整为"把主要力量动员和组织到国民经济建设的主战场，同时保持一支精干力量从事基础研究和高技术跟踪"，这意味着我国科技发展处在支持经济和社会发展的重要战略位置。1998 年，中国科学院知识创新工程启动，开启了"以国家创新体系布局建设为中心"的新一轮科技创新体系改革开放热潮，加速科技成果产业化。我国科技进入全面迅速发展的阶段。

从整体上看，改革开放以来我国科技创新和经济发展采取了一种"双轨并行"的发展模式。第一条轨道是以国防军工、重工业等为代表的国家战略需求产业，继续沿着新中国成立以来的举国体制路线演进，产学研深度融合，形成了一个完善的内循环创新体系，实现了"嫦娥"飞天、"蛟龙"入海、"北斗"组网，成功研制"祝融号""和谐号""华龙一号"，形成了强大的国防军事能力，彰显了我国强大的创新能力，也证明了科技创新对于制造业核心竞争力的强大支撑作用。但该轨道属于封闭型生态，自我循环，主要服务国家重大需求和国防安全，技术红利难以扩散至经济主战场领域。第一条轨道下，基本形成了"国外科研＋中国技术＋中国产业"的模式。尽管大多数科研仍旧以"跟随式"研究为主，重大原始创新理论仍旧在国外诞生，但我国在关键核心技术上实现了中国式的突破，也形成了自成体系的中国国防军工和重工业体系。

第二条轨道是面向经济主战场领域，基于全球化发展形势，立足我国经济社会发展的主要矛盾，我国充分发挥劳动力低成本优势，利用国际分工机会，通过参与国际经济大循环，承接发达国家前三次工业革命扩散的技术红利，快速实现了经济总量做大的既定目标，支撑我国一跃成为全球第二大经济体，创造了 GDP 长达 40多年高速增长的"中国奇迹"，社会生产力大幅提高，人民物质文化需求得到极大满足。该模式下，我国经济底层逻辑是"国外科研＋国外技术＋中国产业"的外向型科技创新生态，研发和市场"两头在外"，制造业附加价值整体较低，身处以量取胜的"微笑曲线"底部的位置，即在国际产业分工体系中依靠大量的人力、资源和要素投入，承担产业链中的制造环节工作；而价值最高的研发和市场环节，如汽车产业中的发动机、消费电子产业中的芯片等，则被欧美发达国家牢牢把握。

因此，尽管中国成为全球第一制造大国，能够高效率、低成本地生产出丰富的终端产品，从几十年前组装电视机、洗衣机、电冰箱，到最近十几年组装电脑、手机、汽车，但是，中国企业"大而不强"也是一个很现实的问题，即模仿创新、引进再创新和集成创新仍占据大头，核心材料、设备和技术很多仍是依赖进口。

◎ 科技产业化是我国的重要出路

经过数十年的发展，我国已经步入向"中国科研＋中国技术＋中国产业"迈进的新历史阶段，由此我国面临两项新的历史性任务。第一项任务是，我国急需释放长达数十年积累的科技成果，推动中国经济产业转型升级，向全球产业中高端迈进。这项任务解决的是全面实现中国技术、中国产业的问题。第二项任务是，面向新一轮科技革命和产业变革，如何在科学领域"变跟随为引领"，成为世界科技强国，引领全球新一轮产业变革，实现全面崛起。这项任务解决的是实现中国科研的问题，剑指世界科学中心。

事实上，自党的十八大召开后，我国科技发展从"改革与探索"阶段迈入了"创新与跨越"阶段。而在这个新的阶段，国家发展方式发生了重大转变，对于经济的发展我们不再只是追求"速度"，而是同时强调"质量"。2012 年 12 月 15 日，习近平总书记在中央经济工作会议上强调，不能不顾客观条件、违背规律盲目追求高速度。2013 年 4 月 25 日，习近平总书记在中央政治局常委会会议上再次强调，要立足提高质量和效益来推动经济持续健康发展，追求有效益、有质量、可持续的经济发展。在此背景下，我们不再以国内生产总值增长率论英雄，极具战略定力地推动经济转型换挡，推进供给侧结构性改革，"去产能、去库存、去杠杆、降成本、补短板"，"壮士断腕"式地主动关闭和淘汰了一批落后产能，收缩曾经发挥重要支柱作用的房地产行业，抑制资本无序扩张。

围绕科技创新驱动发展战略，我国从顶层开始推动科技成果转化，各区域也出台了推动科技成果转化的配套政策体系，核心目标是将过去数十年的科技成果积累，转化为强大的现实生产力。特别是在科技创新发展导向上，开始着重强调"以问题为导向，以产业需求为导向，以社会利益为导向"，要将科技优势转化为产业优势，让产业牵引科研攻关，成为创新的主体。

聚焦第二项任务，党中央和国务院也采取了系列行动，包括改变科研人员评价方式，以及从顶层重构国家科技创新体系，建设国家实验室，重组国家重点实验室，加快建设大科学装置，以及推动综合性国家科学中心建设等，都是为了登顶世界科学之巅，让中国成为未来全球重大原始创新的策源地和科学中心。2016 年，中共中央、国务院印发了《国家创新驱动发展战略纲要》，纲要提出三步走战略目标：第一步，到 2020 年进入创新型国家行列；第二步，到 2030 年跻身创新型国家前列；第三步，到 2050 年建成世界科技创新强国。2018 年，习近平总书记在两院院士大会上再次强调了自主创新的重要性。

但是，不论是释放已有的科技成果潜力，还是在新的竞争中形成引领，科技产业化都已成为我国当前最紧迫的任务，也是我国未来发展的重要出路。当前，我国科技发展还面临重大瓶颈，关键领域核心技术受制于人，科技成果转化效率仍旧远低于国际水平，而科技成果转化是将科学技术转变为现实生产力的重要途径，在解决科技与经济"两张皮"的问题上具有关键作用。

展望未来 30 年，要想扭转科技发展落后的局面，我们必须加快实施创新驱动发展战略，要让科技成为经济增长的源泉和动力，构建新型科技成果转化体系，真正推动科技与经济形成内在循环。

第三章 认清现状：中国科技成果转化的困局

> 多年来，我国一直存在着科技成果向现实生产力转化不力、不顺、不畅的痼疾。
>
> ——习近平

本章将从多个维度切入，探究我国科技成果转化困局。科技创新是系统工程，科学研究、成果转化和产业化三者相互影响，任何一个环节的不足，都可能影响其他两个环节的正常运转。从宏观来看，我国科技成果转化不力、不顺、不畅的原因主要包括三个方面：

一是科技端供给质量不高。在整个科技创新链条中，科研供给是源头，也是科技成果转化的基础。但"跟随式"的研究方式、"短、平、快"的研究氛围、长期投入不足的现状，导致我国科研"顶天不够"，供给质量不高，有效供给不足。

二是企业承接能力不够。强大的产业链是科技创新系统的重要一环，也是高质量科技供给的最终载体。与欧美发达国家相比，我国企业"大而不强"，创新能力普遍较低，很难承接住高校和科研院所供给的成果。

三是科技成果转化体系缺失。我国科技成果转化工作起步较晚，国家对于科技成果转化缺乏顶层设计，支撑科技成果顺利转化的各类要素不完善，科技与产业融合发展缺少"桥梁"和"纽带"。

本章将分别介绍三个方面的不足，为国家完善科技创新体系，打通科技成果向现实生产力转化通道，实现从科技强到产业强、经济强提供一个路径。

第一节　科技端供给质量不高

在整个科技创新链条中，科研供给是源头，也是科技成果转化的基础。我国能否转化出一批高水平的科技成果、培育一批世界科技产业龙头、筑造经济发展的基础，关键看是否拥有一批具有先发优势的关键核心技术和引领未来发展的基础前沿技术供给。而科技端供给质量不高，恰恰是我国当前存在的问题之一。

◎ "跟随式"科研导致"顶天不够"

第一次工业革命以来，欧美发达国家依靠先发优势，长期引领全球科技创新发展。全球重大原始创新理论、颠覆性技术也大多诞生于欧美国家。而我国现代意义上的科技创新起步较晚，长期深处"跟随式"创新模式，高校和科研院所科研立项的方式通常是对标欧美国家最新研究成果，实施追赶。这种"跟随式"科研模式，导致我国科学研究大多跳过了对研究内容内在机理的深层次理解，不是以产业需求目标和问题为牵引，而是为超英赶美而搞的科学研究的"洋跃进""土跃进"；导致我国"捅破天"的重大原始创新长期难以孕育和突破，面向产业需求的重大原始创新供给始终不足。

当然，我国科研工作长期陷入"跟随式"研究的局面，既有客观因素，也有主观因素。新中国成立初期，我国缺少最基础的科学知识体系储备，同时也缺少开展重大原始创新的大科学装置、科研仪器等基础设施。在此情况下，受客观条件和现实基础的限制，我们以"别人"为参照点，邯郸学步式地去补位科研空白，逐渐建立我国的科技创新体系，这无可厚非。

但当前我国已经积累了一定的科研基础，各类科研仪器和重大科研设施逐渐完备，仍旧采取"跟随式"研究，就是主观思想问题了。抛开国家科研立项方式不谈，就科研人员本身而言，一些科研人员已经丧失原创思维。当前存在一个非常客观的事实：我国科研界普遍缺乏科学鉴赏能力，缺乏伯乐，缺乏自信，缺乏攻坚克难的勇气。在长期惰性环境熏陶下，科研人员大都缺乏深邃的逻辑抽象思维能力和天马行空式的想象力，在惯性思维主导下很难凝练出关键科学问题，这是重大原始创新的绊脚石。

正如中国科学院研究员秦四清在其博文里所感慨的：试想，在这样的背景下，即使人财物方面都绰绰有余，但缺创新土壤，缺创新思想，缺"舍我其谁"之创新志气与勇气，缺十年磨一剑的毅力，能做出有重要影响力的原创成果吗？而更为可怕的是，科研人员的惰性思维一旦形成，短期内很难改变，会陷入一个长期恶性循环的生态圈之中。

◎ **基础研究资金投入总量不足，结构不合理**

基础研究旨在更好地理解自然运作的基本原理，它往往无法直接应用，却是技术创新的基础。正是基于这个原因，欧美发达国家高度重视基础研究，投入大量资金支持基础研究发展。但是，我国在基础研究上一直投入不足，不论是投入总量，还是在全国研发投入中的占比，与英、美、日、韩等国家都存在巨大的差距。

根据国家统计局公布的数据，2021年我国在研发上的投入达到了创纪录的 2.79 万亿元，比 2020 年增长了 14% 以上；但基础研究方面的总投入仅为 1 820 亿元，占中国整体研发支出的 6.5%，总量依旧很低。

基础研究经费投入不足，高校和科研院所只能将有限的经费通过"撒芝麻盐"的方式分散在各个研究项目上，难以集中力量开展重大研究攻关。以中国科学院为例，其作为中国自然科学最高学术机构，肩负着代表国家开展全球科技竞争的使命。但中国科学院每年获得国家财政资金支持的金额仅为 300 亿元左右，300 亿元分配给下属的上百个研究所的近 7 万名科研人员，每个研究课题获取的金额是"少之又少"。在当前新一轮科技革命和全球科技创新竞赛中，要想实现单个领域突破就可能需要数百亿元资金投入，而我国基础研发投入不足，很难集中力量在重大科学工程上开展国际较量。

除了投入不足，我国基础研究投入结构也存在不合理现象。我国目前的基础研究投入主要来自中央本级财政，其在全国基础研究总投入中占比达 90% 以上。而在一些发达国家，地方政府会承担支持基础研究的一部分责任，企业在基础研究总支出中的贡献也高于我国。如美国联邦政府对基础研究的投入占一半，而我国中央财政投入占到了 90%；我国地方政府对基础研究的投入占 7%，美国则是接近 20%；美国的社会资金占基础研究总投入的 20%，但是我国企业对基础研究的投入几乎可以忽略不计。由此可见，我国基础研究投入结构比例存在问题，亟须加快研究制定有效凝聚全社会力量投入的有效机制，汇聚各方资源支持基础研究取得重大突破。

◎ 现有科研评价体系下的"短、平、快"现象

长期以来，"以论文论英雄"、以激励短期科研项目为主的科研

评价和考核体系，加剧了科技端攻关同产业端需求的脱节。作为"理性"动物，一般情况下，人会对外界的刺激做出相应的反应，科研人员也不例外。由于绩效考核是对科研人员工作能力的评估、工作量的核算，以及在此基础上进行科研效益衡量的主要计算方式，其结果也会直接与职称评审、岗位聘任等科研人员的切身利益挂钩，因此，考核对科研工作的导向起到非常重要的作用。

当前，国内大多数科研院所对科研人员进行激励、职称评定时，注重强调科技论文的数量、影响因子、专利数量，对相关人员进行层层考核，在经费拨付、职称评定等限制性因素上"下功夫"。这种情况下，科研人员就会根据自身发展的需要进行选择。于是，"重研发、轻转化""重论文、轻专利"等现象层出不穷，科研人员也就对科技成果转化的工作缺乏积极性。职称评定和绩效考核这两大政策，也是导致我国高校科技成果转化动力不足的主要因素之一，这种影响在211高校和985高校中尤其明显。[①] 目前，尽管在国家政策驱动下，各高校和科研院所对外宣称将科技成果转化作为职称评定和绩效考核的重要指标，但实际情况是：一旦科研人员带着成果创办企业，特别是专职从事科技成果转化的科研人员，可能就丧失了职称晋升的机会。

专利申报数量和授权数量长期以来是高校和科研院所对科研人员评级、评优、评奖、评项目的重要指标，而极低的"沉没成本"也成了"鼓励"科研人员对"有效性不足"的专利进行申请的一大因素。比如，中国专利申报的成本相对低廉，发明专利的申请费用仅为3 000～4 000元，申请时长为1～3年。在专利申请的低成本

---

① 徐波，唐梅军. 高校科技成果转化的难点和失败原因分析 [J]. 技术与市场，2018，25（2）：32-35.

和激励机制的强力"诱导"下，发明人做出申请专利的决定是很容易的，但申报的专利是否真正具有产业价值却很少在考量范围之内。

在第四届世界顶尖科学家论坛上，图灵奖得主约翰·霍普克罗夫特指出，中国高校更关注如何提高国际声望和指标，即研究经费和发表论文的数量。马大为院士也表示，科研人员要养家，在"非升即走"的压力下，倾向于做"短、平、快"研究，只要论文发表得多、观点新颖，马上就名利双收。在此种评价方式倒逼下，科研人员普遍急功近利，很难在一个领域深耕产出"十年磨一剑"的重大原创性科研成果，以论文、专利等形式存在的大部分科技成果只能长期束之高阁，与产业化应用和需求的距离自然就越来越远。

科技成果归属权不清晰，也在一定程度上限制了科研人员的积极性。根据我国法律法规，职务发明专利权属于单位。《中华人民共和国专利法》第六条规定：执行本单位的任务或者主要是利用本单位的物质技术条件所完成的发明创造为职务发明创造。职务发明创造申请专利的权利属于该单位，申请被批准后，该单位为专利权人。该单位可以依法处置其职务发明创造申请专利的权利和专利权，促进相关发明创造的实施和运用。但是，该法条提出的"主要是利用本单位的物质技术条件所完成的发明创造为职务发明创造"中的"主要"提法过于笼统。如多大比例才是"主要"？法律条文中并没有对单位提供的资金、信息、设备和各种技术条件的份额做出明确的规定。在实际操作过程中，职务发明和非职务发明、本职发明与兼职发明难以区分。如科研人员在完成本单位分配任务过程中产生的其他发明创造，或利用本单位科研活动产生的科技成果再创造所形成的新成果，是否属于职务发明创造？此类情况很难清晰界定。在进行科技成果归属权实际认定时，一项科技成果尽管只是利用了一小部分单位的科研资源，而大部分是科研人员通过自己努力取得的，通常也会被认为是职务发明创造，成果归属权大都被认定为单位所有。此外，职务科技成果是国有资产，在成果转化过程中，一旦定价低或转化失败，就可能触及国有资产流失的红线，科研人员和管理人员存在不敢转的顾虑，需要职务科技成果单列管理。目前，尽管国家正在大力推动相关法律法规的制定，但实际上包括股权、期权、分红等在内的激励方式存在发布主体过多、措施偏宏观、交叉重叠性强等问题，高校和科研院所在微观层面上的成果归属权、收益权管理制度等机制仍未完善，或是在激励政策的执行上无动于衷，导致政策形同虚设。

此外，在现有科研考核体系下，科研人员把大量精力投入"拉赞助"中，没有精力对科技成果进行转化。不少科研人员吐露，职称越低，越依赖单位自主科研经费和个人募集。因此，科研人员要把大量的精力和时间花在"搞钱""搞关系"等与科研本身关系不大的事务上，一通忙碌之下，可能还拉不到"赞助"，结果便是耽误了工作，一流的科技成果也遥遥无期。

在《光明日报》2020年刊登的一篇时评文章中，作者就写道：当前，科研人员都很忙。比如，为了获得课题和项目，科研人员是否也需要"迎来送往"，搞好与有关部门、评审专家的关系？课题、项目立项如果不能坚持由专业同行评价，而要受到非学术因素影响，这种状况就几乎不太可能消失。现在不少高校博导、科研院所研究员称自己是"超级业务员"，要填很多表格，常年出差，到处去"拉业务"。因为只有拉到课题和项目，才有经费，进而才能维持课题组的生存，给博士生相应的经费资助。在"头衔化""帽子化"的学术评价体系中，要让科研人员日子过得更好，就必须弄到"头衔""帽子"；没有"头衔""帽子"，生存处境就越来越难。而要获得"头衔""帽子"，就必须融入"头衔""帽子"的学术江湖中。除此之外，折腾经费、跑报销也早已广遭诟病。①

也有很多科研人员对自己研究的领域盲目自信，在科研选题上鲜有对生产实践中的实际技术问题进行考察和调研，开展研究涉及面小、内容少、重复多，总体忽略了市场的需求和企业的要求。②尽管一些课题结题评审的鉴定意见是"国内领先水平""行业领先水平"，实际上却是重复研究或是技术含量不高的研究，不是真正有市场潜力、有推广价值、有成熟度、适宜转化的科技成果。缺乏战略和市场化思维并被固有思维限制，导致很多研发成果难以被市场所接受、为社会所应用。

第二节　企业承接能力不够

强大的产业链是科技创新系统的重要一环，也是高质量科技供给的最终载体。企业强不强、承接能力够不够，直接关系着科技成果能否发挥对经济社会发展的支撑作用。因此，科技成果能否顺利转化，关键是看企业能否充分消化、吸收和承接，能否将科技成果以产品或商品的形式，推广到市场和人民生活之中。而企业承接能力不够，是我国科技成果转化的又一个难题。

◎ 企业大而不强

改革开放以来，尽管我国涌现出一批巨无霸企业，但这些企业

① 熊丙奇．减轻科研人员非学术压力．https://m.gmw.cn/baijia/2020-07/06/33967407.html.

② 李庆明，徐欣，巢俊．江苏省新型研发机构发展研究［J］．科技与创新，2018（17）：15-17.

多数是借助国家制度红利、资源红利、人口红利、全球化红利成长起来的，属于资源垄断型或者政策驱动型巨无霸。企业自身尚没有形成完善的创新体系，缺乏承接先进技术的研发能力和资金，深陷以量取胜的发展模式之中，整体上大而不强。2022 年《财富》世界 500 强榜单中，中国上榜企业数量达到 145 家，超过美国的 124 家，居于首位。但从科技竞争全局看，美国依然优势明显。信息通信技术作为全球竞争最为激烈的高新技术产业领域，美国有 19 家上榜企业，平均营业收入为 1 262 亿美元，平均利润高达 237 亿美元；中国有 12 家上榜企业，平均营业收入为 787 亿美元，平均利润仅为 77 亿美元。且美国有多家科技龙头，如苹果、微软、亚马逊、Alphabet 等，跻身世界 50 强。我国跻身世界 50 强的企业多为金融型、能源型企业。

我国企业大而不强，产业整体处在世界产业链体系的中低端水平。一方面，不论是国有企业，还是民营企业，都还未形成完善的创新体系和创新链条，仍有大量关键核心技术严重依赖国外，产业链供应链断点明显。以芯片为例，电子设计自动化软件几乎完全被美国垄断，光刻胶、电子特气等关键材料国产率不足 5%，光刻、涂胶显影等尖端设备国产率在 5% 以下，200 多种关键设备无法自主可控。在航空领域面临同样的问题，航空发动机还未自主可控，即使是国产大飞机，大部分关键核心部件仍严重依赖国外。另一方面，企业对先进技术承接能力不够，如以钢铁、水泥、煤炭等为主的资源消耗型行业，以及以电子加工、仪器仪表、机械仪器设备等为主的代加工、低端制造业，既没有建立承接先进技术的研发人才团队，也缺乏承接先进技术的资金，只能以量取胜。

◎ 企业承接科技成果有心无力

科技成果转化有两种方式：一种是由科研人员拿着科技成果直接创办企业；另一种是高校和科研院所将科技成果以许可和转让的方式，授权给企业。欧美发达国家科技创新体系经过上百年的演进，企业在整个国家创新体系中主体地位明显，是重要的创新策源方之一。因此，国外目前科技成果转化总体是以"转让、许可"为主，科研人员创业为辅。

而我国科技资源分布的一个突出特点是，主要集中在各级政府举办的科研院所和高校之中，如 863 计划、973 计划、攀登计划等国家重大专项计划，其承担的主体基本是高校和科研院所。我国企业长期很难获得国家基础研究的支持，造成企业对基础研究的参与意愿逐渐下降；企业由于长期对科研重视不足、投入力度不够，最终导致科技含量不高。

国内企业多依靠劳动力低成本优势参与国际分工，研发和市场"两头在外"。我国企业研发投入长期不足，大都处在产业链中低端，科技企业匮乏，能够承接高校和科研院所科技成果的企业并不多。这种局面造成高校和科研院所在推动科技成果转化过程中面临一个"尴尬"的现象：高校和科研院所供给的科技成果，企业承接不住。

此外，企业在生产能力、生产规模、税负等方面具有较大的压力，而技术创新又需要大量的资本投入，可以说"没钱是万万不行的"。利润不够丰厚、税负压力又较重的情况自然导致企业积极性不高，企业研发强度尤其是基础研究投入低。

与此同时，我国高水平科技成果转化专业机构缺失，"政产学研资用服"创新要素不完善，难以完全发挥连接高校和科研院所与企业的桥梁和纽带作用，大量科技成果无法精准导入企业。基于以上原因，高校和科研院所以及科学家只好"亲自"上阵办企业。正如某位科学家讲述自己为什么成立公司时所感慨的："如果有其他路可以顺利把科技成果转化了，我绝对不干公司，但没有这样的路。"

◎ 科学家被迫亲自"下海"

纵观欧美国家经济发展史，它们也曾经面临中国现在面临的问题。企业无法承接科技成果，比较现实的出路就是培育一批像IBM、英特尔、通用电气、SpaceX 那样的企业，从而提升产业链对科技成果的承接能力，最终形成科技创新的闭环，打通科技与产业的双向循环。

美国硅谷正是依靠此路径发展起来的。硅谷发展初期，斯坦福的科研人员带着技术成果，亲自"下海"创业，孕育出一批以英特尔、谷歌等为代表的科技产业龙头。据统计，在硅谷，由斯坦福大学教师和学生创办的公司所占比重高达 70%。随着这些产业龙头的崛起，一种"学术—工业综合体"的产学研融合发展创新生态逐渐形成。此后，科学家创业在科技成果转化中的比重开始下降，企业承接高校和科研院所科技成果或者联合研发成为主流。

党的十八大以来，为了释放高校和科研院所强大的科技潜力，鼓励科研人员参与创新创业，国家颁布实施科技成果转化"三部曲"，即《中华人民共和国促进科技成果转化法》《实施〈中华人民共和国促进科技成果转化法〉若干规定》《促进科技成果转移转化行动方案》。"三部曲"打破了束缚科研人员创新创业的制度壁垒，大量科研人员带着科技成果"下海"创业。

从实际情况看，成果显著。十余年来，我国科技企业数量飞速增长。全国高新技术企业数量从十多年前的 3 万余家增加到 2021

年的 33 万家，研发投入占全国企业投入的 70%，上缴税额由 2012
年的 0.8 万亿元增加到 2021 年的 2.3 万亿元。截至 2021 年年底，
我国专精特新"小巨人"企业实现全年营收 3.7 万亿元，同比增长
超 30%，增速高于规模以上中小工业企业约 11 个百分点；全年利
润总额超 3 800 亿元，营业收入利润率超 10%，比规模以上中小工
业企业高约 4 个百分点。而《"十四五"促进中小企业发展规划》
指出，"十四五"期间要推动形成 100 万家创新型中小企业、10 万
家专精特新中小企业、1 万家专精特新"小巨人"企业。

随着我国科技企业数量持续增多，以及企业规模不断壮大，在
不久的将来，我国企业承接科技成果转化的能力将会大幅提升。届
时，高校和科研院所与企业将紧密合作，形成双向互动的创新
生态。

第三节　科技成果转化体系缺失

当前，全球科技创新日益进入体系化竞争的阶段。科学研究、
成果转化和产业化作为科技创新系统的重要构成，都需要完善的要
素体系支撑。科学研究、成果转化和产业化顺利开展，需要体制机
制、政策体系、环境氛围、资金、人才、机构、平台和产出等多类
要素。与科学研究和产业化两个环节相比，我国科技成果转化起步
较晚，各类要素建设投入不足，成果转化体系不健全。因此，破解
科技与经济"两张皮"难题，关键在于补位和完善成果转化要素
体系。

◎ 顶层设计缺失

科技成果转化是连接科学研究与产业化的桥梁和纽带，在促进

科学研究与产业化各类创新要素双向流动方面发挥着巨大的支撑作用。党的十八大以来，我国在推进科技成果转化体制机制方面，从中央到地方出台了一系列改革措施，涵盖成果转化收益、国资管理、机构建设、考核评价等各个方面，破除了制约科技成果转化的各类条条框框，极大地释放了科技成果向现实生产力转化的活力。

但是，国家层面科技成果转化相关举措，主要集中在释放科研自主权、激发科研人员转化热情等体制机制和环境氛围方面，对于搭建成果转化体系，促进高校和科研院所与企业之间的创新要素流动机制涉及较少。从实际情况来看，我国高校和科研院所与企业之间仍旧存在门槛壁垒、部门壁垒、承接壁垒等，高校和科研院所与企业呈各自闭门造车式的发展，难以实现资源最优配置和协同创新，急需转化链上体制机制的创新突破，构建关键核心技术攻关的新型举国体制，打造高校和科研院所与企业间人才、技术、资金等各类创新要素双向流动、开放协同的创新生态。

科技创新涵盖科学研究、成果转化和产业化三个阶段，各阶段面临的复杂性、不确定性程度不同，属性也存在本质区别，而基于本质区别又衍生形成了相应的组织和制度保障体系。科学原理通常来自数十条技术路线的成千上万次实验验证，不确定性和复杂性非常强。特别是重大原始创新往往超前于经济社会发展需求，大都是追求"真理"和事物本质的结果，并未考虑太多的经济价值。因此，一般情况下，大部分科研活动本身并不会创造直接的经济价值，更多的价值体现在促进社会长远发展，产生的影响具有普惠性。基于这个特点，在没有国家财政资金支持的情况下，除了少数的高净值人群能够在爱好驱动下自发开展科学研究外，大多数人是不愿意或者没有财力去从事科学研究的。

世界各国普遍将科学研究作为纯公益事业，多由国家财政资金支持，所取得的科技成果也由国家所有或全民所有。我国科研事业一般由事业单位承担。事业单位便是国家为了社会公益目的，由国家机关设立或由其他组织利用国有资产设立的从事教育、科技、文化等活动的主体。高校、科研院所都属于事业单位范畴。基于科研公益属性，我国逐渐形成了一套涵盖财政供给、组织方式、科研管理体制机制、人才选拔与培育、考核评价、激励方式、成果归属与使用等具有公益属性特色的创新体系。

如在财政供给方面，我国基础研究经费（包括科研基建、大学科装置、设备仪器、科研人员工资及其他支出）都由政府（中央和地方）统一列支拨付，国家财政每年度会安排相应的财政预算资金支持国家科研事业。在组织方式上，我国逐渐演变形成了一套"自上而下"和"横向并行"的组织体系。科技部、工信部、教育部、中国科学院、国防科工局、军委科技委等单位，分别根据相应的职能，代表国家行使一定的科研组织职责，包括重大科技创新战略和规划、科研立项、科研管理、政策制定等。在成果归属与使用上，基于国家财政经费的投入方式，我国科技成果归属权一般在单位和国家，主要用于国家科技战略事业。

产业化环节则主要面向国民经济主战场，这个环节的相关技术具有明确的产业应用和市场需求，不确定性相对较低，且相关技术一旦转化为产品或商品，能够提升企业的生产效率，或产生经济效益，最直接的受益方为企业。因此，国家基于社会公平的考量，一般不会采取财政资金供给方式。当然，我国基于社会主义制度和计划经济体制等因素，在新中国成立后一段时期内产业也由国家统筹安排。但改革开放之后，企业发展逐渐演变为纯市场化的行为，由企业按照市场化规则运作，形成了一套纯市场化的涵盖资源整合、生产、销售、分配等的产业组织和制度体系。

长期以来，我国科研工作主要面向国家重大战略需求，产业化面向国民经济主战场，科技成果向现实生产力转化的主观需求不强，科技成果转化工作一定程度上由于重视不够存在断带。

如在组织体系上，我国科技成果转化顶层设计和统筹部署缺失，缺少专属主管部门来统筹全国科技成果转化重大战略规划制定和执行，科技成果转化内嵌于现有科研组织体系之内。尽管国家层面出台了《促进科技成果转移转化行动方案》，但是最终统筹执行还是落在了科研主管机构身上，而科学研究主责主业是基础研究，首要任务是集中力量完成科研任务，对科研人员的考核、评价和激励也主要以科研任务完成情况为指标，科技成果转化是"附属"，很难实现全面的改观。

此外，科技成果转化是一项专业度很高的工作，对复合型人才需求度很高，而我国目前缺少科技成果转化人才培养、选拔、使用、评价和流动机制。在内嵌于科研体系现状下，基于职业生涯前景和声望的考量，科研人员更多地选择走科研路线。

特别要注意的是，科技成果转化介于科学研究与产业化之间，具有"半公益半商业"的双重属性。一方面，科技成果转化具有一定的公益属性，取得的成果具有一定的普惠作用，且其风险比产业化阶段高，社会主体参与意愿不强烈。另一方面，科技成果转化能产生一定的经济效益，从事科技成果转化工作的主体可能获得巨大的经济回报。

科技成果转化"半公益半商业"的属性特点，决定了现有科研纯公益体系和产业化纯市场体系都难以满足科技成果转化需要。如在财政供给方面，国家财政基于社会公平的考量，无法安排国家财政预算支持，造成科研机构受制于财政经费不能推动科技成果转化。产业界则基于经济回报的考量，不愿意推动科技成果转化。科技成果转化经济性程度不高，企业更愿意通过购买技术的方式满足企业发展需要。由于科技成果转化"半公益半商业"的属性，决定了我们需要建构一套国家财政和社会资本协同投入的财政供给体系。

对科技成果转化"半公益半商业"属性认识不足，也造成了我国在推动体制机制改革中遇到很多难以调和的二元矛盾。前面我们提到，目前我国科技成果转化工作内嵌于科研体系之中，因此在破除体制机制方面，也基本是从科研体制改革入手，尝试推动科研体制体系去适应科技成果转化。但是，科学研究具有纯公益属性，而科技成果转化具有"半公益半商业"属性，两个属性不同的创新环节的需要很难在同一体系框架内同时获得满足。

举一个简单的例子：科技成果归属权问题。我国科技成果供给有个特点，基本上以高校和科研院所为主要供给主体，而资金主要来自国家财政拨款，因此科技成果的产权归属国家和单位，相关成果可以拿来满足国家重大战略需求，但是不能由某个人用于开展营利性活动，因为法理上讲不通。但是，科技成果转化的核心目标便是创造经济价值，这与高校、科研院所的非营利属性是矛盾的。因此，很难通过科研内部体制机制的调整解决科技成果产权归属问题。同时，还得充分考量高校和科研院所主责主业，科学研究与科技成果转化之间政策的倾斜可能会使天平的一端倒向另一端，很难把握其中的"度"。因此，近年来，在科技成果归属权问题上，中央和地方进行了一系列的改革探索，但整体效果并不明显，很多高校和科研院所为了避免在国有资产和产权问题上"犯错"，宁可选择不转化。

科技成果转化"半公益半商业"的属性特点，提出了单列管理的需求，需要构建一套涵盖财政供给、组织方式、管理体制、人才选拔和培养、考核评价、激励方式和产权归属与使用等的"半公益半商业"的转化体系。

◎ 要素体系不完善

我国科技成果转化在金融、机构、平台、人才等方面存在诸多不足，这些要素制约着我国科技成果顺利向现实生产力转化。

金融供给不足

硬科技是骨头，实体经济是肌肉，虚拟经济是脂肪，金融是血液。国家经济健康发展的核心在于强肌壮骨，避免脱实向虚，而金融作为血液是国家经济强肌壮骨的重要基础。肌肉强不强，骨头硬不硬，脂肪是否可控，关键看血液供给是否通畅和充足，但我国金融支撑科技创新的体系还未完全形成，流向科技创新的金融资本"少之又少"。

成建制、高水平的新型研发机构存在缺失

我国高度重视科学研究工作，聚焦基础科研和原始创新能力，打造了成建制的科研机构体系，形成了涵盖科研院所、军工科研单位、高校、国家重点实验室等的体系完备、数量庞大的科研机构群。但是，在科技成果转化环节，我国缺乏面向产业化的成建制的新型研发机构和产业工研院。欧美发达国家在构建科研机构体系的同时，皆打造了面向产业需求的成建制的研发机构，这些机构定位为科技界与产业界的纽带与桥梁，天然面向产业需求开展产业共性技术研发，填补了"企业想做但做不成、政府想干但没法干、科研机构能做但不擅长、风投想投但不敢投"的研发"真空"地带。

国家支持成建制的、面向产业需求的新型研发机构，能够有效

促进特定领域关键核心技术的突破，推动相关产业腾飞，占据全球产业制高点。以德国和比利时为例，为了推动科技成果直接应用于产业，德国于 1949 年成立了天然面向转化链 4～6 级的应用技术研究机构——弗劳恩霍夫协会。弗劳恩霍夫协会定位于产业关键共性技术攻关，作为欧洲最大的应用科学研究机构，每年为 3 000 多家企业客户完成约 10 000 项科研开发项目，支撑德国产业发展，是欧洲制造业的核心支柱。比利时为发展当地微电子产业，于 1984 年支持成立了比利时微电子研究中心（IMEC）。IMEC 定位于研究开发超前产业需求 3～10 年的微电子和通信技术，在半导体工艺领域创造无数个世界第一，支撑弗拉芒成为全球半导体产业的高地，为全球半导体产业技术开发、成果转化、人才培养做出了重要贡献。

关键共性技术平台不足

科技成果转化的企业多为硬科技企业，对高端设备与工艺平台需求较高；而科研院所和产业界的相关设备与平台，基于竞争、安全性或产能等考量，主要供单位内部使用，很少对外开放。但初创型硬科技企业又由于受资金实力限制，没有能力购买和建设实验、研发等中试平台，无法开展研发、小试、中试、小批量生产，在资金与产品周期双重压力下，难以穿过"死亡之谷"。国外非常重视关键共性技术平台建设，为创业企业提供共享共用的研发、小试、中试、小批量生产等装备与平台，支撑整个行业领域共性技术研发。关键共性技术平台能够大大降低创业成本，在有限资源支撑下大幅度提升创新数量和规模。假设在企业自建平台的情况下，1 亿元的资金能够支撑 10 家企业的发展需要，那么在多家企业共享共用平台的情况下，1 亿元的资金就能够满足 100 家企业的发展需要。

此外，关键共性技术平台还能够有效加快研发进程，缩短研发周期，大大提升创业成功率，赋能整个行业发展。

科技成果转化人才体系缺失

在转化链环节，我国尚未搭建起完善的"政产学研资用"人才支撑体系，主要体现在六方面人才缺失：

一是缺少一支懂科技创新规律的技术型干部队伍。政府是科技成果转化顺利开展的关键一环。改革开放以来，地方政府倾向于通过招引大工业项目的方式培育产业发展，追求立竿见影。而科技创新具有周期长、技术壁垒高等特点，政府在培育科技产业方面存在看不懂、没耐心等现象，需要政府决策层或者主管单位培育一支能够充分把握科技创新规律的技术型人才队伍，才能从思想上、顶层设计上和政策体系建构上营造科技产业发展的环境。

二是缺少以钱学森、朱光亚、李四光、邓稼先等为代表的战略科学家。战略科学家能够着眼国家长远利益，站在科学技术前沿，推动形成具有一定的科学品质的战略思想和理论方法，并有效指导科学技术实践，是科技人才中的"帅才"，是发展"国之重器"、突破"卡脖子"技术难题的领军人物，在跨学科研究、大兵团作战组织等方面发挥着重要作用，对于科技成果向产业转化发挥着不可或缺的作用。

三是缺乏诸如任正非、马斯克、王传福等具备战略眼光的硬科技企业家。这类企业家能够从科技创新底层逻辑出发思考企业发展，准确识别和把握所在产业领域的"牛鼻子"，推动带领企业占据全球产业制高点，对推动我国产业从低端向中高端迈进作用巨大。如任正非带领华为深耕通信领域底层技术，引领全球 5G 通信技术发展，占据全球产业制高点。马斯克从人类社会发展演进的高度出发，在商业航天、新能源汽车等多个未来产业布局，引领全球产业发展。王传福奉行"技术为王，创新为本"发展理念，带领比亚迪深耕新能源汽车关键技术——电池技术，在新能源汽车领域实现行业引领。

四是缺少秉持长期主义且具备深厚专业能力的硬科技投资家。科技成果转化项目对投资人才要求较高，需要投资者既具备深厚的金融、市场背景，又对相关技术领域具有多年的积累，是科学家和金融家的复合体。同时，鉴于硬科技项目周期长的特点，这些投资家需要具备崇高的国家使命感和长期主义精神。当前，我国银行、风投机构等各类金融主体相关人才匮乏，对科技型项目"看不清、找不到、看不懂、不敢投、不敢贷"。

五是缺乏一批硬科技技术经理人队伍。美国国防高级研究计划局（DARPA）的项目经理人，就是典型的技术经理人。技术经理人是科技成果从书架走上货架的关键一环，通过对实验室技术进行技术、市场、商业等多方面判断，精准挖掘具备产业价值的技术，并推动其向现实生产力转化。目前，我国技术经理人规模较小，难以满足巨大的科技成果转化需要。

六是缺乏一支高端工程师队伍。高端工程师是大国工匠，能够完成复杂工程，具备产业重大工艺能力。如专攻长征火箭"心脏"焊接的高凤林，先后攻克了航天焊接 200 多项难关，为 90 多发火箭焊接过"心脏"，占我国火箭发射总数近四成。还有芯片领域高端工艺人才，对产业具有非同寻常的理解和操控能力，对产业重大突破发挥至关重要的作用。拥有强大的制造能力和高超的工艺水平的德国，正是由于培育储备了高水平的工程师队伍，才支撑起其经济腾飞和制造业强国地位。

第四章　解放思想：科技成果转化的
　　　　　源头行动

解放思想，实事求是。

——邓小平

　　当前，科技作为第一生产力，在现代社会的经济、政治、安全等诸多领域都扮演着越来越重要的角色。在我国经济发展由高速增长向高质量发展转变过程中，如何让科技真正发挥出第一生产力的实际作用？改革创新，思想先行。从欧美发达国家科技发展历史经验来看，思想上的解放以及传统观念的转变，在推动科技成果快速转化为现实生产力过程中发挥着重要作用。

　　但是，由于历史原因和观念束缚，我国政府、科研院所、企业和资本市场对科技创新都存在不同程度的误解，以至于很多科技成果要么最终成了"陈果"，要么半路"死亡"，要么被吹成泡沫。凡此种种，究其本质在于思想的僵化影响了行动的果敢。

　　因此，为了加快建立以企业为主体、市场为导向、产学研相结合的科技创新体系，推动科技成果转化，就必须从思想解放入手，推动政、产、学、研、金各类主体在思想上改变对科技成果转化的认知。其中，有三个层面需要我们重点关注：第一个层面是政府层面，尤其是地方政府，需要意识到科技成果转化的成败关系着实体经济与产业升级的成败。第二个层面是科研院所层面。作为科技成果的策源地，科研院所理当认识科技成果并非只是"科学志趣"，还应当为社会、国家解决问题。第三个层面是市场层面，包括企业、资本市场和社会大众等。科技成果转化需要市场、资金，以及群众智慧的供给。科技创新绝不是天才的比拼，而是大众创新的果实。

第一节　解放思想为何对中国发展至关重要？

◎ 改革开放，首先是一场思想解放

从人类社会发展历史来看，自"认知革命"开始，人类社会发生了翻天覆地的变化，尤其是近 500 年来，伴随着文艺复兴、宗教改革运动、启蒙运动等思想解放运动，人类历史迈上了新的台阶。关于文艺复兴后的成就，著名科学史家丹皮尔评价道："虽然由于当时的思想方式习惯于屈从宗教的权威，人们在世俗文献方面也容易接受权威，而且过度看重希腊哲学家的学说也是有危险的，但人文主义者毕竟为科学的未来振兴铺平了道路，并且在开阔人们的心胸方面起了主要作用。只有心胸开阔了，才有可能建立科学。假使没有他们，具有科学头脑的人就很难摆脱神学成见的学术束缚；没有他们，外界的阻碍也许就无法克服。"[1]

同样，中国的改革开放之所以伟大，不仅仅在于它为处在历史

---

① 丹皮尔 . 科学史及其与哲学和宗教的关系 [M]. 李珩，译 . 桂林：广西师范大学出版社，2009.

关口的中国指明了一条具有广阔前景的发展道路，更重要的是改革开放本身就是一次值得历史铭记的伟大的思想解放运动。

1978年12月18日至22日，中共十一届三中全会召开。全会重新确立了党的实事求是的思想路线，决定将全党的工作重心转移至社会主义现代化建设上，并采取了一系列有利于农业生产发展的措施，如颁布"社员自留地、家庭副业和集市贸易是社会主义经济的必要补充部分，任何人不得乱加干涉"等激励政策。

1979年，国务院首次提出要恢复和发展个体经济，并可根据当地市场需要，在获得有关业务主管部门的许可后，准许部分有正式户口的闲散劳动力开展修理、服务和手工业的个体劳动，给他们颁发营业执照，由街道和有关业务部门监督管理，并逐步引导他们走上集体化的道路，但还是不准雇工。

随着一纸令下，中国民间的活力迅速被激活。当时，中国处于短缺经济之中，居民消费需求旺盛，人们只要敢破旧（思想）、敢动手，很大程度上就能够实现"财富自由"。也正是在这样的背景下，一些怀揣着梦想的"能工巧匠"开始下海经商，成了第一批的创业者，例如，年广久、鲁冠球、何享健等。

然而，改革开放也并非一帆风顺。原因在于，尽管党中央意识到全心全意搞建设的重要性，中国民间力量也跃跃欲试，但是当时仍存在一部分力量对改革开放、民营经济抱着怀疑的态度。以年广久为例，年广久在知道国家大力推动改革开放后，意识到自己的机会来了，便拉着一辆板车，带着炒瓜子的工具离开芜湖去了扬州。1979年12月，年广久注册"傻子瓜子"商标。由于瓜子供不应求，他开始请人炒瓜子，由此引发了"雇工风波"。

1980年，时任中央农村政策研究室主任的杜润生将"傻子瓜子"问题的调查报告递给邓小平阅示。邓小平表示，不要急于下结论，要看一看，放一放。可以说，邓小平的话既解救了年广久，也为民营企业与资本主义之争暂时画下了句号。随后，中央多次印发文件鼓励民营经济发展，从法律上认可了民营经济作为社会主义经济补充的地位。多年后，年广久面对采访表示："我这一生都要感谢一个人，那就是邓小平……说到邓小平，他是个预言师，什么事情都看到眼里，他让我躲过了一个接一个的运动，他的思想非常开放。当然今天这些我都不用担心了，因为已经可以说永远都不会有运动了。"①

　　年广久坎坷的创业经历，只是中国这艘巨舰转型发展的一个缩影。我国经济社会发展众多方面同样面临思想上的束缚。

　　1980 年，我国国有企业所占比重为 76％，集体企业所占比重为 24％，公有制经济可谓独当一面。但是，在党的十一届三中全会上，领导层明确指出，现在我国经济管理体制的一个严重缺点是权力过于集中，应该有领导地大胆下放，让地方和工农业企业在国家统一计划与定额指导下有更多的经营管理自主权。于是，国有企业改革成了 20 世纪 80 年代中国经济体制改革的中心环节。彼时，通过给企业一定比例的利润留成，给企业以一定的产销、资金运用、干部任免、职工录用等方面的权力，开始纠正"吃大锅饭"的体制弊病。不过，由于实际操作中在利益分配上缺乏明确界定，在企业生产积极性被释放出来的同时，企业与上级主管部门之间的矛盾开始显现，直到后来通过"利改税"才解决了相应的问题。此外，由于"承包制"火爆，国有企业出现了盲目扩张、加班加点的问题，使得不少国企工人开始质疑国有企业改革，而这样的问题一直持续

---

　　① 陈润. 时代的见证者：摹状奋斗者的足迹，讲述不一样的中国故事 [M]. 杭州：浙江大学出版社，2019.

到"南方谈话"后才有了更为清晰的解决方案。

1992 年是中国又一个历史性的关口，邓小平再次挺身而出。1月 18 日，邓小平从北京出发，一路经武昌、深圳、珠海，最后到了上海，并在沿途进行了一系列重要谈话，通称"南方谈话"。"南方谈话"对中国社会主义现代化建设事业具有重大而深远的意义。在深刻洞悉国内外局势的基础上，党的高层在思想上进行了新一轮的革新，做出了正确的选择。

随后，党的十四大确立了邓小平建设有中国特色社会主义理论在全党的指导地位，并决定建立社会主义市场经济体制以代替旧的计划经济体制，最终确立了社会主义市场经济的目标模式。中国经济开始了新一轮的发展。

一言以蔽之，改革开放以来，围绕从哪里开始、如何进行改革开放、是计划经济还是市场经济、要关门还是要开放等问题，党中央在全国范围内实施了一次伟大的思想解放，凝聚全社会共识，以经济建设为中心，推动国家经济快速发展。

正是在不断深化改革开放、不断构建社会主义市场经济思想的指导下，中国甩开了民生不振、财政紧迫、三大产业结构错位的发展格局。可以看到，自改革开放起至党的十四大，我国经济体制改革一直处在渐进式改革之中。尽管这期间出现了诸多问题与阻挠，但幸运的是，在党中央的政治智慧和先进思想的引领下，改革开放至今中国所遇到的艰难挑战都被一一攻破。可以说，每一次的思想突破，都是中国迈向下一阶段的指南针。

◎ 新"变局"下，需要继续解放思想

种种迹象表明，中国的发展再次来到了历史的关口。而这也意味着在全球局势的惊涛骇浪之中，中国经济这艘巨舰也需要"换

"锚"了。而这根"新锚"就是科技创新。

众所周知，技术进步具有巨大的双向外部效应。中国作为全球最大的消费市场和全球重要的产业枢纽，只有成为科技创新强国，才能破解在部分关键领域被"卡脖子"的境况，突破发达国家的技术封锁。同时，随着与先发国家的前沿技术水平差距缩小，我国制造业和服务业的生产效率便有望突破瓶颈，在未来几年内实现提升。因此，科技创新和创新驱动也应当成为深化供给侧结构性改革的重中之重。

自党的十八大以来，中共中央、国务院相继印发《中共中央国务院关于深化体制机制改革加快实施创新驱动发展战略的若干意见》《深化科技体制改革实施方案》《国家创新驱动发展战略纲要》等重要文件。与此同时，"十四五"规划强调坚持创新在我国现代化建设全局中的核心地位，把科技自立自强作为国家发展的战略支撑。此后，在 2021 年 12 月 8 日至 10 日举行的中央经济工作会议上，党中央再次突出强调科技创新地位，提出"坚持战略性需求导向，确定科技创新方向和重点，着力解决制约国家发展和安全的重大难题"。

可以看到，方向和方案我们都有了。但更为重要的是，我们首先要在思想上做好准备，要意识到科技创新已成为大国竞争的重要战略阵地、中国高质量发展的关键因素和社会进步的制高点。其次，我们也要在思想上进一步凝聚共识，深刻理解科技创新对经济转型的重要性，从上至下破除我们头脑中对科技创新的误解，冲破"为科学而科学"的思想藩篱。最后，只有用思想引领改革与发展，才能让中国经济保持青春活力，让中国经济实力、科技实力大幅跃升，跻身创新型国家前列。

第二节 科技成果转化需要有为政府

◎ 科技成果转化，离不开有为政府

国际经验表明，一个国家的科技成果转移转化能力越强，这个国家经济的发展质量和效益便会越高。因此，对于调控经济增长的"有形之手"来说，遵循并把握科技创新规律和市场经济规律十分重要。其中，提高科技成果转移转化能力是重中之重。

当今，美国是毫无疑问的世界科技强国。不过，正如我们了解到的，尽管美国在 1894 年超越了英国成为世界第一大工业国，但实际上到第二次世界大战前美国都并非世界第一的科技强国。原因在于，当时的美国极其注重科学的实用性（例如，爱迪生、威斯汀豪斯的主要身份是发明家、企业家，而不是科学家），因而基础研究水平还略落后于英、法、德等欧洲国家。但这并不意味着美国实力不强，只是当时美国的国内市场对基础创新的需求不大，且与欧洲差距并非十分巨大，因此美国没有大量投入资金进行研发。

但是，第二次世界大战敲醒了美国，尤其是在范内瓦·布什与他的《科学：无尽的前沿》这一报告出现后，美国政府意识到仿造终究不是最好的出路，科技自主创新才是美国成为强国的第一推动力。

1944 年 11 月 17 日，美国时任总统罗斯福致信范内瓦·布什，并附上了四个问题：第一，在保证军事安全且事先得到军事机关批准的情况下，我们如何让自己在战争中对科学知识做出的贡献尽快为世人所知？第二，在科学与疾病的斗争方面，我们现在应如何组织新的项目，以便在未来继续推进医学和相关科学领域的工作？第

三，政府在当下和未来，可以通过何种方式来促进公共及私人组织的研究活动？第四，是否可以提出一个发现和发展美国青年科学人才的有效规划，以确保美国的科学研究能够持续保持在战争期间的水平？

为此，布什特意撰写了一份报告《科学：无尽的前沿》，并于1945 年将它交到了接替罗斯福的杜鲁门总统手上（罗斯福于 1945 年 4 月 12 日逝世）。

布什回答如下：第一，在不妨碍国家安全的前提下，把从军工获得的科学知识告知民众，促进民用科学的发展。第二，成立一项计划，持续进行医学和相关科学领域的研究工作，以战胜各种疾病。第三，政府协助公共和私人组织开展研究活动。第四，开展一项有效的计划，发现和培养美国青年科学人才，以确保美国可持续的科学研究，让科研水平可以与战争期间的水平相提并论。[①] 此外，布什还提到了与抗击疾病有关的医学和基础科学研究、涉及国家安全的研究、与国民福祉有关的科学研究。以上种种构想成为美国科技创新的主要方向。随后，登月、航空、互联网、基因工程等科技奇迹均受到此战略的影响而得以被"引爆"。

对此，著名传记作家威廉·曼彻斯特在书中写道：洛斯阿拉莫斯等国家实验室正在发明提升美国人幸福感的产品，美国人也在好奇地谈论着既可以放置在收音机，也能放在战斗机身上的锗片和硅片以及晶体管，这些"奇迹"则鼓舞了一代又一代的美国人对科技创新的向往与热情。

以历史视角来看，布什与《科学：无尽的前沿》为美国开创了

---

① 布什，霍尔特. 科学：无尽的前沿 [M]. 崔传刚，译. 北京：中信出版集团，2021.

一个新的国家科创体系，正是凭借这一报告的核心思想的牵引不断地在前沿技术上进行开发探索，美国成了当今的"科技尖子生"，成为全球科技创新的引领者。也正是凭借强大的科技实力，美国得以在布雷顿森林体系垮掉后实现军事、美元的双霸权，甚至能够肆意采取"科技封锁""长臂管辖权""人才管制"等措施对其他国家"卡脖子"。

实际上，不只是美国，西方其他发达国家的政府都在思想层面上给予了科技成果转化一定的重视。有的国家是自启蒙运动以来就意识到了科技成果转化对于国家发展的重要性，比如英、法；有的国家是伴随着（现代科研）大学创立、战后反思思潮或是工业化带来的震撼而坚定选择攀爬科技之树，比如日、德。上述国家通过将自己掌握的前沿尖端科技成果应用到军事、经济、社会等领域，都获得了强大的国家实力和巨大的经济社会进步。

反观苏联，由于思想认知不同，结果也截然不同。众所周知，苏联科学家的水平并不比美国、德国的科学家差，图波列夫、科罗廖夫、齐奥尔科夫斯基、朗道、闵可夫斯基等诸多科学界大牛都是苏联人。此外，20 世纪 60 年代，苏联的基础研究、军工、航天等位列全球前三，丝毫不逊色于美国，有的科技产业甚至比美国强。

但是，苏联对于科技发展的主导思想是战备式的，在此思想指引下，苏联政府不仅将科技成果转化的通路堵死，甚至基础科学研究的发展也受到一定程度的制约。例如，苏联在半导体领域选择了小型电子管（抗干扰强，适合军事），而非晶体管。然而，这一选择意味着其是脱离社会和市场需求的，产品早晚会被市场抛弃。

简要地对比美国和苏联的思想模式后，我们可以看出：美国政府对于科技在促进未来产业发展、提升国家综合实力方面的作用是极其认可的，且在思想层面更具全局性、前瞻性；苏联则相反，只盯着军事领域，而忽略了其他领域的可能性，最终科研和转化两头都被锁死。

◎ 我国地方政府需要有"创新造富"的思维

回到当下的中国，党的十八大以来，党中央高度关注科技发展。但是，从数据来看，中国科技成果转化率却不高。中国工业经济联合会会长、工信部原部长李毅中指出，2020 年中国科技成果转化率仅为 30%，远低于发达国家 60%～70% 的水平。其中很大的一个原因就在于部分地方政府的思想仍未解放，主要体现在：部分地方政府仍被"土地财政创造财富"思维所禁锢，不愿意发展科技创新，通过知识创造财富。

究其原因在于，在早期的地方经济发展中，中国地方政府在地区的经济增长中扮演了一个非常重要的角色，尤其是自 20 世纪 80 年代以来，地方政府（官员）间围绕 GDP 增长而进行的"晋升锦标赛"成为中国经济增长的重要动力。周黎安等人的研究表明，"晋升锦标赛"将关心仕途的地方政府官员置于强力的激励之下，但同时产生了一系列的扭曲性后果，导致中国政府职能的转型和经济增长方式的转型变得困难重重，而这一影响至今在推动科技成果转化方面也有所体现。例如，由于科技成果转化时间长，与晋升考核期往往出现时间错配；科技成果转化未必具有示范效应，不如基建、房地产等大工程，因而可能不受青睐。凡此种种旧疾，都使得地方政府更加关注短期见效快或是社会影响力大的事情。

对此，我们认为各地政府应抛弃"土地财政创造财富"思维、"面子工程"思维，转而意识到科技创新才能创造真实的财富、科技强才能带来真正的底子和面子，进而推动基础条件好、影响力大、辐射面广的技术创新产业发展。同时，鼓励高校和科研院所、科技企业、科技投资人等各类主体跨区域交流合作。甚至各地政府可以成为红娘，为校企合作搭建平台，为资本和企业合作铺路搭桥，让产、学、研产生最大的共振效应。并且各地政府要根据上述工作的完成情况制定相应的考核机制，而不是早些年在"锦标赛思维"下的以 GDP 等经济指标为考核依据。

第三节　科技成果要从实验室走向货架

◎ 科技成果转化的先锋：从月光社讲起

抛开国家的区别，抛开体制的差异，回到科技创新的本质来看，我们要明白一件事，即从科技成果转化到产品创新是一个从点到面的系统工程，复杂且专业。科技创新往往来自书架上的理论创新和实验室的"百转千折"，并在商业转化之后，最终才能成为货架上的产品与服务。这项工程的前端工作要由科技创新的中坚力量——科研院所和科研工作者来推动。这意味着科研院所和科研工作者作为科技成果的第一推动者必须要有系统思维，要做到科研和转化两手都要抓，两手都要硬，再加上大国工匠精神和长期主义心态方能行健致远。

但正如前文所说，我国的科研院所和科研工作者在这一点上的思想转变依然不够，还有一些沉疴旧疾亟待治疗。对此，我们可以通过历史上颇具影响力的月光社的案例，来阐述科研除了探索奥秘外，其所发挥的社会功能也同样重要。

1756 年，医生伊拉斯谟斯·达尔文（《物种起源》作者查尔斯·达尔文的祖父）与银器制造商马修·博尔顿成为朋友。不管是从热爱科学、对实用技术无限向往方面来看，还是从个人经历方面来看，两人都非常互补：达尔文在牛津和爱丁堡受过高等教育，具备良好的科学素养，是一名基础功底扎实的理论家；博尔顿自 14 岁起便涉足父亲的纽扣企业，22 岁就已经接管了家族企业大部分的管理工作，对工程技术颇有心得，属于产业界的新星。

在此之后，德比郡家喻户晓的工艺大师、钟表匠约翰·怀特赫斯特加入，三人开始不成组织地在一起研究"热膨胀""元素""气象学""仪器使用"等课题，同时各自为养家糊口而忙碌。

大约 9 年后（1765 年），英国医生威廉·斯莫尔从弗吉尼亚的威廉斯堡返回英国，并在本杰明·富兰克林的介绍下认识了达尔文等人，此后月光社的筹备提上日程。在接下来的 3 年，"陶瓷大王"约西亚·韦奇伍德、发明家理查德·埃奇沃斯、医生托马斯·戴、肥皂制造商詹姆斯·基尔、化学家威廉·威瑟林、发明家詹姆斯·瓦特等人先后加入。至 1768 年，核心成员已经聚齐。由于"宴会"每每都在每月最临近月圆的星期日之夜开设，故而该组织被称为"月光社"（初期叫"月光派"）。

经历史学者斯科菲尔德的整理，月光社成员的特点如下：（1）商人或者专业人士，具有相同的平等的社会地位；（2）兴趣非常广泛，且通常都存在交叉；（3）极端地重视知识的实际应用，并且在解决个人和商业问题的过程中相互合作，在解决科学和技术的问题时也是如此；（4）主要位于英格兰中部地区，如果有人生活在不方便到达伯明翰的区域，那么其将不会被接受为成员。

但是，月光社也并非封闭群体，它与同一时期的其他此类学会都有联系，包括曼彻斯特文学和哲学学会、林奈学会、伦敦医学会，以及其他一些农业、自然史和哲学讨论俱乐部。因此，有关月光社的工作，用成员埃奇沃斯的话来说，月光社代表着新发现的最初迹象、当前的观察成果以及思想的相互碰撞。

　　刚成立的十年，月光社这个结合了科学家、工程师、企业家的组织开始影响英国乃至世界。他们不再是达尔文所说的"做一点实验，享受一些哲学的快乐"，而是将纯粹的科学理论与实用的工程技术紧密地联系在了一起，做出了一些惊人的产品，并以此将英格兰科学带入了一个新的阶段。

　　例如，历史上知名的瓦特与博尔顿便是在 1768 年相识并合作。在博尔顿的支持与资助下，瓦特于 1776 年发明了新的蒸汽机。至 1800 年，博尔顿-瓦特公司已经卖出了近 500 台蒸汽机。当时的一位贵妇甚至评论道："看到博尔顿和他所有令人钦佩的发明，让人感到了一种更高尚的品位。观察化学的秘密，观察这样地运用化学和利用机械的力量，非常令人愉快。我认为，你们在工作中使用的机器，是你们自己创造的对英国都很有用的东西……是另一项民族的自豪。"①

　　19 世纪 30 年代，蒸汽机广泛应用到纺织、冶金、采煤、交通等部门，很快便在全球引发了一场技术革命：美国工程师富尔顿发明了用瓦特蒸汽机作动力的轮船，斯蒂芬森发明了用瓦特蒸汽机作动力的火车……

　　毫不夸张地说，正是瓦特通过科学原理找到了现有产品的技术缺陷，并依靠科学共同体（月光社和其他协助者）的合作完成了技术突破和转化，解放了劳动力，科学、教育、知识传播都得到解放，最终推动了欧洲第一次工业革命，也将世界工业推进到了蒸汽时代。因此，后世有人评价道：牛顿找到了开启工业革命的钥匙，而瓦特拿起这把钥匙，开启了工业革命的大门。

---

　　① 厄格洛.好奇心改变世界：月光社与工业革命［M］.杨枭，译.北京：中国工人出版社，2020.

博尔顿与瓦特被历史浓墨重彩地记录下来，但我们不能忽略的是，月光社其他成员虽没有那么大的名气，却也在影响着自己所处的行业或是后世的行业。对陶瓷制造的卓越研究，对原材料的分析探讨，对生产的合理安排，以及对商业组织的长远规划，使韦奇伍德成为工业革命的伟大领袖之一。化学家、氧气的发现者约瑟夫·普里斯特利则因为发现苏打水被尊为"软饮行业之父"；更重要的是，普里斯特利发表的长篇论文《对各种空气的观察》记载了他是如何制取一氧化氮、氮气、二氧化氮、氧化亚氮（笑气）、氢氯酸，间接推动了麻醉剂的发明。此外，社员詹姆斯·基尔建立了肥皂制造厂，伊拉斯谟斯·达尔文发明了压印机……

凭借对科技成果转化的热情与对改变世界的向往（当然，他们中也有人热爱财富，如博尔顿），月光社的成员们以成功的商人形象出现在公众面前，成了运河运输、机械工厂、收费公路的先驱。他们中也有人成为皇家学会的成员，成了科学界的宠儿，如韦奇伍德、瓦特等。

尽管在经历了美国独立战争、法国大革命、伯明翰骚乱之后，月光社走向了它的黄昏，但毫无疑问的是，"以产业需求为导向，将科学知识和科学方法运用到产业端，进而创造财富与社会价值"这件事情，月光社做到了。对此，历史学家评论道：18世纪的科学或技术活动中，很难找到一项活动没有一名以上的月光社成员参与其中。

为何月光社能够成功呢？

在我们看来，原因在于工业革命的本质就是一场"科技＋产业"的革命，即在系统的科学理论的基础上，以需求为导向，将技术应用于已有的产业，进而提升生产效率、创造财富。而月光社成员之间存在的广泛合作让产业和纯科学研究可以快速地交流，英国也借此保持了科学优势，进而开启了工业革命并获得工业霸权。

◎ **科研院所科研、转化"两手都要抓，两手都要硬"**

回到当下的中国，中国科技成果转化效果依然不够好。目前中国的发明成果转化率大体上是发明量的10%（而据中国人民大学沈健推算，中国科技成果转化率约为6%，美国科技成果转化率约为50%），而世界范围内的发明成果转化率是40%，我国偏低。[①] 其中，较为重要的一个原因就是我国科技成果转化的中坚力量——科研院所的"思维"还不够开放。例如，极度重视理论创新，热衷于发表论文，缺乏社会或是产业需求意识。

科技创新自始至终都不是一种孤立的行为，基础研究和研发只是创新侧的事情。如果缺少产业化，科技创新就没有形成闭环。因此，参考月光社的故事，科研院所以及科研人员应当加快思维的转变。

首先，科研院所（人员）是我国科技创新的重要力量，对强化我国基础研究和产业核心技术开发工作具有重大意义，尤其是在解决关键核心技术领域面临的"卡脖子"问题方面，更要意识到科研院所的"国家队"属性，将面向世界科技前沿、面向经济主战场、面向国家重大需求、面向人民生命健康作为科研院所科技工作的主攻方向，充分发挥其在国家重大科技计划中的牵头作用，组建有国家使命感、有集体荣誉感、有团队战斗力的稳定的科研团队，积极主动承担更多的战略性、公共性的科技项目，并与其他院校或机构、企业进行跨学科合作，进行产学融合，形成有生命力的国家战略科技力量。

---

① 黄奇帆. 伟大复兴的关键阶段——学习《中华人民共和国国民经济和社会发展第十四个五年规划和2035年远景目标纲要》的认识和体会 [J]. 人民论坛，2021（15）：8-12.

　　如果我们熟悉新中国成立初期那段波澜壮阔的"两弹一星"的历史，就不难看出"两弹一星"工程是中国在千难万难之下依靠党的正确领导和无数科学家的无私奉献走出的一条艰难的胜利之路。当时，老一辈的科研工作者凭借对科学的信仰和对国家的忠诚，几乎将自己的一生奉献给了科研和国家。也正是因为有钱三强、钱学森、郭永怀、王承书、彭桓武、邓稼先等一批科学家的带领，中国最终攻克了"两弹一星"，为我国奠定了大国的地位和崛起的底气。

　　其次，科技创新离不开人。科学家是科技创新的主体，是科技成果转化的重要推动力。但是，长期以来，我国大部分高校和科研院所的一些科研人员对市场缺乏了解，没有市场竞争和成果转化意识，在进行课题设计时只考虑职称评审和科技奖项，或只是为了完成科研量和解决研究经费问题，因而大部分科技成果是基于科研兴趣或者是前沿热点，并不是为了解决某个生产方面的技术问题，没有真正形成以需求为导向、以市场为目标的研发模式。因此，不少科技成果不具有市场潜力和推广价值，不够成熟，也不适宜转化。尽管一些课题结题评审的鉴定意见是"国内领先水平""行业领先水平"，实际上却是重复研究或是技术含量不高的研究，不是真正有市场潜力、有推广价值、有成熟度、适宜转化的科技成果。

　　正如学者贝尔纳所言："虽然我们不应该将一位偏重应用的科学家当成生意人，可若是为了科学而科学，那些'纯科学家'就抛弃了自己的职业工作所凭借的物质基础……科学职业的吸引力，应该来源于人类内在的求知欲，以及科学研究对社会做出重要且无私的贡献。"[1]

---

　　① 贝尔纳 . 科学的社会功能（精华版）. 王骏，编译 . 北京：北京大学出版社，2021.

2016 年，习近平总书记在全国科技创新大会、两院院士大会、中国科协第九次全国代表大会上就曾指出："成为世界科技强国，成为世界主要科学中心和创新高地，必须拥有一批世界一流科研机构、研究型大学、创新型企业，能够持续涌现一批重大原创性科学成果……'穷理以致其知，反躬以践其实。'科学研究既要追求知识和真理，也要服务于经济社会发展和广大人民群众。广大科技工作者要把论文写在祖国的大地上，把科技成果应用在实现现代化的伟大事业中。"①

唯有转变传统科研思维，贯彻落实习近平总书记"面向世界科技前沿、面向经济主战场、面向国家重大需求、面向人民生命健康"的"四个面向"指示精神，破除传统科研院所围墙思维，以产业需求、问题需求牵引科研立项，将科技成果转化工作、人才激励、评价与考核落到实处；同时，科研工作者也须改变固有的论文思维、职称思维、评奖思维等旧思维，在保障国家重大战略需求的基础上，培育探索科技成果向产业应用转化的内在意识，才能有利于我国科技创新发展，才能进一步发挥科技（知识）的作用。

第四节 资本要以创造价值为纲

◎ 当前科技转化与资本市场的矛盾

科技成果转化离不开金融资本，尤其是前沿科技的发展需要大量金融资本支持。

但反观当前国内的情况，金融资本市场最为明显的两个缺陷思

---

① 习近平. 习近平谈治国理政：第 2 卷. 北京：外文出版社，2017：270.

维就是"求快不求好"和"求利不求益"。前者指的是金融资本缺乏耐心与失败包容度，往往喜欢那些"短平快"的项目，不管项目本身是否符合科技和商业的发展规律；后者指的是金融资本只求经济利润，而不管项目本身的外部性究竟如何。

以上两种思维不利于科技发展，不仅对创新支持力度有限，且从长期来看还会伤害产业，让市场对一个本具有前景的朝阳产业失去信心，最终耽误产业的发展。因此，科技创新需要的是耐心资本，以及有经济价值之外更高追求的资本。

举一个例子。基因泰克（Genentech）的联合创始人之一罗伯特·斯万森毕业后供职于硅谷的风险投资公司凯鹏华盈（KPCB）。作为麻省理工学院的化学学士和投资人，在寻找伟大的投资项目时，斯万森始终对实验室生物技术充满兴趣，但由于斯万森并不是专业人士，因此这一想法一直没有落地。直到他遇到赫伯·玻伊尔后，事情才出现了改变。1975 年，玻伊尔拜访了斯万森之后，斯万森被打动了。据斯万森回忆："我打电话找到的那些学者基本都说基因分离距商业应用还有 10 年之久，只有赫伯是个例外。"

1976 年，斯万森与玻伊尔创建了基因泰克。公司最初的启动资金来源于两个方面，一是斯万森个人的 2.6 万美元的存款，二是风险资本公司凯鹏华盈的 10 万美元投资（凯鹏华盈因此获得 25% 的股权）。实际上，当时的投资人汤姆·珀金斯（斯万森曾经的上司）根本不清楚什么是生物技术，而且硅谷也几乎没人关注生物技术这一潜力巨大的赛道。珀金斯只是在自学了相关基础知识后就下定决心投资基因泰克，并在投资后担任公司董事长长达 12 年之久。

尽管当时生物技术是一个风险极大的领域，但基因泰克并没有让汤姆·珀金斯失望。作为一家以科学为研究导向且有诺贝尔奖得主坐镇的科技公司（时至今日，"赋予科学无比崇高的地位，以支撑研发为王"仍是基因泰克的公司战略），基因泰克很快就在技术上实现了突破：1977 年，公司制造出荷尔蒙生长抑制素；1978 年，公司合成了人类胰岛素；1980 年，在珀金斯坚持首次公开募股和"宁愿少募资也不改定价，让利给投资者"的要求下，基因泰克上市，当天收盘市值高达 5.32 亿美元。要知道，1978 年基因泰克的估值才只有 1 100 万美元。2009 年 3 月，罗氏与基因泰克正式宣布，双方已经达成友好并购协议，罗氏将以每股 95 美元的价格收购基因泰克 44% 的剩余股份，交易总额为 468 亿美元。

回到珀金斯和斯万森这里来看，在基因泰克创立之前，两位投资人认可和支持生物技术和创新，利用资本的力量成就了美国有史以来第一家伟大的生物技术公司，而非仅仅关注一项技术是否具有快速变现的商业价值，这才是资本该有的样子。

回到国内，当前科技创业投资已经成为支持创新创业、产业优化升级不可小觑的力量，而其中的投资机构及其从业者在促进创新资本形成、推动科技创新、推动资本服务实体经济发展等方面发挥着重要作用。但是，由于金融的杠杆作用，金融在创造财富效应的同时，过度逐利，脱实向虚，带来了潜在的金融风险。

◎ 金融资本要做灌溉者，赚长钱

随着中国进入创新驱动发展新阶段，金融资本从业者需要转变思维。

首先，还是要从思想底层认知到金融资本的本质与目标，即其以信用为基础，进而发挥杠杆作用以高效地配置资源，以服务实体经济的发展。也就是说，金融资本的价值最终体现在服务实体经济的发展。一切造成虚拟化、泡沫化的选择都违背了金融资本的价值归宿。

其次，金融资本市场及其从业者不应只关注企业的利润或回报率，也应注重企业的科技梦想，要看企业如何在带来经济价值的同时，扩大社会价值和知识价值，把"未来"变成"已来"，摒弃利用信息套利、监管套利、跨期套利等思维。

最后，由于追求财富与创新存在冲突，导致很多人离开了科技成果转化之路。但是，金融资本市场的从业者作为资源的引导者和配置者，应当将金融资本的力量集中到能够培育和壮大我国科技创新动能的领域，将资本之水灌溉到真正具有持续创新力的地方。

1991 年，邓小平在上海视察时就曾表示，"金融很重要，是现代经济的核心。金融搞好了，一着棋活，全盘皆活"[①]。如今，在科技创新主导的时代，围绕我国科技创新的痛点、堵点，我们更需要完善的金融支持体系以及正确的金融思维。

第五节　科技创新也是大众事业

诺贝尔奖得主、经济学家埃德蒙·费尔普斯在其《大繁荣：大众创新如何带来国家繁荣》一书中提出，国家的繁荣是大众的兴盛，这种兴盛的动力源自民众对创新过程的参与。在费尔普斯看来，只有当"草根阶层"能够自主介入新工艺、新产品、新技术的构思、开放与普及时，经济才能被称作现代经济，国家繁荣才有望实现。

实际上，费尔普斯观点的本质已不新奇，萨伊、熊彼特、卡赛尔等经济学家早已通过各种概念，如企业家精神、破坏性创新等，向我们传递了社会大众对于科技创新的重要性。可以说，在历史学家或经济学家眼里，科技创新与转化早已是一项全民事业，而非仅仅是专业学者的事情。

---

① 邓小平. 邓小平文选：第 3 卷. 北京：人民出版社，1993：366.

有关企业（家）对于科技成果转化的重要意义无须赘言，因为当今的一个共识是，企业家凭借敏锐的商业直觉和商业勇气，大力推动科技创新，我们的世界才有机会变得如此富裕。而且越是到今天，我们越会发现正确的商业决策往往是由那些洞悉技术诀窍、敢于进行科技成果转化的人做出的，例如华为的任正非、比亚迪的王传福、宁德时代的曾毓群等企业家。从这些优秀的企业（家）身上，我们会看到企业的价值往往体现在其具有的创新能力。

因此，对于今天的企业（家）来说，最为重要的一点就是要意识到自己是最接近市场的一环，是科技成果转化的先锋。

除了企业（家）外，对科技成果转化同样重要的，便是社会大众。研究表明，创新成果与其知识搜索的多样性和广度密切相关，社会大众参与社会创新有三项主要功能：提供信息和资源、解决问题、作出决策，而这意味着越多具有科学知识的人贡献创新智慧，一道参与，便越有可能解决科技成果转化面临的诸多问题。

以今天我们习以为常的白炽灯为例，从发明到应用，前后经历了近 80 年，其中参与者有 20 多人，而并非只是我们所知道的托马斯·爱迪生一人。其实，早在 1801 年，英国化学家就已经制成了弧光灯，但是因为灯丝用的是铂丝，价格极其昂贵且损耗快，寻常百姓完全承担不起，因此第一盏电灯算是宣告失败。在此之后，英国物理学家、化学家约瑟夫·斯旺，温哥华的两名电气工程师，俄国人洛德金、亚布罗契科夫，德国人亨利·戈培尔等人也参与进来。直到 1879 年 10 月，爱迪生受斯旺的启发，用碳化纤维作为灯丝，使电灯持续发亮超过 1 000 个小时，完成了电灯的初始模型——碳化棉丝白炽灯。随后，爱迪生和斯旺合资成立了一家公司，确定以钨丝作为灯丝投入量产。实际上，很多改变人类生活的发明都是大众创新的结果，如集装箱、汽车、飞机、空调、抽水马桶等。

此外，从相关历史经验来看，公民的科学素养水平影响着其所在的国家成为创新型国家的步伐。习近平总书记曾指出，"没有全民科学素质普遍提高，就难以建立起宏大的高素质创新大军，难以实现科技成果快速转化"[①]。

但是，当前我国公民的科学素质水平在普遍提升的同时，仍存在一些问题：一是发展不平衡，地区间、城乡间公民科学素质差异较大。二是我国公民具备科学素质的比例较低。根据中国科协发布的第十一次全国公民科学素质调查结果，2020 年我国公民具备科学素质的比例达到 10.56%。而有关数据显示，欧美发达国家具备科学素质的人口所占比例为 30%～40%。

因此，社会大众参与科技成果转化，某种程度上相当于倒逼自己提升科学素质、培养科学精神，而这有利于个人精神财富的增加，这也是社会大众要参与科技成果转化最重要的原因。

如果我们能看到这一点，就会明白为何早在 2014 年 9 月的夏季达沃斯论坛上，李克强就提出了"大众创业、万众创新"战略。在我们看来，"双创"的正式提出，意味着领导层开始更加重视普通大众的创新能力和创造力，也意味着创新创业活动已成为当前乃至未来推动中国经济发展的重要力量。我们可以看到，创新的主体除了大学、研究机构中的专业人士和科学家，还有着藏身民间的大众。

对于中国经济和社会发展来说，不管是企业家，还是普通民众，都会成为市场与社会层面的创新驱动发展的不竭动力。正如李克强所强调的，大多数中国人如果在工作当中能够从事挑战性的和创新性的事业，那么一定能够形成中国经济的新引擎，释放社会中新主体的活力。

---

① 习近平. 习近平谈治国理政：第 2 卷. 北京：外文出版社，2017：276.

第五章 打造契合成果转化内在规律的体制机制

要强化国家战略科技力量，提升企业技术创新能力，激发人才创新活力，完善科技创新体制机制。

——《中国共产党第十九届中央委员会第五次全体会议公报》

2020 年 10 月 29 日

新中国成立以来，我国基于科研服务国家事业的战略定位，快速建立起了相对完整的科技体制机制，但由于若干历史遗留问题的影响，导致传统科技体制机制存在局限性，使我国在科技创新特别是科技成果转化方面与发达国家产生了一定的差距。

进入新时代，党中央的各项大政方针指导我国科技事业开创全面创新发展新局面，凸显了以改革促创新、以创新促发展的重要性和紧迫性。党的十九届五中全会强调，坚持创新在我国现代化建设全局中的核心地位，把科技自立自强作为国家发展的战略支撑，并把完善科技创新体制机制作为坚持创新驱动发展、全面塑造发展新优势的重要内容。实现科技自立自强需要有力的科技创新体制机制保障，深化新一轮科技体制改革是加快建设科技强国的内在要求。构建契合成果转化内在规律的体制机制，加快新发展格局下改革路径的探索，是我国逐步完善科技创新体系、实现高水平科技自立自强的重大战略任务。

第一节　科技成果转化体制机制面临的困难与束缚

◎ 历史的两面性

新中国成立之初，中国科技发展面临内外交困的局面，外部受到资本主义强国的封锁与孤立，内部处于国民经济一穷二白的境地，国防建设才刚刚起步，科技水平总体上与发达国家差距巨大。面对国内外复杂的政治形势和发展环境，党中央提出了科学研究要服务于国家事业的战略定位，确立了"打基础、除空白"的战略目标，并以"全面规划，加强领导"为总方针，举全国之力统筹推进，通过编制系列规划部署科技发展的重点方向，建设新的科研机构，强化人才队伍，号召全国广大知识分子"自力更生"并"向科学进军"，快速建立起了相对完整的科技体制机制，我国全面创新战略体系逐渐形成。

"集中力量办大事"的优越性

1956 年，党中央向全党全国发出"向科学进军"的号召，同年制定并实施《1956—1967 年科学技术发展远景规划》，该规划确定了我国"重点发展、迎头赶上"的指导方针，提出了 57 项重大科技任务和 616 个中心课题，标志着我国科技事业进入了一个有计划的蓬勃发展新阶段。这一时期，资源和力量优先配置于国防工业和科技创新工作，全国一盘棋、上下一条心、各界大协同，充分发挥了集中力量办大事的制度优势，为后续取得一系列瞩目成就提供了组织保障。"两弹一星"、运载火箭、洲际弹道导弹等国防科学计划有序展开，电子管计算机、光电经纬仪、大型相控阵雷达等重要科研设备研制成功，为我国建设战略核打击力量和进行太空探索奠定了基础；发现反西格玛负超子，创建"陆相生油"理论，在世界上首次人工合成牛胰岛素，发现并成功提取青蒿素……很多重大科技理论和技术在世界范围内首次被提出和应用。长期以来，这种以国家战略为导向、举全国之力的科技组织方式，为我国计划经济时代的科技快速发展提供了有力支撑。

1978 年，改革开放的号角吹遍全国，围绕建设中国"四个现代化"的奋斗目标，我国确定"经济建设必须依靠科学技术，科学技术工作必须面向经济建设"的科技定位和方针，在此背景下，科技体制改革需适应科技成果转化需要，使科学技术人员的作用得到充分发挥，大大解放科学技术生产力，促进经济和社会的发展。在此期间，我国科技体制推进了一系列革新，既要积极满足国家战略需求，也要密切关注世界科技发展前沿和动态。国家提出了以基础科学研究和高技术研究为导向的两大国家级计划——973 计划、863 计划，以解决国家战略需求中的重大科学问题和高技术问题。这种以国家意志和战略为导向的科技体制显著地提升了我国科技的创新能力和服务国家战略需求的能力。一大批重大科技基础设施建成，诸多原始创新成果在世界范围内产生重要影响，一系列重大技术装备的关键制造技术获得突破。全国形成了尊重知识、尊重人才与尊重科学的氛围，释放了科研人员的创新活力，解放了生产力，极大地增强了综合国力，展现了集中力量办大事的强大优越性。

科技体制的局限性

国家科技计划引领的科技体制改革是新中国成立以来最全面、最深入的一次改革。但必须看到的是，科技体制改革是一个动态调整、不断持续和深化的过程。

在"全面规划，加强领导"总方针的指引下，国家号召广大科技工作者"向科学进军"和"自力更生"。我国在很短时间内即实现了科技计划支撑国家事业这一伟大战略目标，并由此快速建立起了相对完整的国防工业和科技制度体系，在一定程度上缩小了与世界发达国家的差距。

但这种"全面规划，加强领导"的总方针也给我国科技发展带来了诸多障碍。首先，科研工作的人力、经费、物资完全由政府调配，对人才管理限制较多，体制机制缺乏求实创新的活力，科研目标和任务以站在前人的肩膀上创新为主，跟随和模仿较多，创新引领较少，与经济发展的实际需求脱节严重。其次，科研体系长期以"填补某项空白"和"巨大应用价值"作为价值评判理念和评价标准，在一定程度上导致我国对具有长远价值的基础理论研究重视不足，学术研究氛围不浓，基于基础研究和原始创新的关键核心技术十分薄弱。最后，我国科技成果转化过程中的梗阻问题始终没有得到彻底解决，最终导致我国在基础科学和高技术领域与世界发达国家的差距持续存在。

比如在半导体领域，我国与西方同时起步，1965 年我国就成功研制出了第一块集成电路，比美国仅晚了 7 年，和日本相当，比韩国早了 10 年。但半导体换代速度极快，而我国科研立项的审批周期长，甚至比半导体研发周期还长，审批还没下来，国外已经完成一次换代了，从而导致半导体相关的科研成果长期停留于实验室，几乎没有获得市场化的条件和机遇。在随后改革开放提出"市场换技术"的政策环境下，国内外半导体代差继续拉大，晶圆、光刻机、光刻胶等半导体核心技术长期被国外垄断，核心技术的匮乏致使我国始终未能完整打通半导体产业链条，并最终在半导体领域遭遇"卡脖子"。并且，在航空发动机、重型燃气轮机、高端机床、核心工业软件、根服务器等诸多领域也存在类似问题。

◎ 传统科技体制机制的梗阻

进入新世纪，国家和社会对科技支撑经济社会发展的期望值不断拉高，科技投入总量及占国家财政支出比例前所未有，但传统科技体制机制导致的高水平科技成果供给不足、科技成果转化体系缺失、科技成果转化率较低的问题成为我国科技创新征程中面临的几个大难题。

小科研单元无法支撑大科研项目

在传统科研体制下，基础科研的突破任务往往由科研小单元课题组承担，这种科研组织的形成源于特定历史条件下的"以任务带学科"的科技发展的基本要求，研发活动全流程由政府在计划经济体制下组织实施，活动仅限于高校和科研院所之内，人力、经费、物资等完全由政府按照计划统一配置。这种组织形式不仅存在项目条块分割、多头管理的问题，也存在国家包得过多、统得过死等弊病，在科研专项出现问题的时候也很少动用经济杠杆和市场调节。而"卡脖子"问题的突破是一项系统工程，它需要集合市场化机制、公司化机制等全生态要素，需要协同基础研究、工业应用、人才培养等多个环节，这种大系统集成在传统的科研体制下是无法实现的。因此，传统科研体制下，"卡脖子"技术、科技与经济"两张皮"的问题长期存在。

人才评价"一把尺子量到底"

中国科技工作起步较晚，在科技人才评价方面先天经验不足，评价机制也带有浓厚的时代特征。由于评价目的、主体、客体不同，我国目前仍未形成明确统一的评价标准，政府、高校、科研院所、企业的评价方法不尽相同，在评价方法、评价程序、评价指标等方面不够透明，一些资源占有部门存在权力寻租、多头重复评价、无效评价等行为，一定程度上影响了科研人员的积极性。原有科技人才评价政策将人才等同于"学术出身＋学术能力"（顶级期刊＋高影响因子）。为了防止被短视的评价机制淘汰，科研人员偏好于追求科技热点和"短、平、快"研究。长此以往，这类模式消磨了科研人员的耐心与钻研精神，不利于培养科研人员潜心开展长期、深入科研的精神和理念。数据显示，我国自 2008 年开始，科研论文产量长期位居世界第二，但其中具有前瞻性、独创性、颠覆性的研究极少，与产业紧密联系的应用研究更是凤毛麟角，研究方向也多是"跟风追热"。

难以触及的科研仪器

一直以来，我国对科技创新持续投入大量人力、物力和财力，购置了大量先进大型科研仪器设备，这些仪器设备主要散布在众多高校和科研院所。由于科研与产业在管理体制和评价标准上存在天然分割，科研院所与企业在自有体系内闭环发展，难以实现对科研资源的最优配置和协同创新，仪器设备闲置浪费现象严重。根据统计数据，我国拥有的科研仪器设备数量已经超过英国等西方发达国家，但仪器设备的利用率尚不足 25％。同样，科技企业的科技成果转化率整体高于科研院所，对高端设备与工艺平台的需求也就相对较高；而科研院所基于管理和安全考虑，相关仪器设备主要面向单位内部使用，很少对外开放。而初创型科技企业由于资金实力不足，无力购置先进实验仪器设备平台，其开展实验、小试、中试及小批量生产的资源条件受限，在资金与市场双重压力下，增加了企业跨越"死亡之谷"的难度和风险。

象牙塔里的高校和科研院所

高校和科研院所在过去的数十年间为我国科技创新贡献了大量科技成果与人才，但高校和科研院所体制机制历经多次变革，依然面临科技成果转化难和科技人才流失严重的双重障碍。首先，高校和科研院所在学科设置方面，因历史原因，基础学科资源部署相对薄弱，学科孤立设置等情况相对突出，基于多学科交叉与协同的创新平台相对不足，重点学科的基础研究深度不够，重大原始创新成果相对欠缺，对国际前沿领域的引领能力较弱。其次，高校和科研院所在体制机制方面的改革和创新力度不够，对市场和政策环境的变革缺乏敏感性，科技管理机制长期滞后于市场需求，在人才管理方面也缺乏灵活高效的激励机制，科研创业人员的身份转换问题长期得不到解决，多数科研人员的主要精力集中在课题申报、论文发表和科技成果鉴定等方面，专注于评奖、职称等个人职业晋升活动，而致力于科技成果转化的意愿普遍较弱，科研内容"短、平、快"，科研过程"重立项、轻成果"逐渐成为高校科研人员的群体写照。久而久之，高校和科研院所既没有树立主动推进科技成果转化的意识，也没有形成推动科技成果转化的专业人才队伍，高校和科研院所的管理体制机制亟待完善和革新。

难以"唱主角"的科技企业

改革开放以来，在市场化浪潮的推动下，企业开始发挥市场的主体作用。但改革开放初期，我国在知识产权保护、科技成果转化、人才流动等方面的法律法规尚不健全。在初期这种无序的市场竞争压力之下，企业迫于研发周期长、风险高、资金人才缺乏等一系列问题，导致"造不如买、买不如租"的思潮一度甚嚣尘上，企业通过科研投入破解技术难点和满足市场需求的意愿很低。科创资源供给不足和急功近利的浮躁理念，导致我国科研体系长期处于技术跟跑阶段，科技成果顶天不够、立地不稳，"市场换技术"使产业大而不强。大量中小企业在科研硬件方面缺乏良好甚至充分的研发条件，也缺少科学有效的激励机制；再加上自主研发能力薄弱，产品雷同且附加值低，因此企业市场竞争力不足；另外，在资金使用方面面临融资渠道不畅、对资本价值利用不足的问题。同时，企业还长期面临"招人难，留人更难，用好人难上加难"这一共性难题。这些问题构成了我国中小企业群体创新崛起的"梗阻"。

尚不完善的科技成果转化体系

换一个维度，从宏观角度出发，在面向科技成果转化的"4～6"环节，因为国家战略性支持的缺失，科技向现实生产力转化的通道没有打通，我国缺少顶层的管理平台或机构，还未搭建起统筹各要素"自上而下"立体化和"一盘棋"谋划的科技成果转化体系和协同机制。

一是缺少顶层设计和系统谋划，科技成果转化在实际工作推进中难以立足国家经济与科技发展的宏观需求，难以凝聚共识、集中优势力量去培育和转化引领未来发展的革命性重大成果。二是传统制度体系制约了人才、资金、政策、载体等要素的协同互补，政府部门则多"点状部署"，实际效果大打折扣，难以形成一种面向全国科技成果转化需求的完备生态体系。三是由于缺少顶层统筹，区域之间缺少协同，在科技成果转化方向和领域扎堆瞄准热点"卡脖子"技术，导致资源重复投入，难于形成各区域优势互补、协同发展的格局。

第二节　西方科技成果转化的"举国之力"

放眼世界，科技成果转化存在梗阻问题并非中国专属，美国、英国、日本等发达国家同样遇到过此类问题，并为此出台政策法规，推动科技体制机制改革，最终明确了科技成果转化的"半公益半商业"属性，由政府和社会机构共同提供资金支持，科技成果转化则直接面向产业应用，明晰知识产权的归属，从而有效地提升了科技成果转化的活力。

◎ 美国：完善立法和政策推动科技体制改革

20 世纪 70 年代末，刚遭遇经济大萧条的美国经济低迷，科技成果转化率大约只有 5%，与英国、日本、德国等国家还有一定的差距。但到了 20 世纪 90 年代初期，美国科技成果转化率迅速攀升至 80%，仅用了短短十多年的时间就实现了追赶和超越。而这一切都归功于美国在 1980 年颁布的《拜杜法案》，它被英国《经济学家》杂志评价为"美国国会在过去半个世纪中通过的最具鼓舞力的法案"。《拜杜法案》提出"四项根本性准则"①，使私人部门享有联邦资助科研成果的专利权成为可能，这就直接解决了美国当时面临的问题——多个政府资助的项目，由于"谁出资，谁拥有"的政策而一直处于停滞状态。此前，美国政府把科技成果所有权益都牢牢掌握在自己的手中，并不清楚如何将科技成果成功转化，即便是企业有对科技成果的迫切需求和产业化的能力，也很难从政府手中拿

---

① 四项根本性准则：1. 在高校由政府资助研究产生的成果权利默认由高校保留。2. 高校享有独占性专利许可，技术转移所得应返归教学和研究。3. 发明人有权分享专利许可收入。4. 政府保留"介入权"，特殊情况下可由联邦政府处理该发明。

到这些科技成果，导致专利证书形同废纸，造成严重的科技资源闲置和浪费。对专利所有权的释放给科技成果转化带来了强大的动力。

同时，美国政府与时俱进，对现有法案给予针对性修改，明确了对科技成果转移转化、小企业创新创业、科技跨主体研发等活动的支持，通过合理的制度安排，使政府、科研机构、产业界三方合作，为政府资助类研发成果的商业化应用提供了制度保障，大幅加快了科技成果产业化步伐。从实施效果看，自 1980 年以来，美国科技成果转化率十年内从 5% 飙升至 80%，推动美国经济产出增加了 1.7 万亿美元，创造了 590 万个工作岗位，并帮助催生了 14 000 多家医疗相关的初创公司。

◎ 日本：TLO 对症下药的科技成果转化机制

日本政府一向强调科技立国的发展理念，与产业界密切合作，积极探寻产业结构调整的新途径。日本政府在经历了 20 世纪 80 年代的经济疲软后，将科技成果产业化作为振兴经济的首选方案。

1995 年，日本颁布了《科学技术基本法》，明确了"科学技术创造立国"的基本国策，这部法律成为日本打造国家创新体系的开端。由此，日本开始重点推动基础理论研究和技术开发，以期通过创造性的科技研发计划拉动当时疲软的经济。1998 年，日本政府模仿美国的做法，出台了《大学技术转让促进法》，该法的核心内容是推动科技成果转让中介机构 TLO（technology licensing organization）的设立，同时确立国家层面对大学科技成果转化机构给予制度与资金支持；随后又相继出台《产业活力再生特别措施法》《中小企业技术革新制度》《产业技术力强化法》等一系列法律予以配合，打造出一套相对完善的技术转移法制体系。

日本政府确信，要实现科技成果转化为直接经济效益，并满足企业持续的创新发展需求，就必须让专业的技术转移机构提供支撑。1999年，日本开始设立国家级TLO，大致分为大学自主经营管理的内部型TLO、大学出资控股在校外设立的内外部一体化型TLO、具有完全法人资格并独立于大学的广域型TLO三个类型。同时，各大学可以根据自身性质、科研水平以及科技成果转化需求等现实情况设立不同形态的TLO机构。

　　TLO的运行过程分为三个阶段。第一阶段是科技成果的发现和评估。TLO根据技术特征、市场前景等指标对成果转化的可能性进行评估，认为能够获得转化收益的，TLO与科技成果所有权人签订协议，开始进行成果的价值评估、专利申请等事务性工作，并享受专利申请优先、申请费用减免等诸多优惠措施，很大程度上减少了专利申请等待时间，节约了专利申请费用。第二阶段是科技成果的转化。在申请专利的同时，经成果授权人同意，TLO项目负责人通过多个渠道开始向有技术需求的企业推荐科技成果，推动合作达成。若遇到资金筹措的问题，TLO可以引入风投机构对企业进行投资，TLO可享受科技成果转化税收减免政策，成为风投机构青睐的对象。第三阶段是成果转化后的反馈。在成果转化相关合同签订后，TLO将科技成果转化所获得的收益返还科技成果所有权人，同时继续跟踪科技成果产业化过程，联系成果所有权人对企业进行技术指导和知识产权保护等。在TLO模式建立后，日本国内的科技成果转化效能有了极大提高，大学技术孵化的企业从1998年的188家增加到2020年的2 900家。

◎ 英国：BTG链条式成果转移模式

　　英国政府于1949年组建国家研究开发公司（NRDC），由其负责对政府资助形成的科技成果进行产业化推广。根据英国颁布的

《发明开发法》，任何研究机构、实验室、团体和个人，只要其研究成果为政府资助所得，NRDC 都有权取得、占有、出让并负责管理。1981 年，英国政府决定将 NRDC 与负责地方工业投资的国家企业联盟（NEB）合并，改名为英国技术集团（BTG），BTG 拥有原 NRDC 对公共研究成果管理的权利。在这样的政策背景下，政府对技术成果的垄断严重影响了科技成果的自由流动，抑制了科研人员的创造力和积极性。随后执政的英国保守党废除了这一法令，让科技成果所有者可以自由支配自己的成果，同时推动 BTG 企业化、市场化运作。

BTG 属于科技中介型上市企业，它充分利用国家赋予的职权，同国内各大学、研究院所、企业集团及科研人员开展广泛、紧密的合作，构建了"技术开发—成果推广转移—成果再开发和产业化"的链条式成果转移模式。BTG 首先积极地从高校、研究机构寻找具有前瞻性和商业价值的技术，帮助其申请专利或实施专利授权，同时对技术还不够成熟的项目给予资金帮扶。考虑到英国高昂的专利管理费用和知识产权诉讼费用，科研主体更愿意将其成果转移至 BTG，并通过一系列宣传将技术推向市场。BTG 作为技术买方与卖方之间的桥梁，负责为卖方申请专利，并资助卖方进一步把技术开发到得以实际应用的程度再转让给买方，所得收入由 BTG 和卖方按一定的比例分配。同时，BTG 也是英国最大的风险投资机构，对那些具有创新技术和较好市场前景的企业进行投资。BTG 的投资关注技术，也更倾向于创业早期阶段企业，同时考虑具有吸引力的后期阶段企业。BTG 通过直接介入公司治理的方式，为被投公司提供管理和专家服务，以此帮助处于早期阶段的企业快速成长。现在，BTG 已经成为世界上最大的国家级技术转移机构之一，BTG 模式已经成为英国科技成果转化模式的典型案例，拥有 250

多种前沿技术成果、8 500 多项成果专利、400 多项专利授权协议。

第三节　推动科技成果转化的体制机制革新

◎ 体制机制改革与创新从未停止

改革开放后，党中央提出科技体制改革是关系我国现代化建设全局的重大问题，在改革开放的伟大事业中处于关键地位。围绕国家经济体制改革的总目标，科技体制改革逐渐向解放科技生产力、促进社会经济发展的方向迈进。党中央开始通过一系列重大举措推进科技体制改革，包括恢复高考扩大人才队伍，召开全国科学大会统一思想，并发布《关于科学技术体制改革的决定》，激发科研活力，在较短时期内缩小了我国科研与国际先进水平的差距，科技成果的数量和质量双双提升。此次科技体制改革，解放了全民思想，并起到了拨乱反正的重要作用，促使全国上下形成了尊重知识、尊重人才与尊重科学的氛围，被誉为给改革开放带来了"科学的春天"。

进入 20 世纪末，科技创新开始向纵深发展，国际产业分工、世界竞争格局重新调整，世界正处于新一轮科技大变革时期，科技创新成为大国竞争的命运所系和大势所趋。我国科技体制在经历了改革开放 20 年的洗礼后，依然面临国家创新体系不完善、创新资源不均衡、原始创新不足、关键技术受制于人、科技成果难以转化等一系列问题。为此，我国持续探索并致力于构建契合新时代科技创新内在规律的体制机制。

1999 年，全国技术创新大会围绕"企业是创新的主体"出台了一系列政策，开启了国家创新体系建设新阶段，科技成果产业化开始加速。2006 年，国务院发布的《国家中长期科学和技术发展规划纲要（2006—2020 年）》再次明确了"建立以企业为主体、产学研结合的技术创新体系，全面推进国家创新体系建设"的总任务。2007 年修订的《中华人民共和国科学技术进步法》为科技进步确定了法律地位，随后《中华人民共和国专利法》《中华人民共和国促进科技成果转化法》等法规相继出台。至此，我国科技政策法规体系基本形成，并对科技成果转化起到了极大的促进作用。2008 年，《国家知识产权战略纲要》的印发促进了全社会对知识产权的重视。2009 年，《国务院关于进一步促进中小企业发展的若干意见》印发，进一步扩大了国家创新主体的范围，促使大批中小企业加入科技创新阵营。

　　2012 年，党的十八大正式确立了创新驱动发展战略，成为科技体制改革的里程碑。党的十八大明确提出："深化科技体制改革，推动科技和经济紧密结合，加快建设国家创新体系，着力构建以企业为主体、市场为导向、产学研相结合的技术创新体系。"随后，党的十八届三中全会进一步明确了新时期深化科技体制改革的目标为摒除深层次的体制机制障碍，提高自主创新能力。自创新驱动发展战略实施以来，2015 年出台新修订的《中华人民共和国促进科技成果转化法》，2016 年颁布《实施〈中华人民共和国促进科技成果转化法〉若干规定》和《促进科技成果转移转化行动方案》，成为我国著名的科技成果转化"三部曲"，利用制度和经济刺激等手段推动科技成果使用权、处置权和收益权"三权下放"，提高了科技成果转化的法定奖励比例，特别是个人的比例，极大地提高了科技人员参与成果转化的意愿度。科技金融方面，国家设立了科技成果转化引导基金，实施技术创新引导专项，让成果转化有了实实在在的资金支持。同时，国家加大了对技术转移示范机构、知识产权服务业和科技中介机构的支持力度，在顶层设计上出台《国家技术转移体系建设方案》，推动技术转移服务体系化发展。科研评价方面，建立和完善了科技报告制度，搭建科技成果信息系统，构建了有利于科技成果转化的评价体系，为我国科技成果转化创造了良好的制度环境和发展氛围。

◎ 健全关键核心技术攻关新型举国体制

科技发展的最终目的是满足国家发展的需要。只有科技真正转化为生产力，才能够推动国家的进步和变革。历史经验证明，举国体制是一种具有独特性质和巨大推动作用的目标协同体制，有利于凝心聚力完成类似"两弹一星"那样体现国家战略意图的伟大工程。集中力量办大事的举国体制是我国社会主义制度的显著优势，既能发挥政府对社会资源的高效协同作用，又能发挥市场对社会资源的优化配置作用。这种举国体制在支撑国家重大战略实现、重大工程突破、重大灾害应对等方面发挥了重要的作用，是我国实现"两弹一星"、"神舟"飞天、"蛟龙"入海等重大科技创新工程的法宝。面向创新驱动发展、科技自立自强和世界科技强国建设，习近平总书记在中央全面深化改革委员会第十三次会议、第二十七次会议上分别强调"加快构建关键核心技术攻关的新型举国体制""健全关键核心技术攻关新型举国体制"，提出要把政府、市场、社会有机结合起来，瞄准事关我国产业、经济和国家安全的若干重点领域和重大任务，构建协同攻关的组织运行机制，高效配置科技力量和创新资源，强化跨领域跨学科协同攻关，形成关键核心技术攻关的强大合力，提升科技攻关体系化能力。关键核心技术攻关的新型举国体制成为我国科技自立自强和世界科技强国建设的新法宝。而这个新法宝的核心就是搭建符合我国科技成果转化规律的顶层决策体系，其核心要义是瞄准关键核心技术，充分发挥举国体制优势，实施"科学统筹、集中力量、优化机制、协同攻关"。

国家战略科技力量也是健全关键核心技术攻关新型举国体制的重点之一。习近平强调，围绕国家战略需求，优化配置创新资源，强化国家战略科技力量。世界科技强国竞争，比拼的就是国家战略科技力量。比如，国家创新体系中，国家实验室已经成为世界强国抢占科技创新制高点的重要载体，诸如美国阿贡、洛斯阿拉莫斯等国家实验室和德国亥姆霍兹研究中心等，均是围绕国家使命，依靠跨学科、大协作和高强度支持开展协同创新的研究基地。党的十九届四中全会公布的《中共中央关于坚持和完善中国特色社会主义制度 推进国家治理体系和治理能力现代化若干重大问题的决定》提出"加快建设创新型国家，强化国家战略科技力量，健全国家实验室体系，构建社会主义市场经济条件下关键核心技术攻关新型举国体制"，可见中央已经将国家实验室体系视为强化国家战略科技力量、满足国家战略需求的伟大工程之一。我国当前建设的国家实验室体系，是形成以国家实验室为龙头，国家重点实验室等各类科技创新基地协同合作、良性互动的平台体系。国家实验室一方面以综合性国家科学中心为依托，围绕大科学装置的建设，开展装置的设计、建设、运行和改造提升，并利用装置开展研究，比如合肥的聚变堆主机关键系统综合研究设施、广州的人类细胞谱系大科学研究设施等；另一方面瞄准国家重大战略需求，依托国家重点高校和科研院所，解决某些行业的关键、重大、共性的技术难题，如能源、信息、材料、国家安全等领域的突出问题和核心技术。以上目标均需要坚持长期系统布局，需要大量科研经费投入，并集合基础科学研究、应用技术研究与前沿技术研究，凝聚全国优秀创新领军人才，开展多学科、多领域高水平创新合作，最终才能实现重大原创成果的产出目标。

习近平指出，国家实验室、国家科研机构、高水平研究型大学、科技领军企业都是国家战略科技力量的重要组成部分，要自觉履行高水平科技自立自强的使命担当。在党中央统筹谋划和顶层设计下，各方目标一致，进一步处理好国家战略和科技创新力量的定位和关系，满足国家需求，取得重大成果，实现国际引领，可以预见"两弹一星"的成功之道仍将延续。

◎ 新发展格局下科技体制机制改革的路径探索

可以看到的是，经过 40 多年的科技体制机制改革与创新，我国已经取得了一定的改革成效，科技创新发展也获得了长足的进步。但整体来看，历史遗留问题受多种因素影响仍然未能得到有效解决，如果不能为科技创新发展营造一个契合科技成果转化的良好环境，科技创新就不能得到有效的突破。习近平总书记在中央全面深化改革委员会第二十二次会议上强调：开展科技体制改革攻坚，目的是从体制机制上增强科技创新和应急应变能力，突出目标导向、问题导向，抓重点、补短板、强弱项，锚定目标、精准发力、早见成效，加快建立保障高水平科技自立自强的制度体系，提升科技创新体系化能力。因此，在关键核心技术攻关新型举国体制的引领下，对症下药，疏通体制机制梗阻，不断完善科技创新体系，成为科技体制机制改革的重中之重。

以关键核心技术攻关新型举国体制推动国家科技战略目标的实现

上文讨论的关键核心技术攻关新型举国体制是党和国家为提升科技攻关体系化能力，在关键核心领域形成竞争优势并赢得战略主动权而提出的科技体制机制改革顶层设计方案，其目的一是要在微观上解决我国科研小单元和"任务带学科"的固有发展模式问题，在科技资源管理上解决"碎片化""多线条作战""孤岛"问题；二是在宏观上把"集中力量办大事"的体制优势与发挥市场配置资源的决定性作用有机结合起来，推动政府职能向创新服务转变。在科技资源配置上则充分发挥统一大市场的均衡作用，形成推动创新驱动发展的制度优势。同时，集中力量攻克"卡脖子"的关键核心技术，形成跨周期的科技攻关战略，在关系我国长远竞争的战略领域加快实施重大科技专项，以关键核心技术攻关带动新成果、新技术、新产品、新产业、新模式的出现，利用好市场的协调作用，优化"产学研金服务"协同攻关机制，促进科技与金融融通创新，引导社会资本参与科技创新，激发创新创业活力，加快科技成果有效转化，有力支撑和推动国家战略目标的实现。

鼓励科技人才合理流动和培养高水平科技人才双管齐下

高水平科技人才引育方面，要通过明确"怎么引进来和怎么走出去"实现科技人才的合理流动，以及通过明确"怎么培养人"满足科技创新和产业发展的人才需求。人才引进方面要聚焦高层次人才和高水平科研团队数量不足、质量不高的问题，围绕原始性、基础性、颠覆性的研究和创新，谋划基础研究和科技创新重点任务，进一步壮大具有国际视野的高水平科技人才创新队伍。尊重科技人才的成长规律，注重人才培养的长期性和持续性，杜绝政策性过度竞争和急功近利的问题。鼓励人才在合理区间持续流动，坚决破除单位、项目对人才流动的阻碍，针对区域间、单位间发展不平衡现象，创新开展跨区域和跨单位人才挂职、任职交流，构建紧密的人才发展共同体，推动形成衍生技术、产业共同体。

聚焦科技成果转化和产业发展需求，搭建涵盖"技术型官员—战略科学家—硬科技企业家—硬科技投资家—高端工程师—技术经理人"为一体的科技成果转化人才体系。充分借鉴国内外相关人才培育经验,学习德国高水平职业技术大学建设经验,结合我国实际,探索成立产学研共建共管的产业学院、硬科技产业大学等,为国家培育一批能工巧匠和大国工匠。在硬科技企业家领域,通过打造中国社会责任领袖计划,成立硬科技企业家培训学院,培养企业家战略思维、爱国精神与民族情怀,为我国培育更多能够占据全球产业制高点、代表国家参与世界竞争的硬科技企业提供支撑。

加快推动科研仪器资源共建、共享、共用

重大科研基础设施和大型科研仪器是我国建设全面创新型国家的基本工具。科研仪器一头连接着高校和科研院所,一头连接着企业和市场,只有打破不能享、不愿享、不敢享的思想障碍,推动科研仪器"走出深闺",才能充分发挥科研仪器的资源效用,让科技创新的辐射范围进一步扩大。要学习科技发达国家的科研仪器预算制,发挥政府在科研仪器配置上的主导作用,在顶层设计和管理源头上对仪器进行科学规划,避免不必要的支出和浪费,开展科研仪器普查,利用大数据技术建立科研仪器设备共享服务联盟,制定科研仪器共享平台服务标准,为科技创新平台建设和大型科研仪器购置提供数据支持,并充分挖掘已有仪器的潜能,提高科技资源利用效率。要探索科研仪器市场化改革,利用好科研仪器共享平台,建立市场激励与行政约束相结合的运行管理办法,促进高校和科研院所的大型科研仪器这一主要资源向社会开放,加强对企业共性需求的仪器资源整合,鼓励专业中介服务机构的发展。同时,还应制定鼓励科技型中小企业利用大型仪器设备共享平台的政策,调动科技工作者和中小企业使用大型仪器共享平台的积极性,真正实现科研

仪器共建、共享、共用。

用好评价和激励的指挥棒，进一步提升创新创业活力

围绕科技成果转化、所有权归属、股权激励、税收等重要环节，持续推动科技体制机制的改革和深化，加快整合利用高校和科研院所的创新资源，推动科技成果产业化，探索允许将职务科技成果所有权部分或全部赋予科技成果完成人，进一步完善知识产权的法律支撑，让科研人员没有后顾之忧，在收益分配上有效激发科研人员从事成果转化的积极性。对人才的激励和评价要以能力和贡献为导向，建立劳动、资本、技术、知识等生产要素按贡献参与分配的机制，出台优惠税收政策，进一步激励科研人员离岗创业，试点探索岗位分红、项目分红、超额利润分享、科技成果转化等多元化中长期激励方式，丰富激励手段，强化精准激励，不断提高科技人才的中长期收入水平。同时，建立开放的激励机制，在薪酬、考核、晋升等方面与创新规律相结合，坚决破除"唯论文、唯帽子、唯职称、唯学历、唯奖项"论，避免急功近利和机会主义。同时，将科技成果转化人才放在与科研人才同等重要的地位，对于在科技成果转化领域做出重大贡献的各类人才给予奖励和上升通道，提升科技成果转化人才社会荣誉度和社会认可度，吸引更多优秀人才汇聚到科技成果转化队伍中。

强化企业创新主体地位，加快科技成果转化

企业一端连着社会需求，一端连着技术创新，是推动创新驱动发展的主力军。夯实企业创新主体地位是我国创新能力建设的关键，也是关系我国经济社会高质量发展的重要因素。在政策制度上，要支持企业参与重大科技政策的顶层设计和重大决策，进一步发挥企业作为科技创新出题人、答题人和阅卷人的作用，显著提高企业在科技项目形成、组织和资金配置等方面的参与度和话语权，更好地发挥企业的创新主体作用。要建立以企业为主体、政产学研金服用深度融合的创新创业生态体系，鼓励行业领军企业建设以共性技术平台为代表的技术创新共享平台，通过政策、资金等多方面的支持，降低企业研发成本，集聚高水平创新人才，进一步推动企业创新能力的提升，促进各类创新主体、支持机构和创业环境的融通融合。探索打造知识产权资本供给体系，引导银行、企业家、天使投资人、创业投资机构等各类市场主体提早介入研发活动，缩短科技成果进入产品化的周期，提高整个科技成果转化的速度，解决科技创新和成果转化"供血不足"的问题，引导投资机构树立长期思维观念、坚守价值投资，加强为科技创新、为广大中小企业输血的科技金融管道建设，激发市场主体创新创造活力。

◎ 探索与突破：勇做"吃蟹人"

党的十八大以来，我国在推进科技成果转化体制机制方面，从中央到地方出台了一系列改革措施，涵盖成果转化收益、国资管理、机构建设、考核评价等各个方面，在一定程度上拆除了制约科技成果转化的各类条条框框，极大地释放了科技成果向现实生产力转化的活力。在改革的浪潮中，各地也涌现出了一批科技成果转化的"吃螃蟹的人"，形成了具有自身特色的科技成果转化模式。

科技成果转化的西南交大实验室

高校和科研院所是我国科技成果转化的主体之一。高校和科研院所的职务科技成果转化难，一直是阻碍我国实施创新驱动发展的老大难问题，科技成果止步于高校和科研院所实验室的情况成为常态。为了破解以上问题，2010 年西南交通大学（下称"西南交大"）率先开展职务科技成果权属混合所有制改革试点，这项改革被誉为"科技界小岗村改革"，实现了职务科技成果知识产权向发明人的实际让渡，使发明人成为科技成果转化的主体，从实质上打通科技成果转化的通道，充分调动科技工作者进行科技探索与创新的积极性，实现了真正意义上的创新驱动发展。

西南交大实施的职务科技成果权属混合所有制改革，是变"先转化，后确权"为"先确权，后转化"，大幅缩短科技成果转化周期；变"奖励权"为"专利权"，使职务科技成果由纯粹的国有变为国家、个人混合所有。"千激励，万激励，不如产权来激励"成为西南交大科技成果转化改革的真实写照。学校出台了《西南交通大学专利管理规定》，进一步明确了科技成果的产权所属，即按照 7：2：1 的比例分配给个人或科研团队、学校、学院三方，这是我国历史上首次使科研人员拥有了职务科技成果的部分所有权。同时，学校又陆续出台多项配套制度，搭建政策支撑平台。学校改革有效激发了科研人员的创新积极性，彻底改变了过去教授拿不走股权、学校干不成科技成果转化、政府得不到科技型企业的"三输"局面。

面对科技成果产业化过程中缺钱、缺人、缺服务的情况，西南交大与地方政府合作，针对处在小试、中试阶段的科技项目和企业建立跨高校中试研发平台，地方政府则作为中试风险投资的主要投资方。此举进一步实践了西南交大提出的通过天使前投资解决中试难题的成果转化模式试验，为我国科技成果转化工作提供了系统性解决方案。改革以来的 2016 年至 2021 年，西南交通大学已完成分割确权的职务科技成果就有 242 项，知识产权评估作价入股创办高科技企业 24 家，带动社会投资近 8 亿元。

陕西省以"三项改革"推进科技成果转化

长期以来，科技成果转化能力不强是陕西创新驱动发展的瓶颈。2021 年，以国家深化全面创新改革为契机，陕西省在西北工业大学、西安石油大学、西安建筑科技大学、西北大学、西安理工大学五所高校开展了促进科技成果转化"三项改革"试点工作。

首先，做实职务科技成果单列管理改革，破解"不敢转"。要求各高等院校建立职务科技成果单列管理制度，职务科技成果不纳入国有资产管理，而是转至科研管理部门管理，明确了以作价入股等方式转化职务科技成果形成的国有资产由高校自主决定，不审批、不备案，不纳入国有资产保值增值考核范围，明确了各高校领导及职能部门在科技成果定价中的免责条款，切实解决科研人员和管理人员"不敢转"问题。

其次，做实人才评价职称评定制度改革，破解"不想转"。鼓励各高校建立符合技术转移转化工作特点的专门人才评价制度，以能力、业绩和贡献评价人才，切实破除"五唯"倾向（唯论文、唯帽子、唯职称、唯学历、唯奖项）。对开展科技成果产业化的高校教师，重点考察其科技成果转化取得的经济、社会和生态价值，对论文不做强制要求；对专职服务成果转化的科技管理人员，重点评价其在推广科技成果取得经济效益过程中所做的贡献；鼓励各高等院校组建专业化、市场化科技成果转化管理服务机构，对科技成果转化成绩突出的，优先予以支持，重点解决"晋升难"问题。

最后，做实横向结余经费出资入股改革，破解"缺钱转"。鼓励高等院校探索科研人员将横向科研项目结余经费以现金出资方式入股科技型企业，形成"技术入股＋现金入股"的投资组合，并视为职务科技成果转化行为，所形成的国有股权纳入职务科技成果单列管理范围，相关资产处置等事项由高校自主决定。对科研人员用横向科研项目结余经费出资科技成果转化的，科研人员与学校约定分配比例，其中科研人员占比不低于 90%，重点解决"缺钱转"与"风险共担"的问题。

通过"三项改革"，高校以"小切口"实现"新突破"，推动科研人员实现从"要我转"到"我要转"的转变。特别是 2021 年陕西省推出了全省共建秦创原创新驱动平台这一推动科技创新和成果转化的战略平台，西工大与企业共建十余支秦创原"科学家＋工程师"队伍。西工大现有的 36 家成果转化企业中，三分之二是改革施行后成立的，已累计回收资金 10 多亿元，仅西工大资产公司就为地方贡献税收 3 亿多元。"三项改革"直指科技成果转化中的痛点和堵点，进一步疏通了科学研究、实验开发、推广应用的通道，激发了科技创新活力和成果转化动力。

没有"围墙"的中国科学院西安光机所

科研院所是科技创新的国家队和主力军，也是推动创新型国家建设和社会经济发展的引擎。2014 年，习近平总书记在中央财经领导小组第七次会议上强调继续深化科研院所改革；2015 年，中共中央、国务院发布《深化科技体制改革实施方案》，提出"加快科研院所分类改革，建立健全现代科研院所制度"。这些大政方针主要目的就是解决科研院所普遍存在的"中梗阻"的问题，比如理念保守、体制单一、资源封闭、仪器设备闲置、缺乏创新活力、科技与经济"两张皮"、科研人员"等要靠"心态和"大锅饭"现象。中国科学院西安光机所面对国家经济结构调整和转型升级对科技创新的迫切需求，主动求变，积极探索科研院所体制机制改革。时任中国科学院西安光机所所长的赵卫研究员认为，思想上的障碍是制约科技成果转化的首要障碍，他提出"不能再走老路，理念超前是追赶超越的唯一办法"，光机所要从传统国有研究院所向基于市场需求的开放型研究所转变，要打破研究所的"围墙"，鼓励有创业潜力的科研人才与科技成果一起走出去，把"加快知识扩散的速度、缩短技术转移的周期、提高技术转移的质量"指标作为国立科研机构发展优劣的"度量衡"。西安光机所开创性地提出了"拆除围墙、开放办所"的理念，拆掉封闭保守的思想围墙，打破"引来女婿，气走儿子"的陈旧落后理念桎梏。

西安光机所一方面鼓励有创业潜力的科研人才带着科技成果走出围墙，或许可转让，或创办企业，把原来在围墙内有可能被束之高阁的技术成果与市场有效结合；另一方面，建立与国际接轨的人才评价体系，打破束缚人才引进的条条框框，不再完全以学历、论文、报奖等论英雄，考核人才的重要标准就是科技创新成果的影响与价值，让国内外优秀的人才都愿意来西安光机所，全社会优秀的人才都可以在西安光机所这个开放舞台上创新创业、发挥才能、施展抱负。通过这种方式，西安光机所吸引大量优秀人才聚集，这些人才利用西安光机所的资源和人才设备，实现了一项又一项技术突破。在具体实践路径方面，西安光机所通过推进科技与服务深度融合，帮助科研人员创业少走弯路，提高创新创业效率；通过推进科技与市场融合，使科研任务与市场需求紧密结合；通过推进科技与金融深度融合，有效解决了科技成果转化"第一笔资金"缺失的难题，构建了"一院所＋一基金＋一平台＋一园区＋一智库"的"五个一"科技成果转化模式，有效解决科技企业从种子到大树的科技服务全要素需求问题。这其实就是"西光模式"的灵魂和精髓，也是西安光机所建立符合新时期我国科技创新规律的体制机制变革的核心。

第六章　新型研发机构：走向现实生产力的核心引擎

集中国家优质资源重点支持建设一批国家实验室和新型研发机构……加快形成战略支点和雁阵格局。

——习近平

新型研发机构作为科技和产业的链接器和接力棒，在新时代我国科技创新发展过程中主要承担着应用技术研发、科技成果转化、高水平人才培养等诸多功能，是解决科研与应用、科技与经济"两张皮"问题，打通转化链各环节的重要手段，起到整合政产学研金用各要素协同攻关、推动重大原始创新、带动生产力提高、加快经济发展等重要作用，是我国科技战略的核心力量。

第一节　科技成果转化的有效平台

◎ 顺应时代的产物

20世纪，世界科技进步瞬息万变，国家和企业必须不断创新以保住其全球市场竞争地位。现代化的研发机构促进潜在的新技术、新产品、新服务和生产过程研发、转化加速，逐渐成为政府、高校、企业等主体投入建设的重要创新功能平台。

此时，研发机构主要有两种形态。一种是由科学家组成的负责科学和技术领域的基础研究和应用研究的研发机构，处于科技创新1~3级的基础科研阶段。此类机构主要以国家力量为背景，强调面向前沿科学和交叉科学的基础研究，其对科技进步的贡献较大，但其研发活动与市场融合度不高，主要服务于国家战略需求，代表性机构有美国国家宇航局、中国科学院等。另一种则是由企业主体建设，由工程师和市场部门组成的负责研发新产品的研发机构，处于科技创新7~9级的规模化产业应用端。这种研发机构，以市场需求和技术开发为导向，聚焦于技术创新和应用研究，使自身产品迭代升级并保持其市场领先地位，代表性机构有梅赛德斯·奔驰北美汽车研发中心、华为研究所等。

进入 21 世纪，全球科技创新进入空前密集活跃的时期，新一轮工业革命和产业变革正在重构全球创新版图，以光子集成、人工智能、新能源、新材料、脑科学等为代表的颠覆性和引领性技术引发新一轮工业革命，各学科之间、技术之间、产业之间日益呈现交叉融合趋势，仅依靠传统的研发机构，已经无法适应新技术、新产业的变革的需要。特别是加快科技成果转化，推动经济高质量发展，成为关键，需要重点打通科技创新 4~6 级的成果转化阶段，对改革传统研发机构和创建新型研发机构的呼声越来越高。随着科学研究进入边际报酬递减期，纯基础研究投入产出的边际科学收益降低，更多科学家将科学研究重心向下游应用端移动，应用科学研究十分活跃，竞争异常激烈，越来越多的国家在应用科学领域进行竞争，试图通过技术引发的科学原理研究来获取新发现，同时开辟新市场。总而言之，打造高水平的新型研发机构是我国在全球科技创新大局势之下的必然选择。通过新型研发机构构建新的科研组织模式，强化需求为牵引的目标导向和问题导向式创新，打破"为科研而科研"，涌现更多能"捅破天"的原创性技术成果，积蓄改变国际格局的关键力量。

随着逆全球化和贸易保护主义抬头，我国"国外技术＋中国产业"的外向型循环被打断，关键核心技术"卡脖子"、产业链安全问题突出，解决这一矛盾要求发展转型更多依靠创新驱动，不断提高供给质量和水平，这关键在于实现经济循环流转和产业关联畅通，其根本要求是提升供给体系的创新力和关联性。习近平总书记多次强调要加快"两链融合"，本质上就是立足知识系统和经济系统的互动关系，为重塑我国经济发展底层逻辑指明了方向。国家和地方在抓"两链融合"发展中，越来越认识到需要推动科研与产业从源头上融合发展，从承接发达国家扩散的技术红利变成自主创造技术红利，加强应用研究，打好关键核心技术攻坚战，锻造产业链、供应链长板，补齐产业链、供应链短板。新型研发机构则很好地构建了一个涵盖多元资源的统一系统，成为"两链融合"的最好实践。

长期以来，我国科研由于缺少产业需求的牵引，整体上属于跟随式研究模式，导致我国科学研究跳过了对研究内容内在机理的深层次理解，同时，僵化的科研体制扭曲了科研活动的真正目标和价值。新型研发机构独立于传统的科研机构体系之外，成为地方、高校、院所开展体制机制改革的试验田。新型研发机构为解开成果转化制约束缚、开展科研人员激励、促进科研人员在科研界与产业界之间流动等探索更加灵活的机制，成为地方汇聚科技创新资源、促进科技成果转化、培育科技产业的重要抓手。

◎ 新型研发机构的涌现

新型研发机构的前身是工业技术研究院。1973 年，进入经济高速发展阶段的台湾地区面临工业结构转型的迫切形势，推动联合工业研究所、联合矿业研究所、金属工业研究所合并成工业技术研究院，其核心任务是科技成果转移，提高成果产业化成功率，推动产业技术跨越式发展。工业技术研究院自建成以来，奠定了台湾地区半导体产业发展的基础，引育了一大批高水平工程师，同时培育和孵化出一大批高水平的科技企业和项目，最具代表性的如台积电、联华电子等，依托这些企业为核心力量，构建了完整的产业链条，带动了台湾地区集成电路产业的崛起。

随着改革开放的不断深入，我国东部沿海地区率先利用本地产业优势，结合科教资源，探索建立一种有别于传统研发机构的新型研发机构。1996 年，深圳作为改革开放的最前沿，其市政府就与清华大学联合成立了深圳清华大学研究院。该研究院成为国内各界公认的最早建立的新型研发机构，在机制创新上提出了"三无"机制——"无行政级别、无事业编制、无财政拨款"，并提出了四个目标：推出一大批拥有自主知识产权、面向市场的科技成果；加速科技成果的转化；培育高科技创业企业；培养高层次人才。研究院率先探索出"科技创新孵化器"的经营模式，打造了 8 个专业领域研究所和 100 多个实验室及研发中心，推动了 150 多项重大科技成果转移转化。值得一提的是，研究院也是国内较早引入科技金融助力成果转化的研发机构，利用创投基金等科技金融工具累计孵化企业 3 000 多家，培育上市公司 30 多家，率先实现了"科研＋产业＋资本"的融合。

以深圳清华大学研究院、中国科学院深圳先进技术研究院等为代表的一批科研机构在管理运营模式上的先行先试、大胆创新，引领了其他研发机构的探索和实践，催生出新型研发机构这支重要的科研力量。2010 年公布的《中关村国家自主创新示范区条例》中明确提出支持战略科学家领衔组建新型研发机构，这是首次在官方文件中出现"新型研发机构"一词。科技部原部长万钢在 2012 年两会上指出：新型研发机构正在崛起，显示出强劲的创新活力。

◎ 蓬勃发展的时代

党的十八大以来，国家高度重视新型研发机构的建设，给予了一系列政策红利的支持，推动了新型研发机构的发展。2015 年出台的《深化科技体制改革实施方案》提出"推动新型研发机构发展，形成跨区域、跨行业的研发和服务网络"。2016 年印发的《国家创新驱动发展战略纲要》提出"发展面向市场的新型研发机构"。同年印发的《"十三五"国家科技创新规划》提出"培育面向市场的新型研发机构，构建更加高效的科研组织体系"。2018 年中央人民政府工作报告提出"以企业为主体加强技术创新体系建设，涌现一批具有国际竞争力的创新型企业和新型研发机构"。2019 年，科技部制定并发布《关于促进新型研发机构发展的指导意见》，明确了新型研发机构的定义、条件和发展原则，以及一系列支持举措，为新型研发机构发展指明了方向。2020 年，在《中共中央 国务院关于构建更加完善的要素市场化配置体制机制的意见》（3 月）、《2020 年国务院政府工作报告》（5 月）、《国务院关于促进国家高新技术产业开发区高质量发展的若干意见》（7 月）、《中国共产党第十九届中央委员会第五次全体会议公报》（10 月）中先后提到支持新型研发机构发展的内容，力度前所未有。2021 年 12 月，《求是》杂志发表习近平总书记的文章《深入实施新时代人才强国战略　加快建设世界重要人才中心和创新高地》，文中提出"集中国家优质资源重点支持建设一批国家实验室和新型研发机构……加快形成战略支点和雁阵格局"，这是国家支持新型研发机构发展的最强音。

在国家的肯定和支持下，各省市均出台相关政策意见支持新型研发机构建设发展，并在项目、人才、资金方面给予重点支持，一大批新型研发机构犹如雨后春笋般在全国各地破土而出、蓬勃发展，进一步推动了我国新型研发机构的发展。

我国新型研发机构的发展态势整体上与我国经济发展的态势趋于一致，创新资源富集、科技创新活跃的地区是新型研发机构分布较为密集的区域，比如长三角地区、珠三角地区等。同时，大量机构皆着眼于战略性新兴产业，是产业链、创新链有效融合的重要平台。随着发展环境日臻完善，我国新型研发机构不断迭代升级，正朝着主体多元化、研究专业化、机制市场化、用人灵活化的方向发展，成为支撑我国建设科技创新强国不可或缺的战略力量。

新型研发机构在全国快速发展，在带动区域产业创新发展方面起到了重要作用。我国新型研发机构在新材料、先进制造、生物医药、节能环保等新兴领域布局与服务支撑作用显著，各地区利用新型研发机构抢抓产业发展新机遇。

◎ "新"在哪里

从字面意义上看，"研发"较"科研"更能体现这类研究机构的技术创新本质，也是官方提及较多的概念。新型研发机构成为这类肩负改革科技管理体制机制、加速科技成果转移转化、促进区域经济发展使命的研发机构的统称，社会上也出现了"四不像"理论，新型研发机构的概念、定义、内涵等引发了专家、学者的广泛研究。2019年，科技部印发《关于促进新型研发机构发展的指导意见》，在官方层面为新型研发机构给出了标准定义：新型研发机构是聚焦科技创新需求，主要从事科学研究、技术创新和研发服务，投资主体多元化、管理制度现代化、运行机制市场化、用人机制灵活的独立法人机构，可依法注册为科技类民办非企业单位（社会服务机构）、事业单位和企业。

对比来看，新型研发机构始终与创新驱动发展同频共振，主要展现在四个新方面。

首先是体制新。

对比来看，传统研发机构沿袭了计划经济时代的事业单位属性和垂直隶属关系，按事业单位模式运作，体制"禁区"过多。新型研发机构打破原有科技体制壁垒，克服国有机构管理机制弊端，形成了贯穿政府、企业、高校院所的制度通道，进一步将优质科创主体资源汇聚到平台，在机构性质上不再拘泥于事业单位这一个主体，衍生出了无编制的新型事业单位、民非组织、企业等多种主体；不再依靠政府的固定拨款，更强调市场化运行，获取来自产业界的竞争性资助，实现从政府"输血"到产业"造血"，形成自身盈利机制促进长远发展。比如德国著名的新型研发机构——弗劳恩霍夫协会，其经费的三分之二来自产业界的"合同科研"业务。在管理条线上，新型研发机构多采用理事会管理下的院长负责制，并从政府、产业、高等院校和社会等多方引入理事成员，对于机构的运营和发展多方共商，自主性更强。比如江苏省产业技术研究院，其理事会既包含高级别政府官员，也包括龙头企业和金融机构负责人，形成了协同高效的管理体系。

其次是功能新。

新型研发机构融合了科研攻关、产业发展、资本运作、人才培养等多项功能，在继承传统研发机构科研功能的同时与市场需求相结合，既满足科技创新的需求，又满足市场的需求。基础研究、应用研究、产业化的边界在新型研发机构的平台上逐渐模糊，在新型研发机构科研项目立项之初就紧密围绕市场需求，瞄准前沿科技领域，形成政产学研金用协同攻关合作机制，快速形成产业所需的科技成果，因此，成果产出和转化效率可以有效提升。比如弗劳恩霍夫协会成立以来就与高校、企业合作开展基于产业应用的研究和实践活动，与高校结合产业需求开展联合研究、培养后备人才，与企业签订科研合同、开展人才共享等。

同时，围绕新型研发机构这一平台，可以瞄准科技创新不同阶段，引入财政资金、社会资本等多元投资，构建包括知识产权基金、产业基金、私募股权投资（private equity，PE）、风险投资（venture capital，VC）等在内的科技金融体系，加速科技成果转化。在美国，Flagship Pioneering 自称为"平行创业的先锋"，利用风险投资开展"杀手试验"，筛选优质项目进行孵化，把科研、资本、产业融合在一起，使各方有效资源实现协同效率最大化。人才培养方面，新型研发机构以更加开放的姿态积极吸引科技创新领军人才及高水平创新团队的加入，并以产业技术为需求与科创主体联合培养专业人才。比如日本产业技术综合研究所（AIST）采用"交叉任职、灵活用人"的人才模式，通过与大学互设研究室、建立研究助理（RA）制度等措施，加强与大学的合作，此外设立技术市场会议和创新协调员职位，加强与企业管理人员和市场产业人员的紧密联系，共同激发人才活力。

再次是模式新。

相较于传统研发机构的单一模式，新型研发机构根据自身优势、合作对象、市场需求等方面形成多种发展模式。比如，以协同创新、产业转移、合同科研和人才培养为特点的江苏省产业技术研究院；以行业龙头为主导、以产业链联合创新攻关为目的的华为研究所；以大学共建一体化协同开展前瞻技术、共性技术和关键技术创新的北京协同创新研究院；以"大学＋技术中心＋产业园区"为组合打造国际协同创新网络的谢菲尔德大学先进制造研究中心（AMRC）；以共性技术平台为主导，集前沿技术研究、人才招引和创业投资孵化为一体的陕西光电子先导院；等等。我国也已形成一批形式多元、模式独特、引领机制创新的新型研发机构。

最后是机制新。

不断的机制创新是新型研发机构解决自身"怎么干"问题的不二法门，其主要优化机构各组成部分之间、各创新要素之间的协同问题，提高了机构运行的整体效率，这也是新型研发机构与传统研发机构最有区别的地方。在发展机制上，新型研发机构处理好了政府、市场、产业、企业以及机构之间的关系，实现了从政府"输血"到产业"造血"，形成了科技成果转化前期需加大研发投入，中期需要产业化投资，后期需要自身商业化、市场化运营的全链条发展机制，进一步平衡了科研与资本的关系，实现了从成果到产品的可持续发展。在人才机制上，以更加开放的姿态积极吸引科创领军人才及高水平团队加入，以产业技术为需求与科创主体联合培养专业人才，比如采取"交叉任职、灵活用人、柔性引才"的人才模式，与地方、高校、企业共同激发人才活力。在评价机制上，新型研发机构普遍实行符合科研规律和人才成长规律的考核评价机制，以让科学家安心做科研为根本目的，科学设置合理的整体考核和人员考核周期，既破除了"五唯"顽瘴痼疾，又形成了与机构运行发展目标相适应的评价机制。

◎ 问题与挑战

当前，在国家大力支持下，各地新型研发机构犹如雨后春笋般破土而出，为我国创新型国家建设和经济社会发展做出了重大贡献。但在高速发展的过程中，不可避免地出现了一系列的问题。

从微观层面来看，首先，新型研发机构功能属性不明晰，机构建设参差不齐。新型研发机构是一种新兴的科研组织，各地对其认定标准、功能作用等尚未达成共识；机构性质也存在着官办、企办、民非等多种形式，不同性质的机构在享受税收减免、科研经费等方面存在不同的政策，当下很难一视同仁。另外，国家层面目前还没有对新型研发机构进行统一认定、管理的顶层部门，不同形式的机构被多个部门多重管理，出现了"散、乱、杂"的情况，甚至成为某些既得利益者钻政策空子、企业套取政策奖补经费、科研人员到地方拿资源的常见原因，这对政府的管理工作提出了挑战。

其次，当前新型研发机构"半公益半商业"的模式催生许多不确定性，往往在建成早期需要政府大力扶持，局限于有限的资金，无法形成自我造血的能力，导致自身在市场化的竞争下被快速淘汰。一些政府和企业在科研基础、转化能力、人才建设、体制机制尚不完善的情况下盲目跟风，最终无法实现可持续发展，造成了资源的浪费。

从宏观层面来看，一方面，我国新型研发机构的相关政策出台时间不长，除科技部出台的顶层政策文件外，大多数地方政策针对性不强且分散在多个文件之中，多以奖补性、扶持性政策为主，对新型研发机构的建设发展缺乏进一步的引领和指导作用，特别是对现有科研体制机制障碍进行破解的政策相对较少。比如在科研人员兼职、离岗创业、知识产权的归属、高水平人才引进、科研经费的使用等方面的问题仍然未能全面解决，这直接导致了机制创新在一定程度上难以突破。但也必须客观地看到科研体制机制改革并非一朝一夕就能全部完成，而是需要全国各界形成合力，确保国家创新体系建设稳中求进。

另一方面，我国虽然拥有强大的人才队伍，也形成了多层次人才供给，但仍存在不尽合理、供求失衡的情况。当前，新型研发机构在人才引育方面，与科研院所和龙头企业相比，呈现"高不成、低不就"的情况，具体表现为：高层次人才引进难、培养难、留不住；同时，懂技术、能研发、善管理的复合型科研人才稀缺；单纯专业的管理者缺乏对科技创新的全面认识，只追求短期绩效；单纯懂研发和技术的人大多数是兼职或挂名，对机构经营缺乏经验，同时对机构工作也难以全力以赴，积极性不强。

第二节　科技创新领航旗舰：德国弗劳恩霍夫协会

德国工业在全球一直保持着较强的创新能力，其中，德国推崇的科研机构创新功不可没。弗劳恩霍夫协会就是科研机构创新的典型，其使命在于为市场提供具有成熟度的科研创新服务，使得科技成果能够迅速转化为成熟产品。世界上第一台 MP3、可实时监测病人血压的植入式传感器、生物样本库存储技术……均是产生于弗劳恩霍夫协会。截至 2020 年 4 月，弗劳恩霍夫协会共拥有专利数 13 942 项，对德国、欧洲，乃至全球的科学进步及经济发展发挥着极大的促进作用，因此以"科技搬运工"著称。

◎ 竞争力的关键——找准创新生态的生态位

面向跨越成果转化"死亡之谷"

从基础科研到市场产品的转化，被形象地视为研发流程需要跨越的"死亡之谷"，弗劳恩霍夫协会为跨越"死亡之谷"提供了有效机制。弗劳恩霍夫协会是联邦德国政府 1949 年建立的一个公共科研机构，致力于面向工业应用技术研究，主要从事技术和生产工艺的开发与优化、新技术推广、产品测试、科技评估、认证服务等科技研发和服务工作，目的在于为市场提供具有一定产品成熟度的科研创新服务，使得科技成果能够迅速转化为市场成熟产品。德国联邦科教部在德国研究与创新报告中，对相关的科学研究机构都做出了明确的定义和分工（如表6-1所示）。弗劳恩霍夫协会的研发定位不同于大学的纯基础研究，也不同于工业的实践研发，而是介于二者之间，在学术研究和工业生产之间架起了一座桥梁，将从事基础研究的高等院校与从事产品开发的企业紧密连接在一起，形成合力，共同推动成果转化和创新。

表6-1　德国相关研发机构的定位

研发机构	定位
弗劳恩霍夫协会	● 应用导向研究 1. 健康、环境、防护、安全、移动、运输、能源和原材料、生产、服务、通信和知识 2. 欧洲社会和经济驱动引擎
赫姆霍兹研究所	● 科学界、社会和经济界具有重要意义的复杂问题解决方案 1. 能源、地球、环境、航空、航天、交通、材料、健康，以及其他关键技术研究 2. 科学、社会和经济领域确证和提出的具有挑战性的长期重大课题研究
莱布尼茨研究所	● 基础研究、知识转让 1. 认知和应用导向的基础科学研究 2. 社会、经济和生态相关问题研究 3. 提供科学基础结构研究，以及研究导向的服务，为将知识传递给社会做贡献
马克斯-普朗克研究所	● 基础研究 1. 提供科学基础结构研究，以及研究导向的服务，为将知识传递给社会做贡献 2. 自然、生命、精神和社会科学研究 3. 由顶尖科学家自行确认他们的研究课题，自主召集研究人员开展研究

面向产业界现实需求

弗劳恩霍夫协会的研究主要面向产业界现实需求，围绕企业发展中所遇到的技术难题提供技术和产品研发服务。协会总部围绕学科领域设立 8 大技术联盟，联盟之下共设有 76 家研究所，各研究所自主开展工作。弗劳恩霍夫协会的研究专题分为 7 个方面：健康/营养/环境、国防/安全、信息/通信、交通/移动、能源/生活、制造与环境、弗劳恩霍夫前沿主题。

面向未来前沿

每过 10 年，弗劳恩霍夫协会就会根据时代的需求确定新的主题任务，从而践行不同的时代使命。2020 年，协会对研究结构进行了调整以适应未来的需要。为了顺应疫情带来的数字经济和医疗保健领域发展的趋势，协会将之前的生命科学集团拆分重组为能源技术和气候保护集团、资源技术和生物经济集团、健康集团。同时，弗劳恩霍夫协会还确定了一批具有巨大开发潜力的面向未来的战略研究领域，分别是人工智能、生物经济、数字医疗、氢能技术、下一代计算、量子技术、资源效率和气候技术。其中，为了推动量子技术的应用研究，弗劳恩霍夫协会建立起集中协调的弗劳恩霍夫量子计算能力网络，其目标是研究和开发量子计算领域的新的技术解决方案。

◎ 活力的关键——实施企业化运作

类似股份公司的组织架构

如图 6-1 所示，弗劳恩霍夫协会的最高权力机构是会员大会，由协会成员组成，分为正式会员、普通会员与名誉会员。大会每年定期召开一次。会员大会的职责包括选举理事会成员、推举荣誉会员、表决修改章程等。

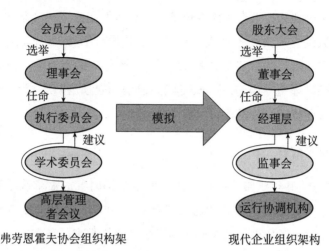

弗劳恩霍夫协会组织构架　　　现代企业组织架构

图 6-1　弗劳恩霍夫协会类似股份公司的组织架构

图片来源：https：//www.chinagazelle.cn/news/detail/1fc5a83cf1e1498e8922365b458ccc79。

弗劳恩霍夫协会的最高决策机构是理事会，职责是决定基本研发政策，决定研究所的建立、变动、合并以及解散，对协会章程等重要文件提出修改建议等。理事会由来自世界各地的科技界、工业界、商业界和公共部门的杰出人士以及联邦及地方政府代表组成，约 30 人，任期 5 年，每年举行两次例会。

弗劳恩霍夫协会的日常管理机构是执行委员会，其职责是起草规划和编制财务预算、争取政府经费并分配、聘任所长。学术委员会是内部咨询机构，其职责是论证发展规划和科研事项、对新所成立和现所关闭提出意见。高层管理者会议是运行协调机构，由执行委员会成员和 8 个技术联盟的负责人（某研究所所长/主任）组成，每季度召开一次。执行委员会拟做出的重要决定需得到三分之二以上联盟负责人的支持。

产业界的实际需求驱动协会运作

政府只提供弗劳恩霍夫协会研发项目预算总额的三分之一作为其基础资金，并要求其余三分之二的资金必须来自产业部门、政府竞争性补助金或者欧盟等其他方。同时，弗劳恩霍夫协会将各研究所承担工业部门的合同经费比例作为匹配事业费的依据，获得更多外部资金的研究所会获得更多基础资金，从而激励各研究所获得更多的来自产业的合同。在这一模式下，企业可以将产品开发过程中的各种需要，如具体的技术改进，委托给协会研发并支付相关费用，协会则利用自身的专业知识和科研团队为客户量身定制研发方案。弗劳恩霍夫协会 2020 年度 28 亿欧元的业务量中，来自产业界的合同科研的约为 24 亿欧元。

定期考核以保证研发质量与效率

为了保证科研质量与经费使用效率，弗劳恩霍夫协会主要开展以五年为周期的定期评估，对所属研究机构进行监督指导。评估的结果用于确定发展规划、制定资源分配方案、确定员工薪酬水平、改聘研究所所长、研发项目结题等。各研究所则每年必须向协会总部提交年度报告，报告研发计划、执行情况、研究成果、成果转化情况、人员变动情况、产业/学术合作等情况。协会执行委员会委托专家对报告进行审查，并给出评价意见。在以五年为周期的定期评估中，协会委托由来自外部学术界、产业界和公共部门的 10 位专家组成的评估委员会审查研究所报告、实地考察、质询答辩，重点评估战略计划完成情况、重点课题实施进度、科研人员素质与结构、科研设施水平与利用率、竞争性资金的比例与组成、成果转让数量和收益、客户结构与满意度等。对研发项目则会分层次从科技、经济与社会三个方面的成效和影响角度进行考察。

◎ 持续发展的关键——推动研究界、产业界紧密合作

与高校紧密合作，促进卓越研究与产业紧密结合

弗劳恩霍夫协会旗下的研究所大多设在大学内部，研究所的领导 50% 以上是合作高校中的教授，他们既熟悉学术研究，又了解产业界的技术需求，同时也能号召学生参与协会的项目研发，带领学生结合产业需求开展科研，为科研创新培养后备军。2020 年，弗劳恩霍夫协会中与高校有联系的研究所负责人和其他管理人员的总数为 263 人，协会工作人员每周投入高校教学的时间约为 9 200 个学时。

与企业人才共享，推动技术跟着人才实现转移转化

弗劳恩霍夫协会从人力制度上划分终身制员工、合同制员工，以促进人员流动。协会 60% 的研究人员是具有一定流动性的合同制员工，他们会与协会签订与项目周期一致的合同，一般为 3 到 5 年。合同到期或项目完成后，他们通常会离职去企业工作或申请进入其他项目组。到企业工作的研究人员往往会与协会保持联系，并将当前任职企业的合作项目带回各研究所。终身制员工的比例较小，在研究所连续工作超过 10 年的专业人员才可能成为核心科研人员，并得到终身工作职位。这类研究人员按照国家公务员标准领工资，负责将协会的理念、研发能力、优秀技术等传承下去。

走出德国，推动全球化创新

进入 21 世纪，弗劳恩霍夫协会已成立 50 多年，协会开始加强国际联络，参与国际科学界和工业界的合作。弗劳恩霍夫协会在美国、奥地利、意大利、英国、智利、葡萄牙、瑞典和新加坡等国家都设有法律上独立的分支机构。这些分支机构作为实体运作的机构支持德国以外建立的弗劳恩霍夫研究中心。研究中心是按照弗劳恩霍夫协会与当地高校间的制度化合作关系建立的协同性组织，主要研究量子技术以及信息技术、人工智能、工业数学、制造和物流、生物技术和太阳能技术等。

第三节　释放研究机构的创新活力：日本 AIST

1980 年之后，以美国为代表的发达国家逐渐重视通过制定促进知识流通政策来推进区域经济的发展，日本感受到国际科技竞争日益加剧，为避免被老牌科技强国与迅速发展的新兴大国赶超，及时采取措施。日本产业技术综合研究所（AIST）就是在这样的背景下发展起来的，成为日本最大的公共研究机构，特别注重共性技术的开发及成果转化，研发和应用对日本工业和社会发展作用重大的技术，弥合创新技术实验室阶段和商品量产阶段之间的鸿沟。

◎ 在悠久的历史中不断完善的法人治理制度

作为国家行政机关：1882—2001 年

AIST 的前身是通产省的工业技术院，在明治初期设立，初衷是为了发展振兴产业。日本政府采用了"吸收性技术革新"战略，通产省的工业技术院就作为该战略的实施机构。明治以后，日本以工业技术为研究对象的机构经过多次变迁。在第二次世界大战以后，AIST 成了国家的行政机关，每年由政府部门对全年事业（包括预算估算、审查等在内）进行严密的管理，建立起由研究所、研究部、研究室组成的自上而下的金字塔形管理架构。

成为独立行政法人：2001—2014 年

20 世纪 90 年代，日本泡沫经济崩溃，大学和各个地区开始了广泛的产学合作，科研院所也开始向社会化发展改革迈进。2001 年到 2004 年，日本政府创建了独立行政法人制度，将决策与执行职能分离，进行弹性化的运营。2001 年 4 月，15 家研究所合并成立 AIST，被赋予独立行政法人资格，主管部门为经济产业省（即原通产省），集中解决资金和人才分散、研究课题重复等问题。AIST 由国家机构转变为具有独立"人格"的行政法人，其核心特征是实现权力下放，拥有了用人单位自主权。

成为国立研发法人：2015 年后

随着国际科技竞争日益加剧，日本认为自身在世界上的存在感明显下降，如不采取措施，可能会被迅速发展的新兴大国赶超。日本计划建成"世界上最适宜创新的国家"，全面提升日本的科技创新实力。日本政府意识到独立行政法人制度采取"一刀切"的方式对公共研究机构进行监管，注重定量评价和效率优先原则，不利于公共研究机构长期开展创造性的研发活动、引进海外优秀人才。因此，2014 年 6 月，日本内阁会议审议通过了《独立行政法人通则法》修订案。2015 年 4 月，AIST 由独立行政法人机构改制为国立研发法人机构，其目标从提升业务效率调整为实现研发成果最大化，要求其更加侧重发挥从创造创新性的技术种子到迅速实现商业化的桥梁作用。

◎ 国家政府稳定支持但不干预具体工作

国家政府负责中长期目标制定、考核及资金拨付

AIST 由综合科学技术创新会议（CSTI）、经产省主管大臣和研发法人共同规划中长期目标。CSTI 是日本政府主导全国科技创新的主要参谋机构，负责科技创新政策的规划、拟订、调查、审议与推进，主导着日本科技创新的发展方向。经产省主管大臣依据研发审议会的建议为国立研发法人确定中长期目标。AIST 则需要按照经产省主管大臣明确的目标，负责制定以 7 年为一个周期的详细的中长期发展规划，并负责对照实施。国家政府依据规划下拨行政经费，不再直接干预研发法人的各项具体工作。在每个工作年度和每期中期结束时，政府委托第三方评估委员会对 AIST 的业绩进行评估，评估结果作为后续经费下拨的依据，如果评估不合格，经费将被缩减或终止。

实行理事长负责制

AIST 实行理事长负责制，理事长为法人代表。理事长全面负责机构的经营和管理。除监事（由外部人士担任）由主管大臣任命外，理事长有权决定内部机构设置、中层领导干部任免、外部人员聘任等事项，且决定权是在理事长个人，而不归理事会所有，但理事长在做出决定前要充分听取理事会的意见。理事长的业绩经由第三方评估委员会全方位评估，未达标者即予以免职。

研究机构的组织机构

如图 6‐2 所示，在理事长之下，研究组织构架包括研究管理部门、研究实施部门及研究关联部门。研究管理部门负责研究机构自身的管理与运作，包括理事长直属部门、监事直属部门及普通管理部门三类。研究实施部门主要分为研究中心和研究部两类。研究中心是 AIST 推动战略性课题研究的组织，根据国家战略进行先导性研究，自上而下进行管理。研究部根据研究人员个人的建议拟定题目，其主要任务是在广泛领域重点开展探索性研发，推进与外部需求相适应的机动性研究，从而产生重点推进课题。截至 2019 年，AIST 有 27 个研究部门。除此之外，AIST 还设置机动灵活的研究系、研究室、合作研究体，根据现有的产业、研究集成合作，从事不同领域融合度高的课题及行政急需的课题研究，为适应地区性产学官合作、技术交流等特殊需要而临时设立。

◎ 为研发创新开展制度松绑

竞争性研究经费机制

实行法人化改革后，日本政府对 AIST 采用了企业会计制度，即以民营企业的方式运作，赋予其财务自主权，但不要求 AIST 按照民营企业那样自负盈亏。政府不再采用原有的全额拨款制度，政府下拨的研发经费不受会计法及国有资产法限制，该经费在确保重要研究计划开展的基础上，面向所有研究人员开放申请。每位研究人员可以结合 AIST 的发展方向，提交课题申请，参与竞争以获取经费。此外，日本政府鼓励机构积极从外部获取经费，因此，除申请政府项目经费外，AIST 也开展与产业界的合作研究或委托研究，

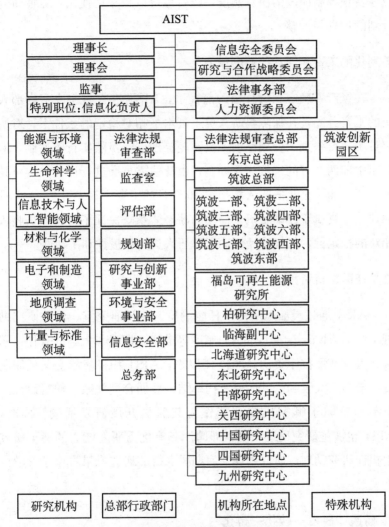

图 6 - 2 AIST 组织架构

并可以通过其技术转移机构进行技术授权，获得企业资金支持。在研究经费使用上，AIST 也赋予科研人员更多的经费使用权，将研究经费预算制度改为决算制度，经费也可以跨年度使用，方便研究计划的规划与调整。

差别化的工资和浮动的薪酬体系

在经产省确定工资总额的前提下，AIST 有权自主决定内部人员的工资分配，在保障科研人员工资水平相对稳定的条件下，对所有员工实行差别工资和浮动工资制度。理事长虽然实行年薪制，但全年中前两个月的工资为浮动制，由评估委员会进行评估决定对其加减薪。职工全年的收入相当于 16 个月的工资，其中有 1～4 个月的评估工资属于浮动工资。浮动的薪酬体系既保证了科研人员收入相对的稳定性，又极大地调动了科研人员的积极性和主动性。

交叉任职、灵活用人

AIST 通过灵活运用交叉任职制度、互设研究室、建立研究助理（research assistant，RA）制度等措施，加强与大学的合作，积极从大学获取技术资源。2015 年以来，AIST 积极实施交叉任职制度，与多家大学和公共研究机构缔结了雇佣合同关系，使得研究人员不论就职于哪家机构都能作为其雇员开展研发活动；同时，AIST 也实施研究助理制度，即聘用具有优秀研发能力的博士研究生担任研究助理，研究助理受雇期间取得的研究成果可用于其学位论文。

◎ 畅通"研发—转化—孵化"

研发：紧贴产业共性需求

AIST 研发定位于以共性技术研究为主，连接从基础研究至新产品开发的全方位研究，成为大学与企业界之间的桥梁，其功能主要是拓展基础性、独创性重要议题研究，从事竞争前阶段的产业共性技术研发，并采取委托计划方式推动产学官合作研发。AIST 甄选研发项目时强调技术优势，注重对产业的辐射潜力。目前的主要研究领域有两类：第一类是提高产业竞争力的核心技术项目，包括生命科学、信息电子、纳米科技和机械制造等；第二类是造就经济可持续发展、需要政府长期支持的共性技术项目，如能源环保、地质海洋、标准和计测等。AIST 研发项目甄选过程如表 6-2 所示。

表 6-2 AIST 研发项目甄选过程

步骤	具体过程
第一步	采用前景预测法进行技术预测，分析政府、产业和社会的需求，选择最优结果，初步形成研究主题
第二步	战略目标和研究主题由产业界和经济产业省高层讨论，由上而下确定，AIST 的技术预测分析结果在此应和产业需求相适应，而后战略目标与研究主题再通过 AIST 上层管理者和员工之间的讨论达成共识
第三步	研究项目在互联网公示，外界参与

转化：设立 AIST 创新中心

为了将 AIST 的知识产权积极利用起来，日本产业技术振兴协会在 2001 年 4 月设立了 AIST 创新中心。AIST 创新中心是日本政府认可的技术转移机构，专门负责技术成果推广。AIST 创新中心由开发部门、申请部门、业务部门组成，绝大多数工作人员拥有研究与企业两方面工作经历。AIST 授予创新中心独占实施权，然后再由创新中心以技术转让合同、专利实施许可合同、共同研发、委托研发等方式将其转为普通实施权，方可授权企业进行下一步的商业应用或技术发展。除此之外，由市场企划部开展专利申请业务，将 AIST 所有的知识产权通过信息公开合约等方式有偿公开，创新中心积极与 AIST 的产学官合作部门、知识产权部门和约 60 个研究领域的研究小组进行信息交流，进行共同研究、委托研究的支援和发挥其中介作用。创新中心制定了专门的专利实用化共同研究制度，要与企业共同承担研究所需的研究费用。自 2001 年改革之后，AIST 通过技术授权的收入一直呈增长态势。

孵化：设立风险企业开发战略研究中心

AIST 于 2002 年建立了风险企业开发研究中心，2007 年更名为风险企业开发战略研究中心。风险企业开发战略研究中心致力于将 AIST 和大学研发的技术应用到企业中，促进培育出高新科技企业。从工作团队出发是 AIST 培育风险企业的一个显著特点。研究者根据研究项目自发形成工作团队，风险企业开发战略研究中心给予一定金额的培养经费，在公司成立准备期间（原则上 2 年内）形成工作团队（TF），得到民间顾问（SA）的合作，专心进行事业化的研发，其后建立企业，自负盈亏。相比大学创办的风险企业，AIST 系列的风险企业不论在数量上还是在规模上都遥遥领先。

第四节　平行创业先锋：美国 Flagship Pioneering

Flagship Pioneering（下称"Flagship"）是一家于 1999 年成立的美国顶级风险投资公司。成立至今，Flagship 资产管理规模（asset under management，AUM）达到 141 亿美元，已经发起和培育了 100 余家生命科学领域企业，且一直保持每年 6 到 8 家的孵化速度和约 30% 的年收益率，其总市值已超过 900 亿美元。在 Flagship

孵化的 100 余家企业中，已经有 20 余家企业成功实现首次公开募股，30 余家企业通过收购或并购形式继续发展，另外其投资组合公司目前还有 50 余个临床项目和 150 余个临床前项目正在进行当中。Flagship 把科研、风投、产业圈融合在一起，使各方有效资源实现效率最大化，形成了一种创新创业的闭环生态体系，从成果转化的研发前端开始，与团队一起创新创业，更加早期、更加深入地参与企业孵化的全过程。

◎ 要成为 Flagship 的孵化公司需要几步？

提出假设

Flagship 招引专业领域的博士/博士后团队组建 Fellowship 团队，一般是由一位合伙人监督 2 到 3 名团队成员。大多数合伙人拥有相关领域的博士学位，围绕某个技术方向开展头脑风暴，团队不依靠资料文献，只用一张白纸，深度思考市场需要什么。在这一阶段，主要是提出假设，不需要科学证明，更多依赖团队的科学直觉和对市场需求的把握，这确保了 Flagship 始终是在无人或是少有人探索的领域，创新的边际收益极大。

科学验证

假设探索阶段延续 3 至 6 个月，所选领域经过充分的迭代和优化并受到来自外部合作者网络的广泛认可后，将进入第二阶段——ProtoCo（Proto Company），即科学验证阶段。此时的 ProtoCo 并非一家真正落地的公司，而更像是一项探索假设是否可行的项目研究，在此阶段需要科学判断该项目是否有机会成为一家公司实体。此外，Flagship 还会给每个 ProtoCo 分配相应的项目编号，并分别进行可能暴露其致命缺陷的实验——"杀手实验"，来对每个项目进行科学概念验证。

成立新公司

在最开始的假设探索经过科学验证得到答案后，通过科学验证阶段考验的 ProtoCo 晋级为 NewCo，成为一家真正的初创公司。NewCo 会拥有正式名称并获得大量内部注资，但此时仍然依附于 Flagship。

◎ Flagship 在哪些环节提供助力？

假设的验证

提出假设后，Flagship 会依靠其庞大的外部合作者网络——来自学术界和工业界的专家和产业人士——来帮助选择和改进公司创意。Flagship 联合外部专家对假设不断迭代和优化，测试新假设的弱点和优势，并提出更优假设，直到他们发现一些值得一试的突破性技术。Flagship 每年会提出 80 到 100 个假设，并不断对假设进行迭代优化的验证。

开展"杀手实验"

ProtoCo 阶段的"杀手实验"在 Flagship 经营的一家名为"Venture Labs"的风险实验室进行。Flagship 会为每个项目组建一支具有相关科学和运营背景的人才团队，同时吸收外部科学顾问。该阶段也是产生大量专利的阶段。对于 Flagship 来说，数量众多的投资组合公司代表着拥有大量的专利来源，另外由于其在所投资企业的特殊地位，比如 Moderna 在 mRNA 疫苗方面的领先地位，

Flagship 能够以更低的成本拥有大量的专利授权，这些专利带来的后续知识产权收入也是 Flagship 收益的重要来源。

为公司运营赋能

在项目成为 NewCo 后，Flagship 最重要的工作是为 NewCo 制定业务战略、产品计划及组建团队。每个 NewCo 都专注于开发一个专有平台，为未来源源不断地研发生产新产品做好准备。同时，Flagship 会为 NewCo 组建一个 20 到 30 人的团队及相应的董事会，大部分情况下，Flagship 内部合伙人会担任临时 CEO。Flagship 每年会创建 6～8 个 NewCo，当 NewCo 成长为一家有独立运营能力的成长型初创企业 GrowthCo（Growth Company）后，Flagship 通常会从外部招聘一位 CEO，将初创企业正式作为一个完全分拆的实体进行运营，并从外部吸引大量资金和合作伙伴推进公司发展。但 Flagship 仍保有该公司的主要所有权和决策权。

◎ 如何理解 Flagship？

连续创业者通过 Flagship 成为平行创业者

Flagship 创始人阿费扬认为，自己是一名平行创业者（即同时进行多家企业的创立）。10 年连续创业经历的积淀让阿费扬发现，联合创始人的身份会让他更具可扩展性——有更多的个人时间及更大的发展空间。于是，他开始探究平行创业的想法是否可行，并摒弃了以往连续创业的传统想法和发展路径。1994—1997 年，阿费扬作为合伙人参与创建四家生物科技领域的创业公司，但阿费扬并未以投资人的角色参与创业，而是以合伙人的身份参与公司的整体业务发展，并让四家公司同步运营。不同于独立创业和连续创业，这种创业模式——平行创业让阿费扬在创业投资方面大获成功。1999 年，秉持平行创业的思想，阿费扬规划了机构化创业的蓝图，并以此创建了 NewcoGen，于 2002 年更名为 Flagship Ventures（旗舰风险投资）。2016 年，为了更加准确地展现 Flagship 的定位及愿景，Flagship Ventures 更名为 Flagship Pioneering。阿费扬认为，Ventures（风投）仍然只是代表资本方面的投入，而 Flagship 要做的是一种开拓式的制度创业进程，Pioneering（先锋）显然更能展现公司的定位及愿景。

聚焦未来可能出现的问题和场景，提供全新的解决方案

根据 Flagship 过去的创业孵化情况来看，在探索阶段产生的大量假设会被否决，少部分经过迭代优化的假设会进入 ProtoCo 阶段，超过 50％的 ProtoCo 会成功演变为 NewCo。在 NewCo 成长为 GrowthCo 后，大量外部的风险资金开始涌入，一家初创型企业便开始运营。在 GrowthCo 的群体中诞生了一批具有广泛影响力的公司，比如 Moderna、Denali、Rubius、Sana、Quanterix 等具有巨大潜力的创业型生物医药企业。如图 6-3 所示，Flagship 的风险投资模式与科技成果转化流程环环相扣，涵盖了科技成果转化的全流程，符合科技创新—成果转化的规律，其各阶段投入产出与科技成果转化的投入产出相一致，即仅有 10％的成果被筛选出来进入风险验证阶段，而最终只有约一半的项目进入孵化和投资阶段。但 Flagship 平行创业使得科技成果转化更加前端，包含了科研创新阶段，与企业一起创新创业，参与企业孵化的全过程且更加深入。

图 6-3　Flagship 创业孵化投资全过程

第五节　孕育高技术产业的摇篮：中国台湾工业技术研究院

提起中国台湾工业技术研究院（以下简称"台湾工研院"），最为人熟知的是：它是台湾地区半导体产业的摇篮。成立于 1973 年的台湾工研院历经 50 多年的发展，完整经历了两次全球性的石油危机、一次亚洲金融危机，以及 2008 年全球金融危机等，见证了台湾地区从以农业、手工业为主的经济体变为在半导体等领域影响全球创新链和产业链的产业高地。在发展过程中，台湾工研院通过技术研发，发展关键性、创新性以及前瞻性的技术，推广科研成果，辅导中小企业技术升级，培养工业技术人才，在整个台湾地区的技术研发、技术转移、产业升级过程中起到领航的作用。台湾工研院不但为台湾地区研发开创了许多前瞻性、关键性的技术，累积近三万件专利，同时提供知识产权的专业服务，每年转让技术项目高达 600 余项，成为台湾地区企业的专利后盾。此外，台湾工研院孵化了多项台湾地区新兴科技产业，培育了无数科技人才，包括超过百位的 CEO，孵化了 270 多家优秀企业。台湾工研院成功的核心在于配合产业界，通过机制的设计，有所为、有所不为，提升了台湾地区的产业创新实力。

◎ 与生俱来的产业基因

经济大背景下的产物

20 世纪 70 年代，世界石油危机爆发，能源以进口为主的台湾地区物价高企，生产成本剧增，让原本依赖出口创汇的台湾地区经济结构受到严重挑战。1974 年，台湾地区的经济增长率降到 1.1%，创下 20 世纪 50 年代以来的新低。经济低迷引发经济转型的思考，有台湾地区产业经济界人士认为，唯有摆脱劳动力密集型发展模式，转向技术密集型路径，才能彻底让台湾地区经济实现转型。

成立台湾工研院是为经济转型而开展的重要部署之一，台湾地区将分散在各处的联合工业研究所、联合矿业研究所与金属工业研究所合并，成立了台湾工研院。台湾工研院的研发重点并非基础研究，而是实用科技，是围绕科技成果商品化、产业化和市场化开展研究。在 50 多年的发展中，台湾工研院的办院理念、策略布局几经调整，业务不断拓展，打造开放实验室，开办兴力创业育成中心（孵化器），推动创业投资活动，开设科技展览，开展产业技术前瞻预测等，但其始终没有偏离根据企业技术发展需求开展科技研发和技术服务活动的主线和初心。

非官方的建制

1973 年，台湾地区颁布"工业技术研究院设置条例"，台湾工研院作为财团法人由台湾当局单独"立法"设立。依台湾地区相关规定，财团法人的设立必须具有公益性质。台湾工研院成立之初，由台湾当局提供充足而稳定的经费支持；而专业方向制定、研究活动开展及经营策略，则由台湾工研院自主管理和运作。

台湾工研院财团法人建制的设计是一项成功的制度创新，在运作中避免了台湾工研院成为低效率的机构。台湾工研院还积累了许多知识产权保护、技术转移合同订立等方面的经验，促成了台湾地区"科技基本法"的制定，规定台湾当局出资或委托的科技研发成果其知识产权将全部或部分为研究机构和企业所有或授权使用，不受台湾地区有关财产方面的相关规定的限制，避免了后续衍生孵化企业陷入"官营"企业的窠臼。

院长、所长也是销售员

台湾工研院的院长并非仅仅是学者，还是面对行业组织、企业、当局的销售员，要去争取经费，旗下各所的所长也是如此。台湾工研院鼓励院内科技专家与产业界沟通，听企业讲自身的困难，通过实地观察与研讨了解企业需求，再绞尽脑汁去想该怎样满足企业需求。台湾工研院并非通过科研立项获得当局经费，而是当局也是其客户，资金是通过专项研究项目的竞争申请获得。台湾工研院的运营就像建筑公司承包铺路、造桥一样，在中标后受当局委托开展工作。台湾工研院既自己出去找买家，也有客户主动来向企业转移技术，在各种会议上的随机交流可能也是促进转移技术对接的途径。

逐步走向当局零补贴

在台湾工研院创办初期，台湾当局提供了充足而稳定的经费补贴，1973—1983 年当局的补贴约占到台湾工研院经费支出的 60%。经过十年探索运作，台湾工研院通过商业方式向产业界和企业界积极推广科研成果和提供相关服务已经发展得相对成熟。到了 1984

年，台湾工研院不再依靠当局的补贴，实现了收支平衡，甚至略有节余。20 世纪 90 年代开始，台湾工研院强化产业服务，实现了承接公共部门（含当局相关机构）项目的经费与面向产业服务的企业委托项目经费的比例持平且后者呈增长的趋势。

> **台湾工研院主要的收入来源**
>
> （1）专案计划：台湾经济部门等委托的科技研发计划。
>
> （2）技术服务：军方、企业委托项目，以及面向企业的咨询、培训、检测、分析等服务项目。
>
> （3）计划衍生：专案计划所产生的技术接受民间及当局等委托，从事特定产品的研究开发项目。
>
> （4）业务外收入。

◎ 科技成果孵化企业是最直接的转化方式

让科研人员成为 CEO

台湾工研院实行技术与人员向企业整体转移的流动机制，在向企业转让技术成果或将成熟技术推向企业时，往往是技术和人员整体向企业转移。在发展历程中，台湾工研院共培育上百位 CEO，孵化了 270 多家优秀企业，除了半导体和个人电脑产业，还包括 TFT-LCD 面板产业、LED 产业，乃至高端机床、生物医药等产业。

技术跟着人才走

在从台湾工研院进军企业界的弄潮儿中，人们耳熟能详的有台积电董事长张忠谋、联发科董事长蔡明介等。台湾工研院早在开展半导体攻关之初，就把握到技术高地转向台湾地区的关键点在于人才。时任台湾工研院院长的胡定华拟出集成电路技术引进方案，从美国挖回了半导体产业界的张忠谋、蔡明介、曹兴诚等高水平人才，这为台湾工研院开展研发、技术成果育成、企业孵化奠定了坚实的基础。

科研界和学术界的旋转之门

台湾工研院的科研人员具有高度自由选择权，可以选择在工研院工作，也可以选择离开，还可以离开一段时间后再回来。台湾工研院每年会有 10％～15％ 的人才流向产业界，等于向产业界释放出 500～800 个研发人才。

◎ 孕育台湾半导体产业

向着关键共性技术进发

台湾工研院承接当局的研发任务，主要瞄准具有高附加值、市场潜力大、能耗低的前瞻性共性技术。台湾工研院组织和推动研发，通过关键共性技术的突破带动产业结构的提升，同时又与产业界的研发形成错位。半导体、动力机械、电脑系统、通信电子、光电系统、生物医药等关键技术的研发，都带动了相关产业的蓬勃发展，其中最典型的就是半导体共性技术的研发。

● 1974 年 2 月 7 日，在南阳街小欣欣豆浆店，台湾经济部门、交通部门、行政部门、电信部门的相关人员和台湾工研院领导等共同商定以集成电路技术作为台湾高科技产业转型的切入点。

● 1974 年，台湾工研院下设"电子工业研究发展中心"，通过了 1 000 万美元的积体电路发展计划。

● 台湾工研院派遣了一支由 37 名工程师组成的团队前往美国的 RCA 工厂，进行为期一年的集成电路设计和制造的密集培训。这些人构成了台湾集成电路行业此后几十年的领导核心。

● 1977 年，在台湾工研院的主导下，台湾第一家晶圆体示范工厂落地。初步掌握了产品线技术后，台湾工研院也十分清楚应交由企业发展。不过，此时民间对于半导体投资并不感兴趣，最终在台湾当局牵头融资下，台湾的第一家半导体企业联华电子（简称"联电"）成立。台湾工研院将从 RCA 学习的产品线技术以低价授权生产的方式毫无保留地给了联电，同时台湾工研院还向联电转移了 40 多位技术人员。

● 20 世纪 70 年代后期，美国、日本都在抢夺半导体技术高地。1984 年，台湾工研院带头出资 7 000 万美元，开启了大型集成电路计划。技术研发后，台湾发现，没有制造能力是产业发展的缺陷。作为紧急弥补的措施，台湾建设了第一家晶圆代工厂。由于未与市场衔接，这家代工厂之后基本处于闲置状态。

● 1985 年，张忠谋受邀回台湾担任台湾工研院院长、联电的董事长，同时预判了一个新的行业风口——纯粹的晶圆代工环节。

● 台湾工研院将目光投向了集成电路（integrated circuit, IC）设计。台湾工研院于 1985 年成立了集成电路共同设计中心（CDC），旨在鼓励新兴的设计公司。在后续的发展中，它剥离了十几家具有 IC 设计能力的公司。

孵化裂变，孕育出产业生态

衍生企业是一种非常重要的技术产业化模式。依据台湾工研院的政策，凡由台湾工研院正式规划核定，将某种成熟的技术连同关键人员一并转移而成立的公司，即为台湾工研院的衍生公司。1990年，台湾工研院正式出台了"工研院筹设衍生公司办法"，从而加速了衍生企业设立的步伐。台湾工研院于 1980 年首次以衍生公司的方式促成联华电子公司（简称"联电"）。规划成立之初，联电被定义为一家转化台湾工研院技术的企业。台积电的成立则开创了芯片代工的新时代，也给联电发展带来了新压力，联电开启了转型之路——拆分原有的 IC 设计部门。1996 年，联电将计算机事业部门拆分成立联阳半导体，将通信事业部门拆分成立联杰国际；1997年，联电将多媒体事业部门拆分成立联发科技，将消费性部门拆分成立联咏科技，将内存事业部门拆分成立联笙电子等。而这些被拆分出来的芯片设计企业在台湾地区形成了一套相对完整的芯片生态系统。其中，联发科技成为全球最大的手机芯片厂商，联咏科技是全球最大的显示驱动 IC 设计公司，欣兴电子是全球第三大印刷电路板（printed circuit boards，PCB）制造公司，智原科技提供专用集成电路（application specific integrated circuit，ASIC）设计服务，原相科技致力于互补金属氧化物半导体（complementary metal-oxide-semiconductor，CMOS）影像感测及导航，联阳半导体是笔记本 IO 控制 IC 和嵌入式 IC 的主要供应商，盛群半导体由专业微控制器 IC 设计公司系统转型为投射式电容触控面板 IC 设计公司。

第六节　科技改革试验田：中国江苏产业技术研究院

中国江苏产业技术研究院（以下简称"江苏产研院"）成立于2013 年 12 月，是经江苏省人民政府批准成立的新型科研组织。2014 年 12 月，习近平总书记视察江苏产研院，提出科技创新工作的"四个对接"，即科技同经济对接、创新成果同产业对接、创新项目同现实生产力对接、研发人员创新劳动同其利益收入对接。江苏产研院以深化体制机制改革为根本动力，定位于科学到技术转化的关键环节，聚焦构建引领产业发展协同开放的技术创新体系、营造面向产业创新需求协同高效的生态系统、提升江苏产业高质量发展贡献度和建设具有集萃特色的现代科研机构治理体系四个战略方向，形成了"若干专业研究所＋若干企业联合创新中心＋若干国内外战略合作高校"的产业技术创新体系。江苏产研院作为中间一环，将科研成果与市场需求相结合，成功闯出了一条从科技到产业的新路，成为江苏省创新体系的重要组成部分。

◎ 三级架构：多元资源共建

战略指导层：领导小组和理事会体现政府对研究院强有力的支持

江苏省政府成立江苏产研院建设工作领导小组，由常务副省长任组长，省有关部门主要负责人为成员，负责组织架构顶层设计、政策环境营造和资源统筹协调。并且，江苏省出台了《江苏省产业技术研究院管理暂行办法》，对江苏产研院建设支持用政策形式固化。江苏产研院理事会由分管副省长任理事长，省政府分管副秘书长、科技职能部门主要负责人任副理事长，省有关部门、研究院、省相关龙头企业和金融机构负责人任理事会成员，负责科技创新指导考核，包括推动机制创新、审定年度工作目标和预算、进行绩效考核等。

统筹运营层：总院为"三无"事业单位，"一院＋一公司＋一智库"架构

江苏产研院总院为具有独立法人资格的省属事业单位，主要开

展产业技术战略研究、创新资源的集聚、专业研究所建设与服务、重大产业共性技术攻关的组织等。江苏产研院实行"一院＋一公司"的管理体制，由江苏产研院100％出资设立的有限公司主要负责专业研究所投资、海外平台投资、专业园区投资及运营、技术交易平台投资及运营、管理研发投资引导基金。同时，在产业技术发展研究方面，中国工程院和江苏省人民政府共建、江苏产研院承建的工程科技领域区域性高端智库——中国工程科技发展战略江苏研究院，围绕国家和江苏的重大战略部署，面向江苏高质量发展的重大需求，集聚国内院士专家团队等优势资源，组织开展战略性、前瞻性、综合性咨询研究。

研发单元层："专业研究所＋企业联合创新中心＋海外平台"三类平台融通资源

江苏产研院根植地方产业、集成市区政府支持，成立专业研究所，有两种方式。方式一为引进团队新建设的专业研究所，实行"多方共建、多元投入、混合所有、团队为主"的轻资产运营新模式。由地方园区提供研发场所和设备，团队、地方园区和江苏产研院共同以现金出资组建团队控股的轻资产研究所运营公司。研发收益归运营公司所有，增值收益按股权分配。方式二为吸纳多家由高校院所举办的事业法人专业研究所加盟，并按新模式改制，有高校运行机制下的研究人员开展高水平创新研究，也有独立法人实体聘用的研究人员专职从事二次开发和技术转移。截至2022年10月，江苏产研院已在先进材料、能源环保、信息技术、装备制造、生物医药五大领域布局建设了73家专业研究所，拥有各类研发人员约10 000人。研究院与人才团队、地方园区等组建了51家研究所，累计投入研发资金超过100亿元，地方园区投资超过80％，研究院和研发团队投资 20％，有效解决了研发资金不足的难题。

立足找企业命题、让市场买单，江苏产研院布局了企业联合创新中心。企业联合创新中心主要支持企业开展产业技术战略研究和制定技术路线图，征集提炼企业愿意出资解决的关键技术需求。江苏产研院利用创新网络对接全球创新资源，寻找解决方案。截至 2022 年 10 月，已累计建设企业联合创新中心超过 200 家，共凝练提出技术需求近千项，企业意向出资金额超过 30 亿元。

为了融通全球资源，江苏产研院搭建了海外平台，主要瞄准国际科技创新高地与顶级高校院所，建立以研究院为中心、海外代表处为节点的全球创新资源网络，甄选顶尖人才和重大项目。江苏产研院已先后建成硅谷、哥本哈根、多伦多、斯图加特、波士顿、休斯敦、伦敦、洛杉矶等地的 8 个海外代表处，与哈佛大学、牛津大学、弗劳恩霍夫协会等 70 余所高校、科研机构、企业等开展研发合作。

◎ 强市场导向：研发为产业，技术为商品

为科研人员享受收益松绑

为兼顾高水平创新研究人员与高效率技术转移人员，江苏产研院实施"一所两制"，即研究所同时拥有两类人员，一类是高校院所运行机制下开展创新研究的人员，另一类是独立法人实体下聘用的专职从事二次开发和技术转移的研究人员。体制内的科研人员在保留原单位身份的同时，在研究所里还可以获得与其贡献匹配的收入。研究所作为独立法人，可以确保科研成果的权属清晰，保障科研成果所有权、处置权和收益权的独立性、自主性。同时，深化股权激励机制，鼓励以股权、出资或者期权等多种方式，让科研人员

更多地分享技术的产业化带来的升值和收益。通过彻底市场化运行
模式实现对创新人才的激励进一步提升，人才团队由拥有成果转化
收益权扩展到拥有成果所有权、处置权和转化收益权。

项目经理牵头科研

江苏产研院遴选具有创新资源整合能力和重大科技项目组织经
验的国际一流领军人才担任项目经理，赋予项目经理组建研发团
队、决定技术路线、支配使用经费的充分自主权。江苏产研院为项
目经理组建服务团队提供专业化的市场调研、商业模式论证以及项
目落地资源对接等服务，帮助其完善团队结构、明确首批研发项目
等。通过项目经理制，江苏产研院吸引和遴选了一大批既懂科研又
具备团队组织能力的海内外领军人才，共同筹建研究所或组织实施
产业重大技术创新项目。自 2015 年以来，江苏产研院共聘请 300
余位产业领军人才担任项目经理，并以才引才，由项目经理集聚了
超过 2 000 名高层次人才。

"合同科研"指导资金分配

江苏产研院探索出了"合同科研"评价体系。"合同科研"不
再按照传统资金拨付形式对项目进行支持，而是通过市场化的机
制，把研究所向市场提供技术转让、技术投资、技术服务所产生的
收益作为指标，决定研究所绩效评价和财政资金支持额度，引导专
业研究所建立技术创新的市场导向机制。通过"合同科研"，专业
研究所围绕市场需求开展技术研发，通过充分的市场化竞争，不断
锤炼团队研发能力，提高技术供给能力，在满足市场需求的同时，
提升了团队自我造血能力，实现了技术成果向市场价值的转化。

政府资金"拨投结合"

前瞻性、引领性和颠覆性技术创新项目的技术创新水平高且具有较大不确定性，技术团队与社会资本估值存在较大差距，造成融资的市场失灵。在立项前期，江苏产研院探索实行同行尽调评估与立项支持的模式，请团队提出真正细分领域的同行专家名单，评价团队在业界的影响力和实力，并进行充分的市场调研。通过项目经理培育和充分尽职调查，先期以科研项目立项拨款，发挥财政资金在创新项目中的引导和扶持作用，承担创新项目研发风险，让团队专心开展研发攻关。在项目进展到市场认可的技术里程碑阶段进行市场融资时，将前期的项目资金按市场价格转化为投资，参照市场化方式进行管理和退出。目前，江苏产研院以"拨投结合"的方式，累计实施了氮化镓外延片等 50 余项产业前瞻性技术创新项目。

◎ 营造生态：从科技强走向产业强

"三位一体"赋能成果转化

为加快提升技术产业化的进程和质量，在鼓励专业研究所开展产业化研发、强化研发平台孵化器功能的同时，江苏产研院适时引入创投基金，构建以专业研究所核心运营团队为主导的"技术研发＋专业孵化＋专业基金"三位一体的创新生态运作方式，不断衍生孵化有自主知识产权和核心技术的科技型企业，建设专业化产业园区。在专业孵化方面，江苏产研院已与苏州市相城区共建长三角国际研发社区；依托江苏产研院南京江北新区新址，启动建设了江北研发产业园区；依托中瑞镇江生态产业园共同打造 23 万平方米的研发社区。在专业基金方面，江苏产研院已经组建 12 支专业化基金，基金总规模超过 18 亿元，涉及汽车、激光、半导体及集成电路、碳纤维及复合材料、高端装备、智能制造等多个方向。

院地深度合作加速产研融合

江苏产研院以南京、苏州为重点区域，以点带面，不断深化与无锡、常州等地的合作，开拓与苏中、苏北地区的合作，已实现与省内地级市合作全覆盖，基于地区发展基础的差异、合作需求的差异，基本形成多元化的区域协同创新格局。比如，江苏产研院与苏州工业园区拓展形成"五个第一"合作，即：打造第一个院地共建的海外离岸孵化器，探索第一个联合地方以"拨投结合"方式落地的重大项目，合作开办第一家集萃学院——西交利物浦大学集萃学院，建设第一个与地方共建的创新服务中心，成立第一家与地方合资的公司。

产教融合培养创新人才

江苏产研院打造"集萃人才"培养体系，能够吸引、鼓励与帮助高层次人才在地方创业就业，为区域高质量发展建设人才蓄水池。江苏产研院将江苏产业需求作为课题，以专业研究所、合作企业研发基地为平台，与国内外知名高校合作开展研究生联合培养，通过产教融合培养理论知识扎实、实践动手能力强、符合产业需求的产业创新人才。目前，签约合作的国内高校已达 70 所，海外顶尖高校超过 20 所（主要是博士生/博士后联合培养）。2020 年联合培养集萃研究生 1 045 名，2021 年联合培养 1 676 名。该改革举措已纳入国家发改委、国家科技部的 2021 年度全面创新改革清单。2022 年，江苏产研院成为中组部首批"卓越工程师培养计划"试点单位。

第七章　关键共性技术平台：科技成果转化的决胜秘诀

先进技术计划（Advanced Technology Program，ATP）的目标是帮助美国企业创造和应用共性技术及其研究成果，使重大科学发现和技术能迅速商业化，并提升制造技术。

——1988 年美国《综合贸易法案》

产业关键共性技术是能够在多个行业或领域广泛应用，并对整个产业和多个产业产生最大影响和瓶颈制约的技术。但其要形成能参与商业竞争的独立产品，研发难度大、周期长，具有基础性、准公共物品性及外部性等属性。关键共性技术是工业革命长波发展周期的核心驱动力，历次工业革命正是在关键共性技术方面的突破，推动了群体性技术的扩散，从而带动了产业变革。关键共性技术平台主要从事技术成熟度为 3～6 级的有关实验室成果中试熟化、应用技术研发升级等活动，将产学研用结合起来，弥合科技和经济间可能的断裂，是共性技术攻关、转化、扩散、应用的有效组织方式。过去几十年间，全球关键共性技术平台进入快速发展时期，欧盟、英国、美国、德国、日本等纷纷对关键共性技术平台进行持续性探索。中国也愈发重视关键共性技术，在战略、政策、具体实践上都积极开展关键共性技术创新及其平台的部署，为抢占新一轮科技和产业革命机遇、促进"两链"融合奠定发展根基，以关键共性技术平台为单元促进形成健全的技术应用体系，从而发挥关键共性技术创新的综合转化效应。

第一节　解锁"卡脖子"技术的关键密钥

◎ 关键共性技术突破是产业革命源头

　　工业革命的特点就是连续涌现新奇事物，连续涌现新奇事物需要关键共性技术的突破。18 世纪 50 年代，英国开启第一次工业革命，以棉纺织业的技术革新为始，以瓦特蒸汽机的改良和广泛使用为枢纽。但真正带来 19 世纪那些重大变化的，是技术革新全面散布到了农业、食品加工和建筑业等其他行业之中，形成了新式工业体系。19 世纪初，英国人民的大宗消费品主要还是食物、厚而保暖的衣服和房屋，帽子、鞋子、手套、服装等的生产和农业的播种、收获以及绝大部分的建筑活动都还是完全依靠手工来完成的，照明也主要是使用油灯和蜡烛，出行则基本依靠马拉车。真正大规模的变革发生在 1850 年以后，蒸汽机、柴油机、电力和蒸汽涡轮合并在一起，似乎形成了无穷无尽的能源动力，廉价的钢、铁、铜和工业制砖使得建造大规模的新式建筑成为可能，绝大部分日用品的原材料也得以在工厂中用自动化的机器进行生产，取代了店铺工匠的手工制作。

　　第二次世界性工业革命是以电的发明和电力的广泛使用开始的，主要是电、电磁感应和电磁波的发现和应用，以及电力传输技术的突破，使电力取代蒸汽动力，很快成为广泛应用的能源和动力。随后，电灯、电话、电焊、电钻、电车、电报等电力产品如雨后春笋般涌现出来，在世界上掀起了电气化的高潮。美国、德国由于最早实现了电气化而迅速进入世界工业强国行列。得益于电力技术的广泛应用，以发电、输电、配电这三个环节为主要内容的电力工业产生并发展起来，发电机、电动机、变压器、断路器及电线、电缆等电气设备制造工业也迅速兴起，同时还促进了材料、工艺和控制等工程技术的发展。

第三次工业革命以原子能、电子计算机、空间技术、生物工程等领域的发明和应用为主要标志，涉及信息技术、新能源技术、新材料技术、生物技术、海洋技术等诸多领域，其本质上是一场信息控制技术的革命，计算机技术成为很多产业创新的基础依托。20世纪80年代以来，互联网技术的普及和向全社会的渗透式应用，给金融、教育、零售等各种服务业带来新的高效能。

从历次工业革命来看，产业关键共性技术是一类在诸多领域内已经或未来可能被普遍使用，其成果可共享并对现有市场及商业生态产生深度影响的技术。产业关键共性技术具有基础性，主要是因为关键共性技术出现在创新链的较前端，和基础研究捆绑较为紧密，研究机构是产业关键共性技术的创新源。产业关键共性技术具有"竞争前性"，其产出的成果不具有直接参与市场竞争的能力，需要有企业成为导向性创新主体，为产业关键共性技术创新提供必要的市场需求信息，降低信息不对称造成的不确定性和风险。产业关键共性技术的"共性"则决定了其外部性与准公共物品性，创新主体不能独占创新成果，可能会出现创新的市场失灵与组织失灵，政府势必成为协调主体，通过营造创新环境、制定政策、实施财税保障等促进创新持续进行。

◎ 各国进行关键共性技术创新的探索

关键共性技术创新是最近300年来经济与社会发展的长期驱动

力量，决定着国家核心竞争力和综合实力的变化，担负着实现国家高质量发展的历史使命。英、美、日、德等国通过关键共性技术创新成功转型，最终完成工业化任务，走上国富民强之路，其经验值得学习和借鉴。

英国：体系化开展关键共性技术预见。20 世纪 60 年代，英国经济发展缓慢，创新不足被认为是主要原因。因此，埃塞克斯大学、曼彻斯特大学等兴起了针对创新的研究，这为英国开展技术预见积累了相关理论方面的基础。当时的创新研究认为，英国国家创新系统中存在科研与产业严重脱节的情况。1993 年，英国政府发布了《运用我们的潜力：科学、工程和技术战略》科技政策白皮书，正式提出实施技术预见活动，该活动的目标是要识别关键的新兴技术和机会，并且增进科学、工业和政府之间的合作。英国政府设立了指导小组来管理预见计划，其成员涉及产业、科研、政府、研究资助机构，且非政府工作人员占多数。技术预见过程采取开放和透明的方式，采用公开咨询，通过问卷法、知识池等方法广泛征集学术界、产业界、商业组织等各方专家意见，每次参与技术预见的专家多达数千人。技术预见活动促进了对关键共性技术的重视和下一步的行动，比如英国第一轮技术预见确定了 27 项优先发展的技术，促进科研界多个组织开始了更加细分的预见研究，企业则开始投资相关被预见的技术的研发。

美国：联邦政府、企业、研究机构共同参与关键共性技术研发。在相当长的时期内，美国一直奉行科技政策的市场失灵范式。20 世纪 80 年代末 90 年代初，美国高技术的优势在日本和欧洲的进逼下大大丧失，工业界强烈要求政府改变不介入工业自由竞争的政策，采取有效措施加强对工业特别是高技术产业的支持。1988 年出台的《综合贸易法案》中增加了商业部标准局新的目标、职能和任务，并将其名字改为国家标准和技术研究院（NIST），突出了这个机构支持工业企业开发和应用新技术的功能定位。在这一法案下，先进技术计划（Advanced Technology Program，ATP）出台了。ATP支持偏竞争前的技术研发，不支持产品阶段的技术，它支持的是能为美国相关领域企业带来普遍性技术竞争优势的通用技术。由美国联邦政府、私人企业和研究机构共同参与的ATP，目的是帮助美国企业提高技术水平、提升竞争地位，从而促进美国经济增长。ATP定位在能产生巨大的经济社会利益，但成本、风险过高或回报过慢的应用研究阶段。政府为该计划的具体项目提供引导资金，最高为项目总费用的50％。

日本：国家主导，企业钻研。日本通产省通过国家R&D计划，在促进互相竞争的公司开展研究合作方面发挥了建设性作用，如超大规模集成电路（very large scale integration circuit，VLSI）计划。VLSI计划是日本瞄准和发展电子关键技术的重要计划，其主要目标是研制下一代半导体，为研制更可靠、更有效、功率更大、体积更小的计算器、计算机及其他电子产品打下坚实的基础，从而建立起世界第一流的创新能力。VLSI联盟一个显著特点是有共同联合实验室在其直接控制之下，以区别于其他形式的技术研究联盟（研发在各自公司内单独进行），因此大约20％的基础和共性的研究是在联合实验室中进行的，剩下的80％由公司带回自己的研究所进行（管理是独立的）。当VLSI联盟在1979年正式解散时，许多公司仍然主动地在有限形式中维持了合作。

德国：重视组织中小企业参与产业关键共性技术的研发。德国拥有一批技术专精的中小企业，拥有占据世界总数量40％的隐形冠军企业。从20世纪50年代起，德国意识到促进中小企业创新能力提升、支持中小企业联合开展关键共性技术研发的重要性。1954

年，8 个中小企业的行业组织形成了工业研究联盟联合会。在此后的发展中，不断有新的机构加入联合会，壮大了联合会网络。工业研究联盟联合会是推动中小企业联合开展关键共性技术研发的核心，其作为被政府授权的第三方管理机构，承担联邦政府、联邦州政府的中小企业研发与创新项目的评审、立项、过程监督，以及技术成果的管理、分享和推广等各个流程的组织工作。联邦政府将专业的事交给专业的机构，由工业研究联盟联合会在项目管理中，准确提取众多中小企业在各个行业及产业领域的共性技术需求，并发挥中小企业网络组织的作用，整合各方资源联合开展产业关键共性技术的研发工作。

◎ 攻克关键共性技术需要共性技术创新平台

关键共性技术的基础性、竞争前性、外部性和风险性决定了只有在基于国家科技发展战略和企业真正技术需求的前提下，联合政府、企业、大学、科研机构等各方力量，共同开展产业关键共性技术研发与服务，高效整合技术资源，实现优势互补，才有可能从根本上为强化企业的技术支撑薄弱环节提供保障，因此需要搭建关键共性技术平台。产业关键共性技术平台本质上是一种制度性的共有结构安排，其关键是要适配产业共性技术的创新机制，激发产业共性技术创新主体的创新欲望，从而推动整个产业共性技术研究的发展。关键共性技术平台发挥着航母的作用，具有一流的研发、中试设备，掌握丰富的业内信息，具有较强的成果转化功能，为中试项目提供场地、设备、工程人员与资金支持等，直至中试项目成功进入产业化应用阶段。关键共性技术平台提供研究开发、技术推广、设备共用、产品检测、信息服务、技术服务、管理咨询、人员培训等多方面服务，为产业发展提供关键共性技术支持与服务的产业研发基地，以及与技术服务平台相关的人员、资金、设备、管理体制和技术手段等。

在改革开放和经济高速发展的过程中，我国也逐渐认识到了关键共性技术平台的重要性，因此成立了一些国家技术创新中心和产业创新中心，依靠这些创新中心建设了一批关键共性技术平台，并在一些重要领域开展技术攻关研究。科技部于 2017 年年底发布的《国家技术创新中心建设工作指引》提出，未来将加快推进国家技术创新中心建设，优化国家科研基地布局。目前，我国已有 300 多家综合实力较强的行业领先企业建立了国家级技术创新中心，成为行业技术研发的重要平台。这些技术平台在组织和推进产业关键共性技术研发、技术成果转化与应用及增强企业创新能力等方面发挥了重要作用。但我国关键共性技术平台仍存在一些问题。

首先，对关键共性技术平台的战略认识不足，国家缺乏围绕战略性产业的关键共性技术平台的布局。国家虽然有 863 计划、973 计划等涉及科技研发、高技术产业化的战略性部署，但都属于偏向对政策支持、组织的安排，对科研硬件设施及相应的专属研发团队缺乏支持性的安排。国家层面的关键共性技术研发平台的缺失导致在关键领域，特别是在重大技术装备领域，我们的核心技术长期受制于人。实际上，我国早在 20 世纪末就开始做搭建基础平台和支撑点的前期准备工作，但由于重视不够，基础平台迟迟不能到位。1999 年，原国家经贸委管理的 10 个国家局所属科研院所实施了企业化改制，更加强调营利属性，导致原本的产业纵向领域的科研院所难以再充分聚焦具有外部性与准公共物品性的关键共性技术，造成了日后产业关键共性技术研究在体制上、关键共性技术平台建设和开放上缺少统筹性力量。比利时的微电子研究中心（IMEC）、英国的谢菲尔德大学先进制造中心（AMRC）都是政府强有力支持下的关键共性技术平台，有最先进的研发设施和设备做支撑，有研发人员配套，有运营机制甚至知识产权应用一整套体系化的制度，对于产业关键共性技术研发突破有重要价值。

其次，半公益属性的关键共性技术平台运行模式不畅，导致运行效能有限。目前国内的关键共性技术平台主要有三类：存在于高校院所的设施设备平台、政府主导建设的共性技术平台和市场化力量建设的共性技术平台。这三类平台均存在运行模式不畅通的问题。高校院所的设施设备平台受制于国有资产、高校自身研发等，对外共享不足。即使是国家、地方层面大力推动科研设施共享，高校院所的设施设备在实际运作中仍存在共享不足的问题。政府主导建设的共性技术平台则存在与市场需求脱节的问题，导致平台运作难以有效支撑产业共性技术研发。市场化力量建设的共性技术平台则受制于平台半公益的属性，投入较大。由于关键共性技术的外部性，平台难以达到理想状态下的经济性，特别是在平台运行前期更加艰难，存在平台收益难以覆盖成本的情况。

再次，现有关键共性技术平台共享不足、概念泛化。目前，国内各个地方推动产业技术研究院等建设，也配套共性关键技术平台，但对平台信息公开、辐射带动等缺乏有效的统筹和层次划分，大部分平台局限在一定的空间范围内，难以体现更大的辐射服务的作用，难以有效地发挥产业创新枢纽的作用。目前对产业技术平台尚未形成系统的界定，且技术平台、服务平台、中介平台、融资平台等都被称作共性平台，导致管理规范和支持政策较为分散和混乱。

最后，平台需要把握"平台"的本质，集聚资源、整体赋能，但目前国内大多数产业关键共性技术平台的平台作用不强。产业关键共性技术平台不是简单的要素相加和偶然堆积，而是各要素通过非线性相互作用构成的有机整体。目前，国内关键共性技术平台局限于设备操作、辅助等，平台上各要素聚合和协同不足，在人员共同研发、资本助力、产业上下游资源融通等更深更广的层面，与企业等创新主体互动有限，平台的整体效能仍有待提升。

第二节　世界最先进的半导体创新平台：比利时微电子研究中心

英特尔 CEO 帕特·盖尔辛格在接受采访时曾表示，欧洲有两颗宝石，一颗是阿斯麦，有最先进的光刻技术；另一颗是比利时微电子研究中心（IMEC），有世界上最先进的半导体研究。IMEC 成立于 1984 年，目前是欧洲领先的独立研究中心，研究方向主要集中在微电子、纳米技术、辅助设计方法以及信息通信系统技术（ICT），与 IBM 和 Intel 并称微电子领域的"3I"。IMEC 聚焦半导体行业未来 10 到 20 年的前沿研究领域，研究水平一般领先工业界3～10 年，在半导体工艺领域创造了多项世界第一，为全球半导体产业技术开发、成果转化、人才培养作出了重要贡献。

◎ 技术中立，聚焦关键共性技术研发

1982 年，比利时启动了微电子产业支持计划，6 名毕业于斯坦福大学的比利时教授向当地政府阐明了大学与微电子产业发展存在严重脱节问题，政府听从教授们的建议，并于 1984 年拨款 6 200 万欧元，组建了一个研发、培训和制造三位一体的非营利机构——IMEC。IMEC 位于荷语鲁汶大学的 ESAT 实验室附近，包括由多所大学教授联合协作的大学校际微电子研究中心、对微电子工程师的培训中心和一个半导体铸造厂，这三部分构成了成立初期的IMEC。

IMEC 将其使命定位为：在微电子技术、纳米技术以及信息系统设计的前沿领域对未来产业需求进行超前研发。IMEC 聚焦全球微电子及相关领域的关键共性技术研发，形成了以关键前沿技术项目集（Program）而不是以单元产品开发为导向的项目（Project）驱动战略。IMEC 的研发合作具有高度的国际性，研发人员来自全球 80 多个国家，3/4 的客户来自比利时以外的国家和地区。IMEC 摆脱了自身所处比利时这样狭小市场环境的束缚，进而成为国际专业知识的集中合作平台，这也助推 IMEC 成为世界级电子产业研究中心。

IMEC 关键共性技术研发方向及成果

半导体制造：1984 年，IMEC 选择了湿洗法和硅化物两个 CMOS 工艺模块开展研究，随后，增加了光刻、互连等完整工艺流程所需的模块。此后，IMEC 工艺研究不断进步，基本按照平均每 2 年发展一代进行，如 2004 年、2006 年、2008 年、2011 年和 2014 年分别研究了 45nm、32nm、22nm、10nm 和 7nm 工艺。1997 年后，IMEC 重点研究 193nm 浸没式光刻和极紫外线光刻，并于 2007 年最先实现 35nm 线宽的极紫外线光刻（extreme ultra-violet，EUV）。当前，IMEC 研究重点是 193 nm 光刻的两次图形化技术。封装方面，IMEC 从 1986 年开始研究封装技术，1997 年开发出倒装芯片技术，2005 年提出三维集成电路技术路线图，并在 2008 年研制出世界首个三维集成电路。

集成电路设计：IMEC 从 1986 年开始关注集成电路设计，研究出 ASIC 系统自动设计技术，1991 年开始研究 ASIC 软硬协同设计和密集型系统功耗降低技术，并分别于 1996 和 2003 年实现商业化。随着集成电路集成度日益提高，IMEC 从 20 世纪

90 年代初开始关注系统级芯片（System on Chip，SoC）设计，先后研究出专用指令集处理器、动态可编程嵌入式系统架构等。

新材料与器件：IMEC 从 20 世纪 90 年代初开始研究电子自旋磁性半导体和铁电材料非易失性存储器；从 2003 年开始研究氮化镓材料与器件，2006 年和 2011 年研制出世界首个 150mm 和 200mm 晶圆硅上氮化镓功率器件；2012 年，涉足有机导电材料领域，主要研究柔性发光二极管显示技术。

微系统：IMEC 从 1993 年开始研究微机电系统（micro-electro-mechanical system，MEMS），但其工艺路线成本较高，一直未得到产业界认可，2012 年基本停止了研究。2011 年后，IMEC 开始研究集成微电子、光电子与 MEMS 的微系统，当前的研究重点是 CMOS 异质集成技术。

◎ 聚焦产业关键共性技术，不与企业争利

IMEC 是非营利性组织，最高决策层是理事会。为保证中立性，同时协调政府、大学和企业的关系，理事会由来自产业界、当地政府和当地高校的代表组成，人数各占 1/3。IMEC 也邀请国际知名学者和企业高管组成科学顾问委员会，提供科技咨询建议。这种组织构建也确保了 IMEC 在研发中不与企业的重点研发环节重合，不与企业争夺利益。

从 1984 年至今，弗拉芒政府每年都给 IMEC 资金资助。但电子技术的发展需要海量研发资金，这就要求 IMEC 必须与企业所需的前沿技术紧密结合，形成了与企业共同开发、共享成果的商业模式。主要有四种模式，它们都聚焦产业关键共性技术或者领先行业 2～3 年的研究领域。值得一提的是，IMEC 成功迈向国际的第一步

是将湿洗法工艺以1美元卖给美国英特尔公司，引起了全球半导体业界的关注，逐步聚集了众多忠实合作伙伴，像美国英特尔公司、荷兰阿斯麦公司这些业界顶级企业均长期不遗余力地高额资助IMEC的研发项目。

模式一：产业联合项目研究。IMEC在1991年创立产业联合计划（IIAP），联合几家或几十家全球有实力的企业，开展领先市场需求3～8年的项目研究，攻克某项技术在产业应用之前的技术瓶颈，至今已组建了40多个产业联合项目。联合计划的具体项目并不是由大企业从自己的需求方向提出的，而是IMEC站在专业角度，对行业关键共性技术突破的迫切需要进行判断后选定的。项目确定后，有意向的企业通过自身评估和外部环境考察后决定是否参与。IMEC与每位产业合作伙伴分别签署双边协议，明确各自研发领域、知识产权归属及相关费用。合作伙伴需向IMEC支付一次性的项目加入费和每一年度的项目费，其用途包括IMEC基础设施与研究人员费用、项目管理费用，以及对共享IMEC基础知识产权的补偿。项目实施时，合作伙伴可以派驻研究人员到IMEC共同工作，一般每人为期1年。IMEC合作伙伴分为核心成员和项目成员两类，前者参与整个项目研究，后者只参与部分子课题。由于参与程度不同，两者享受的权益也不同。核心成员是英特尔、高通、三星、意法半导体、阿斯麦、台积电、格罗方德等大厂。

IMEC产业联合项目3类知识产权相应规则

（1）R0：IMEC独有的知识产权。通常是战略性基础技术，此类知识产权不与合作伙伴分享所有权，合作伙伴可通过专利许可获得使用权。

（2）R1：IMEC与合作伙伴共同所有的知识产权。一般是通用性、方法性的成果，其所有权归 IMEC 和该合作伙伴共有，其他合作伙伴可免费获得使用许可。但当 R1 与该合作伙伴产品相关且不会阻碍产业联合项目研发时，该合作伙伴可与 IMEC 约定不向其他合作伙伴授权使用，这时称该知识产权为 R1。

（3）R2：合作伙伴独有的知识产权。IMEC 允许合作伙伴将双边研究与企业需求结合起来，对于双方开发出的对企业有价值的成果，根据之前的双边协议，其知识产权所有权归该合作伙伴独有。

模式二：与高校开展基础研究合作。按照弗拉芒政府的要求，IMEC 需将约 10% 的政府资助经费以合作研发的方式转给当地高校或研究所。IMEC 主要选择与高校开展领先市场需求 8～15 年的基础研究，项目需求由 IMEC 提出，合作形式包括互换学生与研究人员、成立工作组等。IMEC 已与 200 多家高校成功开展过合作，在基础研究中注重积累基础知识产权（R0）；对于有潜在产业应用价值的技术，则会组织产业联合项目后续推进。

模式三：受邀与企业开展双边合作研究。一些企业希望与 IMEC 开展双边合作研究，攻研特定关键技术，弥补自身不足。这类研究通常是领先市场 2 到 3 年的应用开发型项目。企业与 IMEC 签署双边合作协议，明确研发费用分担方式、成果归属等；IMEC 按照企业要求提供包括定制设计、工艺开发、封装、可靠性测试、原型试样、小批量生产等在内的针对性科研服务。

模式四：申请参与欧洲政府项目。IMEC 积极申请欧洲政府机构资助的研究项目，主要包括欧盟委员会第七科技框架计划（FP7）、欧洲航天局研究项目、比利时政府项目等。

◎ **一流的研发硬件设施是重要的保障**

IMEC 是一个由专职人员和基础设施组成的独立实体。在强大的研发设施的支持下，IMEC 的研究几乎涵盖了纳米电子学的各个方面。IMEC 的硬件平台起到了连接设备商（含材料商）和制造商的桥梁作用，两者在工艺研发阶段就能进行先期技术对接，当工艺成熟后，设备商的最先进设备可顺利用于制造商的商品线。这也成为吸引半导体大厂参与联合研发的原因之一。在硬件平台的建设上，政府的稳定投入是保障。20 世纪 80 年代，晶圆计划实施，弗拉芒政府在年度拨款外增资 3 700 万欧元，建成了 2 200 平方米的实验室；2012 年，为支持 IMEC 的 450mm 晶圆净化间建设，弗拉芒政府向 IMEC 又额外拨款 1 亿欧元。

硬件平台的核心是两个最先进的洁净室，用于进行半工业操作。其中一个洁净室是专注于研发 10nm 工艺技术的 300mm 无尘室；另一个是 200mm 无尘室，用来进行研究发展、需求导向发展和小批量制造超越摩尔定律的技术产品，如传感器、致动器和 MEMS、纳机电系统（nano-electromechanical system，NEMS）等。在半导体制造工艺方面，IMEC 拥有一条 8 英寸研发线和一条 12 英寸（部分兼容 18 英寸）研发线。在 12 英寸研发线基础上的工艺研发主要针对 22nm 及以下的数字 CMOS 工艺模块开发，这些模块包括 EUV 光刻和先进掩模技术、High-K 和金属栅极、互连与 3D 封装、新式器件结构等模块。试生产也是研发的重要一环，IMEC 拥有硅和有机太阳能电池的试验生产线，用于生物电子研究的特定实验室，以及用于材料表征和可靠性测试的设备。为了更加直观地研究物联网技术，IMEC 还拥有专门的传感器和成像技术实验室。

第三节　英国先进制造中心运营典范：
谢菲尔德大学先进制造中心

谢菲尔德大学是英国的老牌名校，位于英国英格兰中部谢菲尔德市，是英国极具影响力的研究型大学之一，也是世界著名的教学科研中心。谢菲尔德大学先进制造中心（University of Sheffield Advanced Manufacturing Research Centre，AMRC）是属于谢菲尔德大学的一个工业研究机构。在 10 多年的建设中，AMRC 得到了波音、空客和罗尔斯-罗伊斯等全球几百家制造企业的认可，成为这些企业共享的新技术研发中心。根据安永公司 2017 年为英国国家推进器计划做的第三方评估，AMRC 是第一批选中的先进制造中心里规模最大、产值最高，并且唯一实现了自负盈亏的研究中心。围绕 AMRC 建设的新工厂促进了当地就业，重新振兴了当地经济。新工厂所在地罗瑟勒姆镇的就业率从 20 世纪 80 年代"锈带"时期的 4％上升到今天的 86％。

◎ **源于谢菲尔德大学校企合作，兴于英国政府制造业推进器计划**

AMRC 的起源可以追溯到 20 世纪 90 年代末谢菲尔德大学与当地一家名为 Technicut 的切削工具商开展的教学公司计划（Teaching Company Scheme）合作项目，该项目由政府资助，旨在培养企业与大学的伙伴关系。美国飞机制造商波音的参与促进了该合作项目进一步发展，于 2001 年成立了波音先进制造研究中心（AMRC-Boeing），地区发展机构约克郡发展署为 AMRC 提供了一片位于原奥格里夫煤矿区的工地，用于该项目的建设。

英国前首相卡梅伦在 2010 年提出制造业推进器计划，旨在让英国回到工业制造的前端，向全球输出制造业高端技术，以实现可持续发展。作为该计划的一部分，英国政府到 2030 年要在英国全境建成 30 个先进制造中心，AMRC 即为第一期的先进制造研究中心，主要为航空航天工业服务。AMRC 项目的资金来自约克郡发展署、英国国家政府资金、欧洲区域发展基金和大学自有投资。目前，AMRC 包括 AMRC-Boeing、NAMRC、AMRC 培训中心、国际铸造技术中心、国家金属技术中心、知识转移中心、2050 工厂等。它是一系列工业产业集群、制造研发中心及配套设施的组合，形成了一个先进制造企业网络，成为谢菲尔德大学与制造企业之间交流和合作的平台。

◎ AMRC 为工业企业提供利用业界尖端研究设备进行实验生产的机会

AMRC 的运行机制与介于工业界和大学之间的工业行会组织类似，实行会员制运营。会员分一级会员和二级会员两个级别。一级会员每年需要缴纳会费大约 20 万英镑，二级会员大约为 3 万英镑。根据会费和资助实力，会员在理事会中占有不同席位，决定 AMRC 的项目研究方向。作为一级会员的工业巨头们通过它们的影响将二级会员的供应商引导到研究平台上，协同开发新的产品。这些会费可以通过等值的设备和服务来抵扣，因此，AMRC 事实上也成为很多工业设备生产商的展销平台。同时，企业可以选择与 AMRC 建立更紧密的利益关联，将自己的全套生产设施都搬到先进制造园区内，或只在需要时接入这个更广泛的工业网络。

AMRC 工业会员研究任务分类

（1）基础类项目研究方向：AMRC 实施研发，研究成果由会员共享。

（2）特殊研究项目：会员单独投资，AMRC 研发，研究成果由会员独享。

（3）创新项目：申请欧盟等区域和国家机构的高新技术项目立项，企业、大学和政府共同资助研发和实现产业化。

比如就波音飞机这种复杂的先进制造产品而言，某一供应商技术水平的提升，会倒逼其他零件供应商的升级。零件供应商进行新产品研发，就需要寻找新设备、新工艺和新材料。由于生产设备众多，零件供应商需要知道哪款设备既能最好地配合以前的生产经验和工艺要求，又能满足新的需求，进而需要把不同系列的设备和相关材料都买回来做研发测试。这是一项巨大的资产投入，而且即使斥巨资购买了设备和材料，也还需要漫长的工艺试错过程，这又会带来巨大的人力和时间成本。

AMRC 平台可以解决供应商创新面临的一系列难题。AMRC的众多平台有大量的先进设备，很多设备供应商本身就是 AMRC的会员，AMRC 可以在设备供应商提供的新型设备上从事产品研发。此外，AMRC 的工程师拥有长期积累的丰富工艺经验，可以减少工艺试错时间，零件供应商可以在研发完成并稳定工艺后，再决定购买哪些设备。同时，在 AMRC 平台上生产出来的试制品，可以直接提供给同样是 AMRC 会员的波音等公司测试，一旦测试符合要求，波音等公司就可以直接给企业下新订单。如果有购买设备的资金压力，零件供应商可以用来自波音等公司的订单获得银行贷款和投资机构的投资。

AMRC 的设备使用权和研究资源会开放给整个社会的制造企业，为先进制造业公司提供专门知识、尖端机器和设备，为不断追求卓越的精密工程行业，例如航天、发动机、核能和医疗等提供高质量的定制零件研发。根据知识产权的开放要求、研究所人员和时间的投入，不同的任务会有不同的收费标准或合同金额。先进制造业集群的科技园区（AMP）内可容纳 150 家中小型企业，主要集中在工业设计、信息和通信技术等创新领域。由于离行业机构和其他公司很近，初创公司也能从高质量工程和制造公司之间的新研究和合作中受益。

◎ 尖端研究设施是 AMRC 高效研发的保障

AMRC 拥有世界上首家完全可重构的工厂，其配置可实现不同高价值组件间的快速切换生产。工厂也一改以往的油污的形象。这座工厂外观呈圆形，远看像一个飞碟，厂房的外壁是宽大的落地玻璃。工程师在前卫的工厂车间内作业，车间内的机器在自动导航车的控制下移动，机器人在设定的程序下有条不紊地工作。

随着 3D 打印研发不断深入，英国谢菲尔德大学开设了三个新的先进工程和工业技术研究中心，由欧洲区域发展基金（ERDF）、英国工程与物理科学研究委员会（EPSRC）以及谢菲尔德大学共同资助 4 700 万英镑建成的设施将帮助企业开发新技术。每个中心都将建立在英国科学研究领导的基础上，使工业成为政府工业战略的优先事项，以便拥有适合未来的高科技、高绩效经济。这三个中心位于谢菲尔德市区的先进制造创新区内，包括罗伊斯翻译中心（RTC）、验证实验室（LVV）以及综合民用和基础设施研究中心（ICAIR）。RTC 专注于不断发展的新材料和加工技术，与西门子、雷尼绍、Arcam、Aconity3D、Liberty Steel、Metalysis 和 Metron 等公司合作。位于德比郡的 Metron 先进设备有限公司正在与 RTC 合作，使用增材制造生产钛铝（TiAl）等航空航天器和汽车零部件，如喷气发动机部件和涡轮增压器。LVV 研究暴露于真实的振动和环境条件下的先进工程结构的优化设计和操作。ICAIR 促进优化基础设施，专注于大数据、人工智能、机器人技术和先进制造技术的研究，以提高工业生产率。

2019 年，AMRC 装配了全英最大的径向三轴编织机，它由德国 Herzog 公司提供，是 AMRC 在航空航天技术研究所（ATI）资助下购买的最先进的设备之一。这款径向编织机适合于加工多种材料，包括碳纤维、热塑性纤维、玻璃纤维、芳纶及混合粗麻。它还能加工在传统编织机上难以加工的陶瓷纤维，如氧化铝和碳化硅陶瓷纤维。这款径向编织机广泛用于航空航天和汽车领域的组件制备，其技术可对 AMRC 成员、外部公司及拨款资助该项目的相关研究项目方开放，并可与 AMRC 的 1000T Rhodes 印刷机和 KraussMaffei RTM 设备等整合。

◎ **工业文化是 AMRC 成功链接学术研究与产业界的关键**

　　谢菲尔德是英国工业革命的发源地之一，是昔日的工业重镇。在两个世纪以前，谢菲尔德市的工人纷纷捐资建大学，为他们的孩子接受高等教育创造机会，为当地经济发展提供助推力。从 19 世纪起，谢菲尔德开始以钢铁工业闻名于世。但 20 世纪 60 年代以后，受到国际竞争和产业转移的影响，英国煤炭和钢铁等传统制造业衰退，环境污染严重，谢菲尔德沦为"锈带"城市。但是，受到百年工业城市拥有的工程师文化的影响，坐落于谢菲尔德的 AMRC 善于解决各类产业领域的实际问题。虽然 AMRC 是大学的研究机构，但 AMRC 集聚了近千名各个领域的工程师和科研人员，他们一起为企业解决实际问题；并且 AMRC 对工程师的培训，并不是教授简单的机床操作或焊接，而是旨在培养产业界所看重的技能与文化。因为拥有完备的工程师团队，AMRC 研发的新技术可以在中心继续迅速迭代并产品化。因此，工程师文化是 AMRC 能够与产业界紧密互动，并且在大学、产业界寻求到研发平衡的重要原因。

第四节　关键共性技术平台成为区域产业育成摇篮：中国科学院苏州纳米所

　　2006 年，中国科学院苏州纳米技术与纳米仿生研究所（简称

"中国科学院苏州纳米所"）落地苏州工业园独墅湖科教创新区。截至 2021 年，中国科学院苏州纳米所已形成一支 1 339 人的创新创业队伍，申请专利 1 314 件，创立产业化公司 6 家，吸引中国科学院 22 个院所在苏州设立 34 家载体平台，建设总经费超 62 亿元，累计引进近 630 家科技型企业落户苏州。在这些取得的举世瞩目的成果转化成绩中，中国科学院苏州纳米所搭建的集科研攻关与公共服务于一体的关键共性技术平台成为区域产业孕育和发展的基石，推动苏州工业园区历经十余年部署发展，从国内首个将纳米技术应用产业列为战略性新兴产业的园区发展成为全球八大纳米技术产业集聚区之一。

◎ **聚焦成果转化，播种纳米产业的种子**

2006 年，中国科学院与江苏省人民政府、苏州市人民政府和苏州工业园区共同出资创建中国科学院苏州纳米所。中国科学院苏州纳米所是落户苏州的第一家国家级科研机构，其主要聚焦前沿交叉学科，把纳米科技与信息科学、生命科学和物理，以及化学等学科结合起来，实现微电子技术到纳米电子技术的无缝过渡。

中国科学院苏州纳米所从建所之初就十分注重科研成果的转移转化，设立了相对完善的组织机构，推动成果转化。中国科学院苏州纳米所成立了技术转移中心，由其专职从事知识产权和成果转移转化管理工作，与产业界、企业保持紧密联系，深入开展市场新技术需求的研究，加强产业动态预测，把握产业转型和升级发展需求。中国科学院苏州纳米所成立了全资资产管理公司——苏州纳方科技发展有限公司，由其负责研究所知识产权投资运营管理工作，代表研究所行使参股企业股权管理，为参股企业产业化发展提供协助和配套服务，促进参股企业产业化进程的良性发展。中国科学院苏州纳米所成立 STS 苏州中心，由其吸引中科院相关项目在苏州培育孵化，现累计引进超过 250 家科技型企业落户苏州，其中 100余个项目获得江苏省人才政策支持。

发展过程中，中国科学院苏州纳米所已有数十项专利技术或专有技术实现产业化，先后培育孵化产业化公司 30 余家。徐科团队是中国科学院苏州纳米所孵化的典型案例。作为首批引进的研究员之一，徐科带领团队瞄准氮化物半导体产业的关键难题之一——氮化镓衬底，开展研发和产业化攻关，从研究所的 60 万元启动经费开始，相继获得了国家自然科学基金、苏州工业园区首届领军人才项目、首届姑苏人才项目、江苏省重大成果转化项目、江苏省双创人才项目等的支持，2007 年获得中新创投和苏州科技创投的风险投资，注册成立了苏州纳维科技有限公司。经过培育孵化，苏州纳维科技有限公司成为全球第 7 家、国内首家具备氮化镓晶片生产能力和批量供货的公司。

◎ **关键共性技术平台为产业技术研发重度赋能**

中国科学院苏州纳米所建设了以融合器件加工和测试分析为主的公共技术服务中心，由中国科学院、江苏省政府和苏州市政府联合共建，获得投资 5 亿元。平台组建了一支能够不断更新知识结构、跟踪纳米加工技术国际前沿发展动态的研发人员队伍，吸收国际先进平台的管理经验开展平台运营维护，仅纳米加工平台就集聚了 200 多名人才。因为有专业的研发人员、技术人员负责平台运作，中国科学院苏州纳米所的研发设备能力、技术人员团队、研发积累能够比较顺利地开放给有服务需求的企业，协助企业进行研发攻关。比如，有委托加工需求的团队，可以在与平台负责人充分讨论确定工艺方案后，签署委托加工合同，由平台工作人员开展器件制备工作。在服务初期，苏州工业园区科技发展局与中国科学院苏州纳米所纳米加工等平台签订了开放协议，并发放了科技公共服务平台资金，为企业免费提供服务，逐步形成了成体系的服务付费模式。公共技术服务中心各平台已经累计服务企业超过 74 万机时，对外服务机时占 70% 以上，总服务额超过 3.7 亿元，培训超过 2.2 万人次，累计服务超过 1 000 家企业。

中国科学院苏州纳米所公共技术服务中心下设纳米加工、测试分析、纳米生化等专业技术平台。平台主要有四种服务形式：第一种，设备资源开放。所有设备对研究所、高校、企业甚至个人开放，申请人经过公共技术服务中心的技术人员培训获得上岗资格后，可以独立使用公共技术服务中心的设备从事科研和产品的开发。第二种，研究场地开放。申请单位可以独立运行所申请的超净空间、安置研发设备，配合公共技术服务中心提供的设备资源进行研发工作。第三种，人才开放。公共技术服务中心可以向申请单位或个人提供人员支持，协助申请者开展非核心的技术工作或者行业的研究工作。第四种，技术开放。公共技术服务中心可以向使用单位或个人提供一般的技术条件，以促进加工测试技术进步，降低使用者的技术研发成本。

经过逐步发展，中国科学院苏州纳米所公共技术服务中心已经形成了成熟的服务流程，促进企业的服务需求和平台的服务能力良好适配。以集成微系统封装平台为例，首先由企业或者团队提出需求，与平台进行入驻沟通，平台确认其是否符合入驻条件。若符合入驻条件，则企业或团队需要参加综合培训，培训通过后，双方签署入驻合同，企业或团队即可预约平台设备，开展研发活动。若不符合入驻条件，则企业或团队可以委托平台进行加工，平台根据需求完成相应的研发任务。

　　纳维科技依托中国科学院苏州纳米所的公共平台，在自主研发的 HVPE 装备上成功完成高质量氮化镓衬底制备的关键技术研发，开发出氮化镓厚膜晶片、氮化镓半绝缘晶片以及氮化镓自支撑晶片三个系列的产品，成为国际上能够生产销售氮化镓自支撑晶片的少数几个单位之一。又比如，敏芯微电子公司在创业之初，就把整个研发线建在纳米所的平台上。2020 年，敏芯微电子在上交所科创板上市。

◎ 关键共性技术平台复制更多、建设更硬核

　　中国科学院苏州纳米所面向纳米产业搭建公共服务平台的模式逐步走向更多区域。2016 年，中国科学院苏州纳米所与南昌县人民政府、南昌小蓝经济技术开发区管委会共同建立中国科学院苏州纳米所南昌研究院，打造南昌研究院纳米材料及相关技术公共服务平台，重点围绕石墨烯、碳纳米管等新材料在新能源等领域的应用开展技术服务。2016 年 12 月，中国科学院苏州纳米所与张家港市人民政府、张家港高新区合作共建中国科学院苏州纳米所张家港研究院，开展第三代化合物半导体等领域的关键共性技术研发、外延技术服务、公共检测平台建设，促进人才项目引进和产业化。2018 年 11 月，中国科学院苏州纳米所与佛山市人民政府、佛山市南海区人民政府共建中国科学院苏州纳米所广东（佛山）研究院，打造纳米技术、半导体等高技术研发平台和产业化载体，助力佛山市南海区构建"两高四新"的现代产业体系。

　　2016 年，依托中国科学院苏州纳米所，由中国科学院与江苏省、苏州市合作，首个按国家重大科技基础设施标准建设的集材料制备、器件加工、测试分析为一体的纳米科技真空互联综合实验装置——纳米真空互联实验站，解决了传统超净间模式中难以解决的尘埃、表面氧化和吸附等污染问题。纳米真空互联实验站已稳定运

行超 12 000 小时，并与 100 多家高校、院所、企业开展项目联合攻关。MEMS 中试平台不断加强技术积累、工艺研发和人才培育，成为对中国 MEMS 产业支撑能力最强的产线之一。

第五节　光电芯片关键共性技术平台探路者：陕西光电子先导院

2015 年，习近平总书记在视察中国科学院西安光机所时强调"核心技术靠化缘是要不来的，必须靠自力更生"。为充分落实习近平总书记的讲话精神，在陕西省委省政府的大力支持下，2015 年 10 月，中国科学院西安光机所联合陕西省科技厅等共同发起成立了陕西光电子集成电路先导技术研究院有限责任公司（简称"陕西光电子先导院"）。陕西光电子先导院以"公共平台＋专项基金＋专业服务"的模式，促进 70 余项科技成果产业化，先后入驻企业 30 余家，投资孵化硅光子集成传感器、InP 外延材料、霍尔传感器等近百个项目，储备高水平项目 500 多个，初步形成了光电产业从外延片到光电子芯片一体的全产业链，支持西安高新区成为具有核心竞争力和国际影响力的光电子集成产业高地。

◎ **构建科研院所"正规军"＋社会力量"民兵队伍"的协同攻关的创新机制**

陕西光电子先导院希望协同各类优势资源，形成汇聚和合力，产生同频共振，营造一种开放的、协同的、灵活的创新机制和生态，赋能整个光电子行业的发展。陕西光电子先导院改变以往由科研院所或企业等单个主体打造关键共性技术平台或研发工艺线的方式，充分发动政产学研各方力量参与。陕西光电子先导院的发起单位中，既有陕西省科技厅、西安高新区等政府单位，也有中国科学院西安光机所、西安电子科技大学、西安邮电大学等科研机构和高校，还有西科控股、中科创星等企业和科技服务机构。

得益于中国科学院西安光机所时任所长赵卫"拆除围墙，开放办所""研究所不再只是现有员工的研究所，而是全体纳税人的研究所"等思想理念的熏陶和影响，陕西光电子先导院认为，不论国有主体、陕西光电子先导院自有团队，还是民营企业和其他外部创新主体，都是国家光子技术与产业发展的重要组成部分。因此，从成立之初，陕西光电子先导院便将推动整个行业进步、促进国家关键核心技术突破，作为各项工作部署的核心考量，并鼓励国内外优秀人才在这个开放舞台开展关键核心技术攻关和创新创业。"国有搭台，民营唱戏"的创新机制设计，将国有科研院所科研优势和体制外灵活机制有机融合，将科研院所的科研成果、仪器设备、实验环境优势，创业团队敏锐的创新意识、灵活的激励机制、创新效率优势，产业龙头的市场化需求、工艺能力、资本优势相结合。

◎ "公共平台＋专项基金＋专业服务"的服务模式

国内的关键共性技术平台多由科研院所建设和拥有，主要面向本单位内部使用，以满足本单位科研工作需要，很少对外开放。而少数企业建立的相关技术平台，或基于产能限制，或基于竞争上的考量，或基于安全性，也主要面向企业自身使用。由于现有的关键共性技术平台很难惠及光电子领域的初创企业，而初创期的企业往往缺乏资金购买实验、研发设备和建设平台，在资金与产品周期双重压力下，难以跨越"死亡之谷"，因此，陕西光电子先导院设想打造一个面向全社会开放的关键共性技术平台和创新型孵化平台，科研院所、创业企业都可以到陕西光电子先导院平台上开展科研攻关、技术研发和产品开发，逐渐形成一种开放共享的创新生态体系。2016 年，陕西光电子先导院收购台湾华新丽华 LED 量产工厂园区并进行改造，自收购开始累计投入 6 亿元，拥有近 3 000 套设备，且配备了近 10 000 平方米的千级、万级、十万级洁净厂房，具备 4 英寸、6 英寸 VCSEL 芯片研发生产能力，生产线可支撑清洗、薄膜、光刻、刻蚀、溅射、研磨、抛光、退火等加工过程并提供三五族化合物半导体材料的外延、薄膜沉积、研磨、抛光、切割和测试等服务。

早期基金是陕西光电子先导院创新生态中的关键要素之一。陕西光电子先导院入驻企业的项目多由科研院所科研成果转化而来，创始人多为科研人员，普遍面临初始资金不足的困难。基金的缺失使得科研人员难以启动项目研发及人才整合。基于此，陕西光电子先导院发起成立了陕西先导光电集成科技基金，为光电子初创企业及科技成果转化项目提供第一笔资金支持。同时，陕西光电子先导院还为入驻企业链接各类金融资源，保障企业能够获得全链条、全生命周期的金融供给，满足企业各阶段发展需求。

在专业服务方面，陕西光电子先导院还组建了信息光子器件与光子集成研究中心、先进半导体激光材料与器件研究中心、特种激光技术研究中心、微纳光机电器件与系统工程中心、生物光子学研究中心，为入驻企业提供研发方面的支撑。陕西光电子先导院汇聚了国内外光子领域众多顶尖科研院所与高校创新资源，集聚了程东、龚平、Brent、张文伟等近 200 位光子领域专家，吸引了华为、海康威视等一批产业龙头，各类创新要素在产业公地内同频共振。陕西光电子先导院还先后与 IMEC、美国 IMT 公司、美国光学学会、中国台湾 TOSA 联盟、中电科 58 所、中国科学院微电子所、中国科学院苏州纳米所等 30 余家机构建立了合作关系，开展了实质性研发与创新合作，对全球创新资源进行整合，不断提升创新中心核心竞争力。

◎ 形成光电子领域创新体集群

陕西光电子先导院对西安市产业集群培育带动作用明显，吸引了一批光电子领域的硬科技创业团队，促进 70 余项科技成果产业化，投资孵化硅光子集成传感器、InP 外延材料、霍尔传感器等近百个项目，先后入驻企业 30 余家，储备高水平项目 500 多个，初步形成了光电产业从外延片到光电子芯片一体的全产业链。如赛福乐斯由耶鲁大学团队创建，自 2017 年 7 月正式入驻陕西光电子先导院平台以来，在平台完备工艺条件支撑下，于同年 10 月底完成了 4 英寸半极性氮化镓衬底工程品的生产，成为全球首家量产工业级半极性氮化镓材料的企业。

陕西光电子先导院平台孕育出一批突破国外技术封锁、补位国家关键核心技术缺失、具有参与全球竞争实力的关键核心技术和硬科技企业。目前，陕西光电子先导院在光电子产业领域，从材料、芯片到设备，培育了曦智科技、奇芯光电、鲲游光电、本源量子、唐晶量子、飞芯电子、橙科微电子、洛微科技、源杰半导体等 93 家光电子企业，覆盖光子材料与芯片、光子制造、光子传感和生物光子等多个产业领域，形成 56 项专利，产出 20 余项国际领先成果。

陕西光电子先导院极具前瞻性地在全国范围内，瞄准光子技术这一"后摩尔时代"的关键核心技术，并在京津冀、粤港澳大湾区、长三角等国家战略布局区域，以及陕西本地推动光子产业发展，为区域未来经济增长培育新的增长极。在陕西光电子先导院推动下，陕西省委牵头实施"追光计划"，以将光子产业培育成陕西未来经济增长点。

第八章　金融是科技成果走向现实生产力的催化剂

> 要聚焦金融服务科技创新的短板弱项，完善金融支持创新体系，推动金融体系更好适应新时代科技创新需求。
>
> ——习近平

科学属于认识论范畴，技术属于实践论范畴。18 世纪以来，科学与技术逐渐走向融合，催生了现代意义上的科技。现在我们所认知的科技，本质上是科学与技术的结合体，即通过科学原理延伸而来的技术。科学与技术的融合使认识论和实践论得以融合。科技成果向现实生产力转化的过程，便是认识论向实践论转化的过程。这个过程中衍生出必然的中间环节，即将科学原理向实验室样机、工程试验品、可市场化产品转化，乃至产业化推广的过程。而要实现这一过程，一个最为现实的问题是需要持续、稳定、充足的资金供给。

站在历史尺度下审视，率先完成金融创新的国家，不仅能够率先完成科技产业化进程，而且能够支撑一个国家把握时代发展先机，引领一个时代的发展。经过近 200 年沉淀积累，欧美发达国家基本构建了满足科技创新全生命周期需求的全链条金融供给体系，保障这些国家的科学优势能够顺利转化为经济优势。

党的十八大以来，我国实施创新驱动发展战略，本质上是要将科技优势转化为现实生产力，培育以科技产业为代表的新经济形态，科技成果转化成为不可逾越的环节，这催生了巨大的金融供给需求。受制于国家经济发展阶段，当前我国金融主要以供给传统经济形态为主，而契合科技成果转化和科技创新需求的金融供给体系还未搭建起来，金融供给体系改革进程滞后于经济演进速度。

从宏观层面看，我国金融供给科技成果转化还存在深层次的问题，仍旧有众多短板弱项需要补位，金融供给科技创新总量不足和科技创新内部供给不均衡现象凸显。单靠市场化机制"无形的手"来调节，很难调和科技与金融融合发展内在矛盾，需要国家意志介入，引导资本回归服务实体经济的初心与本原，构建起能够匹配中国经济形态演进速度的金融供给体系。

第一节　金融创新加速产业变革

200 多年前，一场在当时的人们看起来并不惊天动地，甚至微不足道的蒸汽机改良活动，出乎人们意料地将人类社会从农业文明推向了工业文明。对于第一次工业革命，人们除了对其产生的颠覆性影响表现出浓厚的兴趣之外，还对它为何在欧洲爆发表现出极强的好奇心。

中国古代在经验技术发展水平上远远超过西方，为何近现代科技与工业文明没有诞生在当时科技与经济最繁荣的中国？困扰了人们半个多世纪之久的李约瑟难题，至今未能形成共识。同样，让人们争论不休的话题，还有工业革命为什么爆发在英国，而不是拉开欧洲思想解放运动序幕的意大利，或是将思想解放运动推向高潮的法国？

　　第一次工业革命爆发的 100 余年前，蒸汽机原理已经被公布，并且在法国诞生了蒸汽机。1679 年，法国物理学家丹尼斯·帕潘在观察蒸汽逃离他的高压锅后，受到启发，制造了第一台蒸汽机的工作模型。但是，后续的工程化改良和产业化推广都是由英国主导的。1698 年，英国工程师托马斯·塞维利发明了世界上第一台实用的蒸汽提水机，取得标名为"矿工之友"的英国专利。1705 年，英国工程师托马斯·纽科门及其助手卡利发明了大气式蒸汽机。

　　英国经济学家、诺贝尔奖得主约翰·希克斯从一个独特视角审视了李约瑟难题，他认为工业革命不是技术创新的结果，或至少不是其直接作用的结果，而是金融革命的结果。约翰·希克斯在查阅大量史料之后发现，工业革命早期使用的技术创新，大多数在工业革命之前早已有之，然而技术创新既没引发经济持续增长，也未引发工业革命。而未引发工业革命的原因，在他看来是因为业已存在的技术发明缺乏大规模资金以及长期资金的资本土壤，便不能使那些技术从作坊阶段走向诸如钢铁、纺织、铁路等大规模工业产业阶段，工业革命不得不等候金融革命。

　　约翰·希克斯的研究给予我们很大的启发，也证明了金融在科技向现实生产力转化中发挥的关键作用。纵观历史发展，工业革命的"火把"在哪个国家点燃，就与该国金融创新关系密切。金融供给尽管可能不是最根本的原因，却是最直接的因素。近代以来，科技与金融作为世界经济系统最核心的要素，二者的融合互动推动人类社会经济不断发展变革。率先完成金融创新满足科技产业化融资需求的国家，皆率先引爆了产业革命。第一次工业革命中，英国依靠金融创新率先完成产业变革，一跃成为"日不落帝国"。第二次工业革命，重要发明主要出现在德国和美国，但美国凭借金融创新优势引领了第二次工业革命。第三次工业革命，主要科技成果诞生在美国，风险投资的诞生再次支撑美国相关科技成果成功转化，美国实现引领。

◎ 股份制、银行和资本市场

第一次工业革命主要聚焦在纺织业与蒸汽机两大领域。在第一次产业变革来临之前，相关领域的科学进展已经取得了巨大突破。但由于缺少金融供给的催化，产业变革推迟了近百年。当时主要技术创新来源于产业工人对原有技术的改造，科技产业化面临的难点是"有技术的人没钱，有钱的人没技术"。

有技术的人没钱，也是瓦特改良蒸汽机的最大障碍。早在1762年，瓦特便开始关注和投入精力改进蒸汽机。但是，在瓦特改良的整个进程中，资金不足一直是困扰他的难题。最初，瓦特依靠自己的全部积蓄和所借的1 000英镑巨款，以及从格拉斯哥大学标本室借来的一架无法使用的纽科门机的模型，开启了研发之旅。

从蒸汽机原理到实验室模型，再到实际应用，中间的过程比我们想象的要难得多。瓦特拿到模型机后，经过反复装卸和多次验证，终于使模型机成功发动起来。当然，这只是完成了第一步，模型机的实验室技术参数与产业化应用参数还存在本质的区别，要解决尺寸、材料、热效率等问题，还有很长的路要走。但是，没等这些问题全被解决，瓦特的资金已经花完。

瓦特在经济上面临巨大压力，为了缓解生活压力，他不得不停下蒸汽机研发进程。此后很长一段时间内，瓦特苦苦寻找外部资本的支持，但当时资本对蒸汽机完全不感兴趣。没有资本的支撑，瓦特的实验不得不停止下来。

此后，瓦特以出让2/3的专利权为代价，获得化学家、加伦铁工厂创始人罗博克的资金支持，实验得以继续。但后续罗博克因为投资失败，无力再对瓦特进行资金支持。1769 年，瓦特全力以赴、耗尽他所有心血完成的第一台蒸汽机失败了。因为长期从事没有报酬的工作，加上这么多年来债台高筑，瓦特的经济状况彻底地处于崩溃边缘了。

瓦特不得不寻找工作以维持生计。他接受了一份年薪 100 英镑的运河工程师工作。在他工作的这段时间，瓦特基本没有实验蒸汽机的机会，蒸汽机发明也就停了下来，这一停就将近 10 年。

直到瓦特遇到博尔顿，在后者充足而持续的资金供给下，蒸汽机改良工作和产业化终于进入快车道，汽缸外设置绝热层、用油润滑活塞、行星式齿轮、平行运动连杆机构、离心式调速器、节气阀、压力计等先后发明，使蒸汽机的效率提高到原来的纽科门机的 3 倍多，最终发明出具有工业用途的蒸汽机。1794 年，瓦特与博尔顿合伙组建了专门的蒸汽机制造公司，到 1824 年累计生产了 1 165 台蒸汽机，蒸汽机也逐渐成为采矿业、冶金业、造纸业、纺织业等工业部门的主要动力来源。

瓦特经历艰难的融资过程，最终实现技术的产业化，这得益于以英国股份制模式为代表的股份制经济的发展。股份制经济使资本与技术实现有效融合。股份制经济在英国孕育较早，初期主要是为了满足大航海融资需求。1554 年，英国成立第一家以入股形式进行海外贸易的特许公司"莫斯科公司"，它的成立标志着真正的股份制度的诞生。截至 1680 年年底，英国建立的这类公司有 49 家，它们大大地促进了英国商品经济的发展。到 18 世纪初，英国社会生产力已达到相当高的社会化程度，单个的私人资本已经容纳不了社会化的生产力。1825 年，英国政府废除了《泡沫法案》，股份制公司获得新一轮的快速发展。几家乃至几十家私人资本以资本入股或发行和认购股票的形式组成的股份公司，便迅速发展起来，加速了工业革命的进程。瓦特与博尔顿正是通过股份制模式成立合资公司，实现技术到产业的快速转化与应用。

与股份制差不多同时诞生的还有银行和资本市场等现代金融体系，它们共同支撑英国率先实现技术革命向产业革命的转变，引领了全球第一次工业革命。1694 年，英格兰银行成立，标志着现代银行的产生，但是一直未受到政府认可，发展较为缓慢，对科技的支撑作用并不明显。直到 1826 年，英国政府颁布条例为银行提供法律保护，英国银行才快速发展，到 1841 年增加到 115 家，为英国产业变革提供了充足、廉价的资金供给。当时新工业企业获得的融资利率普遍低于 3%。1773 年，伦敦交易所成立，与银行面临同样的情况，直到 1802 年才得到政府正式批准。随后，英国交易所快速发展到 30 余家。股份制公司的股票成为当时人们主要的投资对象，英国几乎全民参与到投资活动中，为蒸汽机在矿产、铁路、钢铁等领域的产业化应用提供了充足的资金。

◎ 国际化投行、保险与信托

第二次工业革命主要聚焦在电力、内燃机、通信等领域。与第一次工业革命相比，第二次工业革命中相关技术的产业化需要强大的基础设施建设，对大规模融资的需求强烈。原有股份制模式、银行和资本市场难以承担国家大基建事业，需要国家意志介入，并在全球范围内开展融资。基于此次工业革命的特点和融资需求，催生了以国际化投行为主的承载国家意志的跨国性融资机构。同时，信托和保险业的发展，也为第二次工业革命提供了强大的金融支持和保障。

美国引领了这一轮金融变革。美国南北战争结束前，商业银行业务范围主要是地方性的商业往来，通过发放短期贷款支持地方商业发展。但随着工业化的发展，全国性的铁路、公路和能源等领域的大项目开始出现，小的商业银行无法满足需要，高盛、雷曼、摩根等投资银行随之诞生。投资银行通过发行证券筹集项目资金的方式催生了资本市场，为美国在全球范围内开展融资奠定了基础。

最为著名的是摩根银行，它通过对铁路和公用设施的融资建设，创造了全球顶级的金融帝国。20 世纪初，摩根拥有 780 亿美元的总资本，相当于全美所有资本的 1/4，几乎主导美国铁路、电气、钢铁等产业发展。如在铁路领域，1900 年，摩根直接或间接控制的铁路长达 10.8 万千米，占当时全美铁路的近 2/3。在电气产业，摩根扶持了通用电气公司、国际电话电报公司、美国电话电报和南方公司等一批行业巨头。在钢铁产业，摩根全资收购卡内基企业，投资洛克菲勒，组建美国钢铁公司；巅峰时，摩根直接或间接控制着美国钢铁产量的 65%。

随着铁路运输、汽车等新业态产生，责任保险出现，为产业化提供保障。同时，跨国融资及国内大规模融资需求催生信用保险，为大规模融资提供风险保障。19 世纪 30 年代，金融信托业务在纽约诞生，纽约州率先允许保险公司兼营信托业务。1853 年，美国第一家专门的信托公司——美国联邦信托公司在纽约成立。到 1924 年，全美信托公司达到 2 562 家。1932 年，美国信托资产总额占金融总资本的 23%。信托公司的产生，使分散的社会资本得以集中，社会资本参与大规模融资成为可能，为科技产业化提供了充足的资金供给，在美国科技产业化方面发挥了巨大的作用。

◎ 现代风险投资

第三次工业革命以信息产业为主导，在激光、原子能、生命科学等领域同步开展。此次工业革命最大的特点是由科学革命向技术革命转化，产业变革几乎全部来源于科技成果的转化。这产生了三个方面的新特点：一是科技成果转化项目风险高、周期长，银行不敢参与、不愿意参与。二是技术壁垒高，原有金融供给体系缺乏看懂技术的人。三是科技成果转化对于资金需求量较小，多为几万美元量级，大投行不屑参与。科技创新对于能看懂技术、接受高风险、提供小体量资金的新的金融工具创新提出了需求，原有金融供给难以满足现实需求。

在此背景下，现代风险投资应运而生。现代风险投资起源于麻省理工学院院长康普顿，其为推动产研结合，于 1946 年推动发起世界第一家风险投资公司——美国研究与发展公司（ARD）。ARD宗旨是组织资金支持波士顿周边区域科学家将实验室科技成果尽快转化为消费者所能接受的市场产品，为新兴企业提供权益性启动资金，助力其发展。

ARD 早期基金为 350 万美元，来自麻省理工学院、金融机构以及个人。1947 年，ARD 投下了现代风险投资历史上第一家公司——高瓦特电子公司。1957 年，ARD 投下了风险投资史上最著名的项目——数字设备公司 DEC，投资 7 万美元，14 年后该项目为 ARD 赚了 3.5 亿美元。

尽管风险投资在初期已经展现出强大的投资回报收益能力，但受制于宏观体制机制、风险投资内在风险逻辑等多重因素，大范围金融供给很难进入。最初 10 余年，美国风险投资资金主要来自高校、天使投资人和企业家。如 GA 基金早期出资人主要来自洛克菲勒家族；KP 第一期 800 万美元基金中，亿万富翁希曼出资 400 万美元。此后，美国政府强力实施一系列措施，诸如 SBIC 计划、ERISA 法案等，为风险投资融资提供了强大的制度支持，促进了美国风险投资繁荣发展。

美国风险投资协会（NVCA）的最新报告显示：2021年，美国风险投资交易总额达到创纪录的3 300亿美元；融资总额也首次突破1 000亿美元，达到1 283亿美元的新高。值得注意的一点是，自ARD诞生之日算起，美国风险投资已有70多年的历史，除了在网络泡沫破灭阶段与金融危机时期体量出现了一定的萎缩外，其余年份均持续保持量增体扩态势，并且投融资额长期保持全球第一。

风险投资的出现有效突破了科技成果转化高风险难点，促进美国科技成果大规模向现实生产力转化，对美国经济发展产生了长远的影响。美国上市企业中，风险投资支持的企业占美国上市公司总市值的41％、研发支出的62％和专利价值的48％。如果只考虑1968年后成立（现代风险投资诞生）、1978年后上市的企业，风险投资支持的企业占了美国上市公司数量的一半、市值的75％、研发投入增长的92％和专利价值的93％。风险投资还支持培育出一批诸如英特尔、苹果、微软、谷歌等如今雄霸一方的全球科技巨头，使美国继续引领全球第三次工业革命发展。

◎ 时代呼唤新型金融供给

第四次工业革命已经初露锋芒。从当前科学与技术演进来看，本次工业革命将围绕能源、交通和信息等领域开展。人工智能、5G物联网、卫星互联网、云计算、激光雷达、AR/VR等，将推动信息技术全面升级；自动驾驶、商业航天、超高速飞机、超高速铁路，将推动人类交通速度和广度进一步提升；分布式储能、特高压、新型电池、氢能、可控核聚变，将推动人类逐渐迈进清洁能源、高效能源阶段。

本次工业革命不仅融合了前三次工业革命的所有特点和融资需

求，且情况更为复杂。一是能源、信息和交通领域的重大变革，都需要强大的新型基础设施建设做支撑。但随着国际竞争形势日益严峻以及国家对产业安全的考虑，原有跨国的大规模融资在新时期已经难以实现。二是本次工业革命技术多学科交叉，技术壁垒更高，且原始创新在本次工业革命中的作用进一步凸显。三是本次工业革命中，科技成果转化初期资金需求量也在加大。这种变化，对风险投资基金供给规模、专业化团队及科技服务生态等各方面，都提出了更高要求。

同时，本次工业革命还涌现出新的特点，科技创新内在演进规律正从简单向复杂转变。一方面，科学与技术向更复杂的方向演进，多学科交叉共融，重大技术突破难度显著提升。另一方面，我国从跟跑、并跑向领跑迈进，将没有可供追赶的预定目标、前人经验和清晰的靶子，面临的来自科学、技术、产业、市场等方向的复杂多变性也将凸显。这种新特点造成科技创新难度大幅提升，科技创新周期被拉长，需要金融供给向科研更前端延伸，为高度复杂性和不确定性提供更为充分的资本支持，开展更为多元化的探索。

始于美国硅谷的天使投资从本质上讲属于技术资本，解决的是实验室成熟技术向产品转化的问题。而现有的风险投资属于产品资本，解决的是产品向市场和产业发展的问题，而在资本支持科研活动方面存在缺失。

同时，现有金融体系多秉持财务视角，与科技创新内在演进规律相背离，在供给科技创新方面具有局限性。需要立足科研资本特点与需求，探索打造科研资本化新模式，满足新一轮工业革命涌现的新特点与新需求。对于我国来讲，我们面临着补位前三次工业革命金融创新的短板和突破第四次工业革命新融资需求创新问题双重任务，路漫漫其修远兮。

第二节　中国金融创新应紧跟经济演进需求

◎ 金融供给难以满足经济发展需要

新中国成立以来，党中央立足不同阶段社会主要矛盾和现实条件，有重点地选择了不同的经济发展模式。1956 年，国家举全国之力发展国防军工、重工业等战略产业，发展至今取得了"两弹一星"、"嫦娥"飞天、"蛟龙"入海、盾构入地、"北斗"组网，以及"祝融号""和谐号""华龙一号"等强大国防军工产业和重工业体系的重大成果，夯实了中国发展基础，解决了我国落后的农业国与先进的工业国之间的矛盾。

1981 年，党和国家经济社会发展的重心开始转向经济主战场。国家充分发挥我国劳动力低成本优势，利用国际分工机会，通过参与国际经济大循环，承接发达国家前三次工业革命扩散的技术红利，快速实现了经济总量做大的既定目标，支撑我国一跃成为全球第二大经济体，创造了 GDP 长达 40 年高速增长的"中国奇迹"，解决了人民日益增长的物质文化需要与落后的社会生产之间的矛盾。

2013 年，面对人民日益增长的美好生活需要与不平衡不充分的发展之间的新矛盾，以及迎接世界百年未有之大变局的外部机遇挑战，以习近平同志为核心的党中央展现出高超的政治智慧和宏阔的战略格局，从顶层设计上擘画了一套系统的国家经济发展新蓝图，提出新发展理念，实施创新驱动发展战略，构建国内大循环为主体、国内国际双循环相互促进的新发展格局，旨在重塑国家发展底层逻辑，开辟一条科技创新为核心动力的经济发展新轨道，向全球产业制高点和价值链中高端迈进。

经济发展是螺旋式上升的过程，也是分阶段的。不同阶段对应不同的需求结构、产业结构、技术体系、要素关联方式，特别是需要不同的金融供给方式。计划经济体制下的国家财政供给体系，为我国国防军工、重工业等战略产业提供了充足的金融供给；社会主义市场机制下，国家银行业体系化发展，引入外资等，为我国改革开放后的经济发展提供了充足的金融供给。而以科技创新产业为代表的我国未来主流产业形态，从宏观层面还缺少系统的金融供给配套安排。

科技创新具有研发周期长、风险高等特点。以股权融资为代表的直接融资，更契合科技企业融资规律。受金融资本从低生产要素向高生产要素转移天然滞后性的影响，当前中国金融供给体系创新整体上滞后于经济形态演进，仍旧以供给我国前两种经济形态为主，集中体现在我国金融供给结构高度不平衡，间接融资占比仍旧高达70%，契合科技创新需求规律的直接融资占比过低，特别是风险投资规模偏小，制约我国金融资本大规模直接流向科技创新领域。当下我国金融供给难以满足经济形态演进的需要，带来的最直接影响是我国金融供给科技创新总量严重不足。我国金融供给科技创新的规模，还不足以支撑国家创新驱动发展战略的全面实施。

◎ "旱涝" 两重天

作为科技创新的催化剂和助燃器，金融精准灌溉科技创新全生命周期至关重要。近年来，国家围绕科技创新金融需求，开展了系列制度性安排，包括成立国家科技成果转化引导基金、设立科创板、改革新三板、成立北交所，鼓励风险投资行业发展，呼吁银行、保险等间接融资参与科技创新和实体经济发展。我国金融供给科技创新整体情况大为改善，体系日趋完整。

　　但我国金融供给科技创新仍旧存在短板弱项，金融供给科技创新全生命周期内部不平衡，即早期阶段供给严重不足，而后期阶段供给过热。早期科技创新项目普遍面临缺钱难题，企业每年要耗费巨大的时间与精力在找钱上。而偏后期的那些已跨过"死亡之谷"的企业，则为选钱而愁，企业创始人每年要花费巨大精力接待、筛选登门的投资人，忙得不可开交。科技成果转化作为一个系统工程，各个环节需要维持在一种均衡发展的状态，旱涝式的供给现状会制约科技创新整体效能的提升。

◎ 早期万亩麦田亟须金融雨露

　　我国每年有 3 万项通过鉴定的科研成果、100 多万项专利技术，但能转化为批量生产的仅占 20%，能形成产业规模的只有 5%，远低于西方发达国家 40% 的水平。科技成果必须通过转化才能成为生产力。但是，科技成果走向现实生产力，需要经历科学原理向实验室样机、工程试验品、市场化产品和产业化推广多个过程，每一个过程都需要持续、稳定和充足的资金供给。

　　过去很长一段时间，国家财政稳定持续供给科技创新有个明显的特点，即只供给到科研阶段。这种情况导致财政资金到科研人员手中之后，被限定在做科研的框架内。简单讲，现有国家财政拨款到科研人员手里，科研人员只负责把科学原理弄清楚、写出来，任务就完成了。至于让论文走下书架上货架，让专利从实验室到工厂，需要科研人员自己想办法从社会上筹钱。

　　而社会资本和市场化资金秉持的是"赔本的生意没人做"逻辑，目的是实现资本的快速增殖。特别是在市场化规则下，金融趋利避害的特点开始显现，资本会自动流向确定性最大且最赚钱的领域。实验室成果恰恰短期内见不到回报，不确定性非常大，所以很少能够从社会资本那里融到钱。从蒸汽机、电气、集成电路等具有时代引领性的技术融资进程可见一斑，早期融资过程确实充满坎坷。

科研人员内心是不愿意做一些费力不讨好的事情的，很多实验室成果由于缺乏第一笔资金支持胎死腹中。有幸获得第一笔资金支持的实验室成果，在后续 1～3 年的发展时间内，也会面临巨大的资金压力。科技成果转化出来的大部分企业技术实力非常强，在各项指标上大都处于国内领先或者国际领先水平。但是，从技术领先到产品走入市场获得营收，还有很长的路要走，很多企业不是死在管理上和技术上，而是死在从研发到市场化产品这段金融供给空档期上。

不仅科研人员拿不到钱，做早期投资的天使基金融资也非常困难。先不讲科技成果转化项目的高风险和长周期，单单科研人员出来创业这件事，很多社会资本就觉得非常不靠谱。科研人员放着稳定的待遇和社会荣誉不要，跑出来创业，关键还没有一点创业经验，这事能成吗？就算做成了，周期得多长？投资回报率有多高？这笔经济账几乎绕不过。

发达国家在科研、中试熟化、批量生产各环节资金投入比例大致为 1∶10∶100。2020 年，我国全社会研发经费支出为 2.44 万亿元，相应地，我国科技成果转化投入需要 24 万亿元才能达到发达国家水平。但我国真正用于早期科技创新投资的长期资金和耐心资本来源严重缺乏。根据清科研究中心发布的《2019 年中国股权投资市场发展蓝皮书》，2019 年中国股权投资基金类型分布显示，早期基金数量和募集金额皆仅占所有基金总额的 2%，早期科技创新金融需求和供给之间缺口巨大。

从金融宏观供给情况来看，我国科技创新领域金融供给总量存在不足。央行发布的《2021年金融机构贷款投向统计报告》显示，2021年我国金融机构人民币贷款余额为192.69万亿元，保险资金运用余额为23.2万亿元。2021年我国金融机构贷款流向科技领域的数据未能找到，但根据国家网信办发布的《数字中国建设发展报告（2018年）》中的数据，科技型企业在2018年年末的贷款余额为3.53万亿元。两个数字对比可知，金融供给科技创新总量占总供给量不足2%。

特别是供给到科技创新领域的资金，更多涌入"短、平、快"领域，以及中后期项目。如互联网领域从早期的无人问津，到强势吸金：蚂蚁金服＋阿里巴巴共融资近3 000亿元，滴滴强势融资500亿元，团购"百团大战"烧掉约2 000亿元，一辆车子加上一把锁——共享单车三年时间烧掉500亿元。近一两年，千亿资本又疯狂涌入互联网在线教育。2020年一年时间内，我国在线教育共发生111起融资，总金额逾539.3亿元。

早期金融供给不足，对我国科技创新造成巨大的潜在影响。大量实验室技术无法顺利转化为产品，造成我国创新驱动和产业升级源头供给不足，更为严重的是导致我国在新一轮科技革命和产业变革中进程受阻。率先完成金融创新的国家，很可能就此引领一个时代的发展。在金融变革领域，可能因为仅仅晚5~10年，就需要数倍的时间去追赶。

◎ 中后期供给"过热"泡沫显现

2008年全球金融危机爆发，上一轮以互联网为代表的科技红利扩散进入衰退期。大规模金融资本开始从互联网领域撤兵，寻找新领域进行投资。

新一轮工业革命中涌现的新技术、新产品，诸如人工智能、物联网、光子芯片等，在局部领域开始展现强大的发展潜力，且经过前期数十年的孕育发展，步入大规模产业化的黎明前夕。这一进程与我国产业转型升级不期而遇。在美国围追堵截战略意图和技术制裁的背景下，我国举起创新驱动发展和科技自立自强战略大旗。特别是科创板的推出，为金融资本实现退出拓展了渠道。

在此背景下，大量金融资本开始涌入科技创新领域。市场是金融活动的风向标，近几年，越来越多投资传统行业或互联网行业的投资机构，开始转投科技领域，跟科学家"交朋友"。正如红杉中国创始人及执行合伙人沈南鹏在 2021 HICOOL 全球创业者峰会上感叹的："和五年前、十年前创业相比，当下中国的创业主题正在发生深刻变化。可以说，一个科技主导的创业新时代已经到来。"

行业机构统计数据显示，我国投资科技领域的投资机构已经超过 2 000 家，反映出金融资本供给科技创新的火热盛况。大量金融资本涌入科技创新领域，对科技创新本身是一大利好。但是，这些资本大部分流向了科技创新中后期阶段，无形中助推企业估值虚高，泡沫显现。

明星企业疯抢潮在科技领域频频出现，各投资机构为了抢滩入场，可谓"八仙过海，各显神通"。有托"关系"传话的；有"英雄不问价格，我出价就是要比同行高"的；更有甚者，当前轮次投不进的，风投机构开始抢占后续轮次的份额，有的明星企业后几轮的融资已经排满。某位投资机构负责人曾经对《中国经济周刊》讲述了他的"神奇经历"：一家新材料公司有超过 200 家投资机构参与出价，由于那家公司场地有限，后来只能线上举行，而很多投资人连这家公司都没去过。

这种现象直接传导到上市环节，破发成为常态。截至 2022 年年底，科创板上市企业突破500家，而破发企业数目已经接近上百家。估值虚高还导致企业股价"拦腰斩"。2021年5月，科创板诞生了开板以来最大的破发股——天宜上佳，按照当月股价，较其上市后最高股价64.57元/股，跌去了82.5%，较IPO招股价下跌45%。作为国内领先的高铁动车组粉末冶金闸片及机车、城轨车辆闸片供应商，天宜上佳在Pre-IPO阶段，有多达23支创投基金入股，投资总额高达18.83亿元。2022年，昔日明星企业紫晶存储市值较发行价缩水了近90%。紫晶存储于2020年2月26日登陆科创板，发行价格为21.49元/股。2021年5月6日，紫晶存储跌破发行价。2022年年底，紫晶存储股价仅为2.46元/股，市值4.68亿元。随着众多企业股价破发，曾经疯抢入场的投资机构在市场理性"挤水"中普遍面临浮亏。

科技创新中后期供给过热及估值虚高现象，反向影响和助推早期阶段项目同步上涨。相比于10年前刚注册成立的公司估值多为1 000万元~2 000万元，现在很多刚注册成立的企业动辄1亿元、2亿元的估值让天使投资机构叹为观止。据一位投资者透露，某家机器人创业公司，仅成立4个月，收入为零，却已经完成3轮融资，估值超过20亿元。另有很多企业，营收只有一两千万元，但是估值都达到数十亿元。这种情况，无疑给本就捉襟见肘的早期天使融资机构的融资带来更大的难度。

第三节　科技与金融的对立与统一

面对中国金融供给科技创新"冰火两重天"的现状，亟须引导国家社保资金、银行金融等国家大钱，扶持长期资本、早期科技基金发展。

◎ 大多数金融资本往往更关注"对立"

科技与金融大多数时间是在自身逻辑下审视对方，造成两者之间存在难以调和的"三大内生矛盾"，即：科技创新的不确定性与金融资本追求的确定性之间的矛盾；科技创新长周期属性与金融资本短钱属性之间的矛盾；早期科技创新需要的小钱与金融资本大钱之间的矛盾。

◎ 不确定性与确定性

不确定性是科技创新的天然属性，科技创新本质上是对科学原理验证和证伪的过程，其中一个重要特征是在自我否定中持续发展，特别是创新早期，面临的技术、市场和环境走向都不明确，需在多元尝试中经历多次失败才有可能成功，未来的不确定性非常大。

确定性是金融选择的第一准则。金融具有增殖属性，在逐利目的的驱动下，金融资源趋于流向具有确定性回报的领域。科技创新的不确定性与金融资本追求的确定性之间的矛盾，导致很多风险承受能力不强的金融资本不能或者不愿意投资科技创新，增加了科技创新企业融资难度。

站在金融资本的视角来看，其决策存在合理性。天然属性限制，导致银行"不敢投""不敢贷"；而社会资本由于对科技创新不了解，也不敢冒风险。尽管各类金融资本都看到科技创新这块大蛋糕的未来潜力，但是受制于种种因素制约，这块大蛋糕对它们来讲，想啃却又不敢啃。

◎ 长周期属性与短钱属性

马克思在《资本论》中曾提到，资本的增殖是在资本的循环流动过程中实现的，总资本从一个循环周期到下一个循环周期，不断重复这个过程，实现自我增殖和资本价值。

为了加速完成一个生命周期的循环，资本倾向于选择周期短的领域。短，意味着快。快，意味着在特定时间尺度下，资本能够完成更多的循环，对自身增殖更有利。因此，市场化资本更倾向于选择周期短、回报快的领域，或者科技创新领域中后期项目。

而科技创新不可能一蹴而就。大部分能够保障国家安全和科技自立自强的领域，如芯片、新材料等，都具有投入大、周期长等特点，需要十年磨一剑。从其整个成长周期来看，普遍在 8～15 年的时间，甚至更长时间才能见到回报。

这从根本上解释了我国科技成果转化早期阶段和中后期阶段企业融资"冰火两重天"的现象。资本从早期阶段开始进入，不仅面临的风险提高，而且资本循环周期也在同步拉长。

◎ 小钱与大钱

早期科技创新项目需要的钱多为百万级、千万级的，通过一定的股权比例置换来获取前期研发所需的资金，属于小钱。而国家层面的金融，如银行和保险等千亿级、万亿级的资金，属于大钱，要想导入早期科技创新企业，需要搭建精准的科技金融运河体系。

但这个运河体系我国还未搭建起来，后文会详细介绍。除了受制于科技创新的不确定性与金融资本追求的确定性之间的矛盾的制约，金融资本难以流向早期阶段。充足且专业的懂科技的人才队伍也非常重要。

相较于传统产业和中后期企业亿元、数亿元的融资需求，金融的大钱向早期科技创新供给，面临着成本增加的压力。同样的资金放贷量，服务的企业数量将大幅度增加，特别是科技创新企业专业壁垒高，在把控放贷风险上需要投入更多的人力开展尽职调查，现有银行人员配置很难完成巨大的工作量，需要金融供给主体付出更多的人力和时间成本。

◎ 现有金融供给逻辑

科技与金融"基因互斥"的内在深层次原因，使国家和各类金融主体在面对早期科技创新时较为审慎，导致我国金融供给体系存在金融供给断点。我国现有金融供给科技创新制度安排，更多的是在科技端和产业端。

科学研究阶段属于国家使命范畴，由国家财政投入，无须考虑营利性。产业化阶段属于市场范畴，且处于稳定的成长阶段，风险相对较小，特别是上交所推出科创板和创业板注册制改革以来，社会资本参与意愿强烈，明星项目的投资竞争十分激烈，资金过剩。而科技成果转化处于"真空地带"，国家财政资金难以惠及，且因周期长、投入大、风险高，社会资本参与意愿不强烈。

从国家财政资金供给情况来看，国家财政设置和使用与整个国家制度和社会公平公正相关，需要做到"取之于民，用之于民"，它的本质是政府把国民收入集中到一起，再用到公共需要的领域。因此，国家财政一定要能够满足全体国民或者社会公共需要，而不能只惠及部分群体。

科研阶段很难产生直接的经济价值，但是不做又不行，事关国家长远发展，所产生的价值又是惠及全体国民的，所以属于国家财政持续稳定支持的范畴。而科技成果转化是直接面向产业的，未来可能产生巨大的经济收益和价值；此外，并不是所有科技成果都需要或具备转化的条件，从最终受惠群体来讲无法覆盖全体国民，所以很难大规模纳入国家财政持续稳定支持范畴内。

　　国家财政中的产业专项属于财政拨款中的特定项目支出，是为实现特定的经济和社会目标向企业或个人提供的一种补偿。产业专项的作用是引导国家产业发展方向，推动产业结构升级，协调国家产业结构。产业专项主要通过制定国民经济计划（包括指令性计划和指导性计划）、产业结构调整计划、产业扶持计划、财政投融资、货币手段、项目审批来实现。产业专项类支持多为后补贴形式，前期需要企业投入真金白银，这与早期科技创新企业缺乏资金投入存在逻辑上的对立。此外，产业专项在实际拨付中主要由各区域政府科技口部门进行审核，而企业规模、营收是重要考量指标，能够获得支持的企业多为区域内的明星企业或处于快速发展期的企业，所以早期阶段科技创新项目很少能够从产业专项中获益。

　　银行、保险机构作为国家间接融资的主体，主要职能是维系国民经济各个领域的循环运转，其主要资金来自社会大众，对于安全稳定性要求极高，导致银行承受风险能力非常低。银行主要营利模式是以利息为主，收益约为 $4\%\sim5\%$。银行为早期科技创新企业贷款承担的风险远远高于回报。为一家科技企业提供贷款的潜在坏账风险，需要银行以服务上百家企业所得的利润去填补。特别是为了保障金融安全，银行放贷需要企业以实物抵押为基础，而科技型企业具有重研发、轻资产的特点，面临无物可押的尴尬处境。

　　银行从顶层到具体制度的设计，都限制了其参与具有高风险的科技创新领域。特别是科技创新企业专业性强，而银行体系缺乏能够看得懂科技企业的人才体系支撑。另外，银行在自身运行逻辑中形成的风控机制、考核评价机制、服务模式已经固化，很难在短期内改变。

　　国家引导基金成立的初衷是鼓励和引导社会资本投资新技术、新产品、新成果，推动科技成果转化和产业升级，多由国家部委或者央企发起。2011 年至 2021 年，经过十年发展，我国国家级引导基金共计 37 支，总规模约为 2.5 万亿元。但在实际运营过程中，国家引导基金设立了一套非常高的风险管控和考核要求，在具体出资子基金时，中后期的基金更容易获得支持。同时，国家引导基金对基金管理机构也有非常严格的要求，如在管理经验方面，需要基金管理机构拥有不少于 60 亿元规模的管理经验。因此，在国内早期基金数量本就不充足的情况下，更是只有少数早期基金能够满足要求，获得引导基金的支持。

资本市场与银行业类似，本质上也是面向全社会进行融资，成千上万的国民把积蓄投入其中，因此资本市场关系到金融和社会稳定，所以安全稳定是第一要务。因此，科创板抑或是新三板，尽管面向的是世界科技前沿、经济主战场、国家重大需求领域，但是其定位是为成熟期的科技创新企业提供融资供给，解决的是成熟期企业规模化发展资金需求问题，初创期的企业基本被排除在外。

科创板为上市企业设立了 5 套标准，上市企业门槛明确。其中最低的门槛是市值不低于 10 亿元，最近两年净利润均为正且累计净利润不低于 5 000 万元；或者预计市值不低于 10 亿元，最近一年净利润为正且营业收入不低于 1 亿元。

再来看一下上市条件要求最为宽松的新三板：在创新层挂牌的企业需要最近两年连续赢利且年平均净利润不少于 2 000 万元，或最近两年营业收入连续增长且年均复合增长率不低于 50%；最近两年营业收入平均不低于 4 000 万元；股本不少于 2 000 万股。而对于基础层的企业，尽管对企业利润无太多门槛要求，但是在实际操作过程中会优先挑选营收在 1 000 万元以上的企业。因此，从制度设计上，资本市场资金供给很难进入科技创新最关键、风险最高的早期阶段。

上面提到的金融资本，或由国家发起，或受国家强监管，能够按照国家意志去参与科技创新，但其受资金来源、金融机构本身定位、监管政策等多种因素影响，实际上很难为科技成果转化提供融资供给。而对于市场化的社会资本而言，天使基金、风险投资、产业基金等诸类投资基金，资本风险承受度高，与科技创新融资规律契合度高，但很难全面贯彻国家意志去参与科技创新，更多的是依靠市场化逻辑进行决策，在逐利性和追求短周期的驱动下，聚集在科技创新的中后期阶段，面向科技创新早期阶段的天使基金极度匮乏。特别是投资早期项目，对投资人才专业能力和水平提出了更高的要求。投资人不仅要对技术具有很强的理解和研判能力，还需具有很强的市场预判能力，属于投资人才中的复合型高端人才。我国此类人才相对匮乏。

所以，不难看出，当前阶段我国金融供给科技创新的最大困境和挑战，在于科技创新早期阶段金融供给不足，包括实验室技术向工程化验证转化的第一笔启动资金和成立 1～3 年还未迈过"死亡之谷"的初创期的天使风险资金，未来需要我国集中力量去破解。

◎ 从对立中寻求融合

前文详细讲述了我国科技与金融之间相互对立的内在矛盾，以及内在矛盾逻辑支配下的我国金融供给制度安排。而从更高的社会系统层面来看，融合统一更是两者的长远归宿。

回顾科技与金融融合发展史，第一次工业革命以来，科技已经成为金融资本循环流动和自我增殖最具潜力的领域。当前我们所熟知的诸如摩根银行、红杉资本等金融巨鳄，都是乘着科技创新的东风成长起来的。因此，我们需要从辩证唯物论的视角看待两者之间的矛盾关系，即透过对立看统一，进而通过创新性的举措和合理的制度体系安排，推动科技创新和金融走向统一。

量子物理学上有个海森堡不确定原理，即在任何给定的时间点，你无法同时准确测量一个粒子的动量和位置。具体来说就是，如果想要测定一个量子的精确位置，就需要用波长尽量短的波，但这样对这个量子的扰动就会更大，对它的速度测量就会更不精确；如果想要精确测量一个量子的速度，那就要用波长较长的波，但这样就不能精确测定它的位置。海森堡给这一原理赋予了一个很哲学式的表述："在因果律的陈述中，即'若确切地知道现在，就能预见未来'，所得出的并不是结论，而是前提。我们不能知道现在的所有细节，是一种原则性的事情。"粒子或量子波粒二象性，使我们很难得到确定的答案，但是很多科学家开始使用数学和概率的方法，尽最大可能预测其位置，并取得了很大的进展。

海森堡不确定原理给科技创新的不确定性带来很多思考和启发。科技创新的不确定性本质上是指当下的不确定性，以及基于技术复杂程度而导致的多种路线的不确定性，但是其未来的宏观走向和演进规律是确定的。如果以单个项目为视角，失败率非常高，风险也非常大。但是，跳出传统金融思维逻辑，利用概率论理论模型，随着投资覆盖范围的扩大，科技创新的确定性会相应提高。而一旦其选择的领域成功，其产生的巨大回报和收益也将弥补因投资失败而产生的损失。因此，科技创新的不确定性与金融追求的确定性是在一定的条件下和范围内的对立关系，是现有金融风险控制模型下以单个项目或少数项目核算方式的矛盾体现。

科技创新长周期属性与金融资本短钱属性之间的矛盾，本质上不是一种因果律矛盾，内在具有可调和性。其矛盾点在于金融资本前置性地选择"短、平、快"项目的自我循环模式，科技创新周期长则是一个客观现象，因此是主观选择导致的分离发展。

金融资本选择"短、平、快"项目的目的，前文提到过，是为了缩短资本循环周期，以实现在特定时间内通过增加循环次数提高增殖速度的目标。该逻辑忽视了不同经济形态本身的价值回报。科技成果转化项目采取的是指数型增长模式，而模式创新属于反指数增长。所以，在更大的时间尺度下，投资科技领域的收益回报远高于"短、平、快"领域。

从国家宏观层面来看，金融大规模供给转向"投早、投长、投硬"，对经济未来爆发式增长意义重大。美国自第二次工业革命以来，经济开始反超英国，并在此后长达 200 年的时间内保持"一骑绝尘"，正是受益于其完善的早期科技创新金融供给体系。苹果、微软、谷歌、亚马逊、脸书和特斯拉，早期融资大部分来自风险投资。这些公司第一次融资时，面临着很大的不确定性，谁也不知是否能够成功。但是，它们的崛起对美国经济增长的促进作用巨大。过去 10 年，这六家公司为美国股市贡献了超过 7 万亿美元的财富，占美国股市同期增长的 1/4。

第四节　金融支持科技的路径选择

金融供给体系滞后于我国经济形态演变，以间接融资为主体的金融供给结构与科技创新"可适度"较低，导致金融供给侧难以从根本上消除供给科技创新产生的潜在风险。在逐利和安全两个因素的考量下，中国金融资本绕开了风险高、周期长、不确定性大的科技成果转化和早期科技创新阶段。这需要国家意志介入，用政府"有形的手"，构建一套契合中国国情、满足新时代科技创新需要的科技金融体系。

◎ 国家"有形的手"介入

科技成果转化早期阶段金融供给不足，依靠市场化机制"无形的手"，很难调和科技与金融融合发展的内在矛盾。金融供给科技创新内在矛盾不破解，不论国家如何"放水"，最后都很难流向科技创新早期阶段。这就需要国家进行制度性安排，连通金融供给科技创新的"断点"。

他山之石

20 世纪 50 年代，美国政府通过两次国家意志的介入，成功将社会资本引入科技成果转化阶段。第一次是美国小企业管理局实施的小企业投资公司计划。小企业投资公司计划的目标是利用有限的政府财政资金最大化撬动社会资本，为创新型、创业型小企业提供融资支持，核心是以"杠杆＋政府信用"的担保机制，解除社会资本不敢投、不愿投早期科创项目的后顾之忧。小企业投资公司计划执行以来，累计发展了 2 100 家专注于科技创新企业的投资机构，提供资金超过 670 亿美元，投资中小企业 16.6 万家。苹果、英特尔、惠普、联邦快递、特斯拉等知名企业都曾从该计划受益。

小企业投资公司计划的最大特色在于，政府充分利用杠杆担保方式帮助专注早期科技项目的投资公司募集资金。如图 8-1 所示，小企业投资公司每从私人投资者处募得 1 美元资本，美国小企业管理局将有条件承诺最高 2 美元的担保，用于小企业投资公司从公开市场债券募资。通过小企业管理局这种杠杆操作方式，小企业投资公司获得约 2 美元的配套资金，共同形成 3 美元的资金池，通过"债权＋股权"两种方式，支持初创型科技企业。

第二次则是美国雇员退休收入保障法案（1974 ERISA）打开

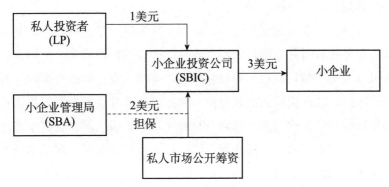

图 8-1　小企业投资公司运行模式

了美国以养老保险为代表的金融大钱流向风险投资行业与科技创新领域的通道。ERISA 法案颁布之前，美国私人养老金的受托人在投资风险资产时，一直遵循着"谨慎的人法则"。美国养老金机构投资者投资被认为风险过高的资产时，会面临法律风险。因此，风险投资基金难以获得养老保险金的支持。1972 年，福特基金会在向红杉资本第一支基金出资时，便承担着触碰"谨慎的人法则"的巨大风险。

ERISA 法案对于美国科技创新的一个重大贡献在于改变了金额庞大的退休基金的风险偏好，其"谨慎的人法则"首次允许养老基金受托人投资另类资产领域，明确受托人只需根据审慎人标准要求，对受托的养老基金进行合理谨慎的投资，努力将投资风险降到最低即可，为退休基金投资风险投资公司打开了一扇窗。

随着现代投资组合理论的发展，1979 年美国劳工部对 ERISA 法案中的"谨慎的人法则"作出了新的解释，在不危及养老基金整个投资组合安全性的前提下，允许养老基金投资于创业企业发行的股票和风险投资基金。其核心要义即允许养老金采取投资组合的方式，从整体投资组合层面考量其风险性，而不是在单个资产品种基础上界定其是否存在风险。

对"谨慎的人法则"的重新解释，简单讲就是允许养老金受托人在对外投资时算总账，而不计较一个投资案例的得失，使得受托人可以放开手脚，通过系列组合投资，分拨一定比例的资金投入具有高风险、高回报特点的领域中，为各种退休基金投资风险投资机构和科技创新企业扫清了障碍。自此之后，美国风险投资资金来源中，个人和家庭所占份额逐渐下降，机构投资者尤其是养老基金机构所占比重稳步上升。

我国政策性银行的启发

我国政策性银行是由政府创立，受国务院直接领导，以贯彻政府的经济政策为目标，在特定领域开展金融业务的不以营利为目的的专业性金融机构。我国政策性银行的创新突破模式，对引导金融资本流向国家期望的领域起到了非常好的效果。

政策性银行资金主要来源于财政拨付的资本金和重点建设资金、发行金融债券、中央银行再贷款、同业拆借资金，不吸收社会存款，也不以营利为目的，专门为贯彻、配合政府社会经济政策或意图，在特定的业务领域内，直接或间接地从事政策性融资活动。商业银行考虑自身经济利益不愿做或者在国家监管政策下无法做的事情，都会由政策性银行去做，政策性银行是政府发展经济、促进社会进步、进行宏观经济管理的工具。

1994 年，中国政府设立了中国进出口银行（简称"进出口行"）、中国农业发展银行（简称"农业发展行"）、国家开发银行（简称"国开行"）三大政策性银行。三大政策性银行都具有明确的任务和领域。中国进出口银行主要支持中国对外经济贸易投资发展与国际经济合作。中国农业发展银行主要承担农业政策性金融业务，为农村和农村经济发展服务。国家开发银行主要为国民经济重大中长期发展战略服务，以服务国家发展战略为宗旨，以保本微利为经营原则，以中长期投融资为载体，发挥其在稳增长、调结构中的作用，对重点领域和薄弱环节进行支持，在为国家重大战略融资方面发挥了巨大作用。

借鉴国家政策性银行的成功经验，面向国家创新驱动发展战略和新的经济形态内在融资需求，打造一家面向科技创新领域的政策性银行，或许是解决我国科技创新融资难题的有效方式。

国家科技金融运河体系

当前中国最缺的是把金融和科技创新融合得很好的国家长期资本平台。不论是商业性银行，还是各类市场化资本，其本质都是商业性资本，很难进入专业能力要求高、风险相对较大、期限相对较长的早期科创领域，通过一定的制度优化和引导，对于支持科技创新具有一定的意义，但大概率只能发挥辅助作用。而政策性银行和开发性金融机构因其有特殊属性，则为我国金融大规模供给科技创新早期阶段提供了可能。通过国开行的枢纽作用，有望搭建起我国完善的科技金融运河体系。

解决我国金融供给科技创新三大矛盾，需要破解三个问题：一是将以间接融资为代表的大规模金融资本引流到直接融资中，壮大直接融资比例；二是拉长金融资本周期；三是满足金融大钱高效、低成本供给科技创新多元需求。国开行总资产达 17 万亿元，如果拿出一定比例的资产，通过债权和长期股权组合方式去专项支持科技成果转化，打通国家金融流向科技创新领域的运河主动脉，能够破解科技与金融融合的第一个问题。

在此基础上，可以设立以国开行为主导的国家科技创新发展基金，将基金期限拉长到 15～20 年，同时结合科研院所、高校、产业龙头等合作形成逐级放大的推广效应，并与商业性金融机构投贷联动，从而扩大科技创新前端的资金供给规模，能够实现扩渠引流，从而破解科技与金融融合的核心难题。

同时，可以通过市场化运作方式，发挥国家科技创新发展母基金的引导作用，充分调动社会资本参与积极性，扶持一批承载国家意志和使命的早期科技天使投资基金，实施类似于美国的 SBIC 计划，支持专业化平台创建更多毛细血管，实现对科技型小微企业的精准滴灌，引导更多市场化优秀机构和人才为科技创新早期阶段服务，最终解决金融大钱高效、低成本供给科技创新多元化需求难题。

◎ 回归本原和初心

近几年金融领域最引人关注的话题莫过于国家开始关注金融无序扩张和野蛮生长。中央经济工作会议史无前例地提出为资本设置红绿灯，依法加强对资本的有效监管，防止资本野蛮生长。国家重拳出击，整治在线教育无序发展，刺破房地产领域"大而不倒"铁律，打击互联网垄断，更史无前例地开出百亿元级罚单，充分显示了国家整治金融乱象的决心，也引发社会大众对于金融更深入的思考。金融资本存在的意义是什么？资本在追求自我增殖的同时，是否也应参与到服务国家发展和促进人民福祉提升的事业之中？

赚钱不是目的，而是实现目的的手段和工具

回顾金融资本长达数千年的演进，其赚钱的自然属性始终附庸在社会属性之下。中国古代社会构建了一套社会治理、经济和价值体系，将金融资本无序扩张和野蛮生长关在价值牢笼之中。社会治

理体系层面，"士农工商"的四民制度贯穿始终，当时金融资本主要拥有者——商人排在社会阶层的最底层，基本将金融资本排除在政治和国家治理之外。社会经济体制上，推出重农抑商政策，重视农业，以农为本，遏制工商业发展。在社会文化与价值体系层面，"穷则独善其身，达则兼济天下""故君子富，好行其德""人生贵相知，何必金与钱""技显莫敌禄厚，堕志也"，鼓励社会大众秉持正确的金钱观。

以现在的视角来看，重农抑商政策阻碍了中国工业化的进程，受到很多抨击。但是，如果充分考量古代社会整体生产力——在全民皆农的情况下食不果腹现象仍普遍存在，就能够理解为何历届王朝对当时国家最重要的实体经济——农业如此重视。从古至今，金融资本是人们实现目的的手段和工具，而不是目的。金融资本是中国古代实现修身齐家治国平天下的工具，是当代服务中国式现代化建设，助力中华民族伟大复兴的生产要素。

社会价值、知识价值、经济价值统筹兼顾

《左传》言，立德、立言、立功，此之谓不朽。立德、立言、立功是中国儒家文化对个人的最高要求和对人生的最高追求。在从事一项事业时，社会价值观导向统筹考量社会价值、知识价值和经济价值，而不只着眼于经济价值。

对于中国资本来讲，如本章节前文所讲，一方面普遍较为短视，热衷于挣快钱；另一方面过于看重经济价值，对社会价值和知识价值考量不够。正因如此，中国长期耐心资本一直非常匮乏。纵观工业发展史，工业革命始于科技创新，而成于金融创新。新一轮工业革命和产业变革亟须长期耐心资本的灌溉。

统筹兼顾社会价值、知识价值和经济价值，并非反对资本逐

利，而是呼吁资本在追求经济价值时，能够同时关注对国家、对社会的贡献，在能够助力国家打赢关键核心技术攻坚战和实现科技自立自强的领域发光发热。从长远来看，挣长钱给资本带来的经济回报远远高于短钱和快钱。

中科创星作为国内较早关注、投资科技领域的早期投资机构，自成立伊始便将能够承载国家使命、满足国家重大需求、引领未来发展方向的领域作为投资孵化的立足点。自 2013 年成立以来，经过十多年的发展，中科创星投资孵化了 400 余家科技企业，大多数是科研院所科技成果转化项目。在光子产业、商业航天、军民融合等领域，培育了一批诸如炬光科技、中科微精、奇芯光电、源杰半导体、中储国能、恩力动力、驭势科技、曦智科技、本源量子、中科海钠、金藏膜等掌握核心技术的科技企业，为国家战略布局提供了有力支撑。中科创星"投早、投长、投硬"的理念不仅使其取得了巨大的社会价值，获得各界的好评，也使其获得了很好的经济回报，投资孵化的诸多项目投资回报率达到数十倍乃至百倍。

回归社会主义价值轨道

社会主义制度是我国起顶层决定性、全域覆盖性、全局指导性作用的根本制度，是我国一切事业的基本原则和根本遵循。国家治理、经济社会发展等一切工作和活动都应依据中国特色社会主义制度展开。金融资本也应在中国特色社会主义制度框架下发挥其功能与作用。

与资本主义制度下资本服务少数经济集团以及追求单一利润最大化具有本质不同，社会主义发展的目的是为全体中国人民谋求最大利益，本质要求是实现全体人民的共同富裕。因此，社会主义制度下，资本是市场配置资源的工具，是发展经济的方式和手段，不应以营利为唯一追求，而应以服务中国社会主义经济社会发展为最高追求，在服务中国社会主义经济社会发展基础上，获得合理的回报。

改革开放以来，中国金融资本快速发展壮大，从根本上讲是受惠于国家政策红利。金融资本逐利与社会整体利益相冲突时，逐利应让位于社会利益、国家利益。当前阶段，我国部分金融资本呈现无序扩张和野蛮生长的现象，逐利属性开始强于社会属性，侵蚀教育、医疗、文化等社会公共事业领域，对社会主义事业造成了一定的负面影响。

金融疯狂逐利带来的更深远后果是，部分金融资本已经不满足作为社会主义市场经济的重要生产要素而存在，而是追求成为社会化再生产的本身，脱离社会主义事业总轨道，而且反向冲击社会主义事业总进程。因此，急需国家正本清源，赋予金融资本社会主义价值观和使命观，引导金融资本回归为中华民族伟大复兴贡献力量的轨道上来。

部分金融资本脱轨循环、另轨循环现象显现，背离服务实体经济的本原初心，喧宾夺主反向挤压侵蚀实体经济发展。服务实体经济是金融的本原，也是金融赖以生存的基础。金融的职责是为实体经济中借贷双方提供信用交易中介服务。金融是为实体经济配置资源提供服务的配角，不应是经济系统的主角。金融脱离实体经济，将成为无源之水、无本之木。金融服务实体经济，就是要坚持服务制造业、服务科技创新，要重融资、轻交易。

过去几年，我国部分金融资本脱轨循环、另轨循环现象显现，从服务实体经济的代理人，摇身变为自我服务的代理人，基本不为实体经济提供融资帮助，导致国家无论采取何种方式为科技创新、实体经济注入金融活水，最终金融资本大部分都流向"短、平、快"领域、虚拟经济以及科技创新中后期领域。

金融喧宾夺主的现象也已经逐渐显现，金融在经济中不恰当的占比越来越大，金融企业缴纳的所得税总额已经超过整个工业部门的所得税。2021 年，中国企业 500 强净利润为 4.07 万亿元，其中上榜 14 家银行净利润为 1.59 万亿元，占比高达 40％左右，超过上榜所有制造业企业利润总和。我国银行金融机构平均利润率在 30％以上，而我国制造业平均利润率仅为 2.59％。近年来，我国工业企业利润在经济总量中的权重迅速萎缩。2006 年至 2019 年，我国规模以上工业利润与金融企业利润比值从 4.8∶1 变为 2∶1。金融资本独立壮大不仅挤压了我国实体经济发展所需的资本总量，其巨大的收益也消减了国内对实体产业的投资欲望，反向侵蚀工业体系和实业精神，亟须国家层面引导。

金融回归社会主义价值轨道，回归服务实体经济、科技成果转化、科技创新的主阵地上来，或许是我国金融供给科技创新问题最根本的解决之道。科技与金融两大核心力量要协同联动，搭建新一轮科技革命中适应科技创新发展规律和需求、契合中国国情的中国特色社会主义科技金融体系，推动我国科研成果从实验室孕育、成长到壮大，培育一批诸如第二次工业革命中的 GE、波音，第三次工业革命中的英特尔、IBM 等世界性科技龙头企业，为中华民族伟大复兴提供硬脊梁支撑。

第九章　科技成果转化的人才密码

必须坚持科技是第一生产力、人才是第一资源、创新是第一动力。

——习近平

"人岗相适，人事相宜。"我国自古就流传着"没有金刚钻别揽瓷器活"的俗语，话虽糙但理不糙，专业的事情需要专业的人来做。科技成果转化是实验室技术与产业连接的纽带，这个纽带更多地需要人来捏合。如果把人比喻为创新的种子，那么专业的科技成果转化人才就是其中最珍贵的一颗。科技成果转化不同于单纯的科研，它涉及市场需求对接、成果推介、评估作价、合作签约等诸多环节，不确定性高、复杂性强、风险大，这些特点决定了人才需求的特殊性、复合性。专业的科技成果转化人才既要能看懂科研技术、了解市场需求，又要懂经营管理、懂金融法规等，能力要求广泛，实践经验丰富。因此，非常有必要探索搭建集"战略科学家＋硬科技企业家＋硬科技投资人＋高端工程师＋技术经理人"为一体的专业的科技成果转化人才体系，让专业的人才各司其职，形成合力，支持科技成果走向现实生产力。

第一节　突围的关键在于"人"

人才乃治国之本，更是创新发展的第一资源。人才供给的质量决定经济发展的水平。党的十八大以来，我国作出了人才是实现民族振兴、赢得国际竞争主动的战略资源这一重大判断，国家发展靠人才，民族振兴靠人才，中华大地正在成为各类人才施展抱负、展现才华的热土。

人才作为一个泛指概念，指的是不同行业中掌握专业知识与技能的领先者、佼佼者，是人力资源群体中能力和素质较高的一批劳动者。据人社部统计，2010 年，我国人力资源总量为 1.2 亿人，2019 年跃升至 2.2 亿人，9 年增加了 1 亿人，其中专业技术人才近 7 840 万人，各类研发人员全时当量达到 480 万人年，占全球研发人员的比重超过 30%，居世界首位。由此看出，我国已经建成了全球规模最大的科技人才队伍。

◎ 科技成果转化人才不足

然而，与世界科技强国相比，我国科技人才队伍仍然存在明显的结构问题：科研与产业人才充裕，但科技成果转化人才不足，其中技术经理人和高端技术工程师尤为缺失。《中国科技成果转化 2021 年度报告》显示，2020 年我国 3 554 家高校和科研院所转化合同总金额仅为 1 256.1 亿元，高校和科研院所兼职从事科技成果转化和离岗创业人数仅为 14 043 人，相比 2019 年下降了 3.0%，其中专职从事科技成果转化的技术经理人极为有限，难以满足科技成果转化庞大的人才需求。

国内研究普遍认为，我国科技成果转化的痼疾在于政策缺失、体制机制不畅等，近年来政府及社会各界对成果转化的关注度大幅上升，各类政策层出不穷，但是科技成果转化及技术转移的效果仍然不理想。根据业内人士反映，科技成果转化相关政策的落地执行过程中，更多暴露出的是人才的适配性问题。科技成果转化过程中，人、科技成果、市场是核心要素，而后两者恰恰是要靠人来串联、捏合的，这个"人"指的就是专业的科技成果转化人才。

科技成果转化作为科研优势向产业优势转化的关键，其重要性不言而喻。一项科技成果向生产力的转化需要经历市场需求对接、成果推介对接、评估作价、合约签订、知识产权保护等诸多环节，科技成果转化的复杂性和高风险决定了人才需求的复合性。科技成果转化需要专业的高层次领军人才、专业技术人才、天使投资人、财务税务法务专家、技术经理人等复合型专业人才队伍。就目前来看，我国复合型转移转化人才欠缺，供不应求。

高校作为我国人才培养的主阵地，对专业的转化人才输出严重不足，科技成果转化相关专业的设置几乎是空白，整体上处于人才培养的边缘化状态。我国科技成果转化人才培养更多依靠的是社会短期培训，尚未形成体系化的人才培养机制，专业的技术经理人培养模式与选用机制尚处于探索阶段。2021 年 10 月，上海交通大学宣布增设技术转移专业硕士学位，这是国内首家设立科技成果转化人才培养专业的高校，主要聚焦集成电路、人工智能、高端装备等行业，可用于填补科技成果转化专业人才的大量缺口。

◎ 不要让教授坐在谈判桌前

科技成果转化人才与前述章节讲到的金融资本、共性技术平台、机构等共同构成支撑科技成果向现实生产力转化的战略性资源保障。科技成果转化人才不仅看得懂技术、了解市场、熟悉资本运作、具备基本的法律法规知识，更是推动科技成果成功转化、提高转化率的关键。我国当下面临的问题是：科研有人，生产有人，成果转化缺人。这一问题更是加剧了转化链的薄弱程度以及成果的转化难度。

在科技端，科学家等科研人员大多擅长开发新知识、新概念，且普遍沉迷于自己的技术，不会做太多商业上的考虑。在科研过程中，受到国内科研评价准则的影响，科研人员过于看重论文、专利等科学价值，而对反映研发绩效的技术价值和经济价值重视程度不够，因此一般很少顾及成果的小试、中试及量产，加之长期身处高校和科研院所科研岗位，缺乏对于外部市场的了解与把控，更谈不上对金融资本的引入，因此从科技成果到现实生产力的距离十分遥远，最后大多数科技成果只能成为静躺在卷柜或抽屉里的智慧结晶，而没落收场。在产业端，企业希望获得的是能够直接满足生产需求的成熟技术，而由于缺乏统一的成果披露平台，企业不知道去哪里找其所需要的技术，即使找到了也看不懂科学家的实验室成果，较难判断新技术的市场应用前景，不确定性较大，风险等级较高，这也限制了科技成果向现实生产力的转化。

目前，国内高校受自身体制机制约束，很少能吸引到专业的科技成果转化人才，因此负责科技成果转化管理的人员较少且多为兼职。大多数高校和科研院所没有设立专门的成果转化部门，而是由科研处代为处理科技成果转化事宜，成果管理人员兼职科技成果转化服务工作，因此也仅能开展基础性的成果征集、审批管理等事务性工作，并不具备专业的技术经理人所需要的专利评估、企业对接、股权设计、合同签订全流程推进的能力，不足以对高校和科研院所海量的低技术成熟度、低市场贴合度的科技成果进行"淘金"式的挖掘培育，不能够在学术与市场两套不同的语言体系间为科学家与企业家进行精准的沟通翻译，这也是造成大量科学家手握成果却找不到"婆家"、企业家"嗷嗷待哺"却找不到对口的技术支持的原因所在。

由于专业化科技成果转化人才缺失，大学教授、科研机构的科研人员不得不亲自下场，从事大量与研发工作无关的专利评估、商业谈判、公司注册、市场推广等工作，挤压了他们科学研究和技术研发的时间，最终可能还会由于"跨行"的"水土不服"导致成果转化无疾而终。

因此，推动科研供给与市场需求的对接，实现科学家与企业家的精准合作，除了要发挥常规性的技术交易平台等的功能，还需要搭建起集"战略科学家＋硬科技企业家＋硬科技投资人＋高端工程师＋技术经理人"为一体的专业的科技成果转化人才体系，将转化人才放在与科研人员同等重要的地位，培养一批看得懂技术、熟悉市场的专业转化人才，一方面能够帮助科研人员的成果寻找合适的合伙人、投资人，另一方面，利用其充分的市场经验，可以帮助企业看懂、找准科研成果，并且根据新技术特点提供新的商业模式建议，真正在成果转化过程中牵线搭桥，促使技术成果走出实验室，走向生产线。

第二节 大国重器，硬科技帅才

"火车跑得快，全靠车头带"，战略科学家正是中国疾驰的科技创新列车的车头，代表中国科创人才金字塔的塔尖水平。2021 年中央经济工作会议将"强化国家战略科技力量"作为 2022 年八大重点任务的首要任务，并提出要大力培养使用战略科学家，有意识地发现和培养更多具有战略科学家潜质的高层次复合型人才，形成战略科学家成长梯队。

　　那么，究竟什么是战略科学家？顾名思义，战略科学家首先一定是科学家群体中的冠军选手，不仅在其所从事的科研领域有高深的造诣，还应有交叉学科融合的素养，具备多学科渗透的多元知识结构，能够把握大多数科学领域的发展趋势。在科学家的基础上，战略科学家更加凸显其"战略性"，他们具备超前的战略眼光及卓越的科技前瞻能力，看得远，能够洞察世界科技发展趋势和国家战略需求，并且在战略布局方面有足够的判断力，同时还拥有卓越的领导能力，能够组织和领导大规模的科技创新活动。当然，以上都是建立在浓厚的爱国情怀及强烈的使命担当基础上的。简单而言，战略科学家首先要满足科学家的基本要求，在此基础上需要具备立足国家科技创新及发展提出战略设想的能力，并且还要有全面统筹战略落地实施的能力，是科学家，更是战略家。

◎ 科技成果转化中的战略科学家

　　战略科学家在科技成果转化中主要解决的是转化什么的问题。科研攻关应立足于产业需求，然而我国科研不接地气的问题日益凸显，多数科研的出发点不是为了转化，也不是为了解决产业问题，而是为了发表论文、申请专利，当然这在很大程度上也是我国的科研考核标准及激励体系所致。原始创新不足、重论文、轻转化等问题的解决，都需要战略科学家向正确的方向牵引。

　　战略科学家能够以其多学科渗透的广阔知识面，看得远，从国家发展及产业需求出发，指明当前什么是重要的研究方向、什么是科研人员应该致力解决的关键问题。不仅如此，战略科学家既要关注我们今天应该干什么，也要关注我们今天干什么才能有未来，以及我们未来应该干什么，以其前瞻性的战略视野来指明未来什么是竞争的重点、哪些可能成为制约发展的瓶颈。通过战略科学家来牵引重大科研立项，让科研为解决问题、服务发展而存在，切实产出更多突破性的重大原始创新成果。战略科学家在把关科研供给的基础上，以其超强的判断决策力在众多的科技成果中指出应该转化什么，哪项成果的转化价值对产业发展最为有益，以及转化哪些科技成果才能解决我国当前被美国等科技领先国"卡脖子"的问题，并且未来有望在世界上引领科技的发展。此外，战略科学家往往具有超强的凝聚科学家群体的人格魅力，以及卓越的大兵团作战能力，不仅能够指明应该转化什么，还能够影响和带领科技领域的一批人投身科技成果转化事业，引领重大成果转化为现实生产力，真正带动相关产业的发展并产生显著效益。

讲到这里，不得不提我国战略科学家的典型钱学森。钱学森被誉为"两弹元勋"之一，参与并领导了中国"两弹一星"的研制工作，为我国国防和航天事业做出过不可磨灭的卓越贡献。1950年前后，面对西方敌对势力的封锁打压、核威胁，为增强国防实力，维护国家安全，我国做出了研制"两弹一星"的重大战略决策。钱学森在20世纪50年代归国科学家群体中，不但是唯一一位在国防高技术及发展战略方面具有全面和独特经验与知识的科学家，而且以卓越的战略眼光预判了原子能、导弹等在未来建设空中力量中的作用。1955年，钱学森回国，受命组建了国防部第五研究院，任院长，这也是我国历史上第一个火箭、导弹研究机构。在当时经济极度落后，工业及科研底子极度薄弱，既没钱又没人还没技术的极度艰难的条件下，钱学森带领团队一路攻坚克难，将军队大规模兵团作战的战术沿用到国防建设中去，发挥社会主义集中力量办大事的举国体制优势，团结一切可以团结的力量，将自力更生与引进外援相结合，突破无数的技术难关，主持完成了喷气和火箭技术的建立规划，研制了近程导弹、中近程导弹和中国第一颗人造地球卫星，领导了以中近程导弹运载原子弹的"两弹结合"试验，参与制定了中国第一个星际航空发展规划，帮助我国仅用了 10 年时间就创造了原子弹爆炸、导弹飞行和人造卫星上天的奇迹，为我国铸造了核盾牌，奠定了国防安全体系的牢固基石，大大提高了我国的国际地位及影响力，也为今天的创新型国家发展奠定了基础。

在新中国的"两弹一星"事业中，钱学森对原子弹的研制，以及对整个国防高技术工业的发展和布局发挥了核心和关键的作用。美国人曾经形容钱学森"一个人抵得上 5 个海军陆战师"，"宁愿把他枪毙了，也不能让他回中国去"。不仅如此，钱学森还为我国包括光子学、物理力学、系统工程等在内的许多新兴学科的创建和发展都做出了巨大的贡献。早在 1978 年，钱学森就前瞻性地呼吁中国要积极开展光子学的学科建设，指出光子学是与电子学平行的科学，并首次提出了"光子学—光子技术—光子工业"这一光子学发展模式。除此之外，我们知道近几年新能源汽车发展迅猛，其实早在 1992 年，钱学森在给邹家华副总理的信中就提出中国要发展电动汽车，建议中国汽车工业跳过用汽油、柴油阶段，直接进入减少环境污染的新能源阶段。不仅如此，那时候钱学森就坚定地认为如果国家组织力量来做这件事，中国就有能力跳过一个台阶，直接进入汽车新时代。现在回过头来看，钱学森高瞻远瞩，在当时的科学家群体中难能可贵。一位老科学家曾说：在新中国科学界，钱学森的作用是无与伦比的，如果没有他，新中国的科技事业特别是国防科技事业的发展会延迟若干年。

纵观全球大国科技创新的发展，都离不开像钱学森这样的战略科学家的引领。美国著名科学家范内瓦·布什称得上是改变了美国科技发展历史、影响科技国策制定的战略科学家。范内瓦·布什不仅在学术上有所成就，发明了当时唯一可以求解微分方程的微分分析模拟计算机，还先后担任过美国政府顾问、总统科学顾问，参与组织和领导了著名的曼哈顿计划、美国氢弹计划、航天计划、星球大战计划。范内瓦·布什在《科学：无尽的前沿》中关于科研、创新、科技竞争力等的超前思想，至今还在影响着美国的科创事业发展、科研体制机制设计、科技人才培育等诸多方面。

当前，新一轮科技革命与产业变革正在加速重构全球创新版图，国际竞争日益加剧，美国等科技领先国在加紧对我国进行科技制裁的同时，也在加快部署能够继续引领新一轮科技革命的突破性、革命性技术。在这一背景下，面对美国等科技强国对我国科技制裁的层层加码，要想不被"卡脖子"，并且在世界上引领科技的发展，大力培养和使用战略科学家的重要性和紧迫性就愈发凸显。

战略科学家是战略人才力量中的关键少数，能立人所未立、见人所未见，这也决定了战略科学家的培养绝非一朝一夕就能实现，而是要从国家顶层设计出发去持续完善战略科学家的发现、培养和使用机制。这就需要有关部门及时开展调研，切实掌握我国当前战略科学家的现状，在此基础上有针对性地进一步开放和扩大战略科学家的识别与筛选机制，从一些国际重大科技奖项获得者、国家重大科技任务领衔者中去发掘具备战略科学家潜质的后备力量，鼓励更多的战略科学家投身科技成果转化第一线，提高其在科技成果向现实生产力转化领域的话语权，让其以开阔的视野、前瞻的判断力，站在全局高度为我国科技创新、科技成果转化指明方向，联合其他战略人才力量共同为实现高水平科技自立自强奋斗。

第三节　那些引领企业向上"捅破天"的人

企业是国民经济的细胞。企业家是企业发展的带头人和领航者，更是我国经济发展的重要推动力量。经济发展的过程也是企业家引领创新的过程。企业家这一称谓最早出现在 16 世纪的法语中，当时指那些率军远征、拓海殖民的冒险家，后来那些承包政府桥梁、道路等修筑工程的承包商也被称作企业家。西方世界自工业革命以后就诞生了以西门子、贝尔等为代表的企业家群体，其成为推动经济发展的重要驱动力量。相比之下，中国现代企业家群体的诞生比西方晚了近 200 余年；改革开放以后，中国企业家群体才迎来成长、壮大的黄金期，涌现出一批包括任正非、王传福、钟宝申等在内的优秀的中国企业家。

毋庸置疑，企业家具有鲜明的时代属性，从近代到改革开放之后，每个时代都孕育了属于那个时代的且被注入强大时代精神内核的企业家群体。当今中国正处于经济结构转型升级和新一轮科技革命的交汇时期，创新驱动发展成为共识，对于具备战略视野、拥有技术经验的硬科技企业家的需求前所未有。硬科技企业家在作为企业经营管理者的同时，也是技术专家；相较于普通的企业经营管理者，他们对技术、产业有更加深刻的见地，对前沿技术在市场的应用有更加长远的判断，在产学研的融合促进、科技成果的转化中发挥着决胜作用。

◎ 科技成果转化呼唤硬科技企业家

为什么说科技成果转化需要更多的硬科技企业家来推动？硬科技企业家分为两类：一类是由科学家一步步成长而来，是科学家与企业家的复合体。这类企业家本身就对底层技术、科技创新、成果转化等有深刻的理解，拥有足够的技术积累，更容易看懂、接纳实验室的科技成果，并且企业本身也在结合技术前沿与市场需求开展自主研发，对新技术运用有需求，也有能力去承载实验室成果的转化。这类企业家相较于传统领域的企业家能够更好地处理产学研结合问题，更是千千万万科技成果转化的直接实施者，更容易将颠覆性创新转化为市场产品，从而实现"科技—产业—科技"的良性循环，驱动经济转型发展，推动经济社会迈向更高阶段。另一类是从长期的产业工作中蜕变而来的企业家。这类企业家从自己丰富的产业实践经验中探索得出：核心技术是企业的根本，只有把核心技术作为第一要素，企业才能更好地发展。这方面，华为就是一个很好的例子。

华为的创始人任正非是从产业界摸爬滚打一路蜕变的硬科技企业家，当然他自身也有技术背景，大学时自学过数字技术、电子计算机、自动控制等专业课程。任正非毕业后入伍成为一名基建工程兵，其在部队也从事科技研发，当时还曾因为科技成就突出而被选为军方代表，前往北京参加全国科学大会。华为创办之初主要靠代理香港产品赚取差价来获利，后来因为偶然的机会代理了程控交换机，在这个过程中任正非敏锐地发现程控交换机对于中国电信行业供不应求且成本高昂，交换机的核心技术被欧美跨国公司牢牢掌控。当时国内的通信设备几乎全部依赖进口，这也就是 20 世纪 80 年代、90 年代家庭电话安装及资费高昂的原因。也就是从那时开始，任正非意识到了硬科技对企业发展的重要性，自主研发是企业的根本，华为也因此告别了代理商的身份，正式踏入硬科技企业行列。

1991 年可以说是华为转型为硬科技企业、开启自主研发的元年。1993 年，任正非带领华为成功研制出了数字程控交换机，打破了国外垄断，为中国通信市场带来了降本增效的巨大突破，使得交换机的价格由 20 世纪 90 年代的 100 万元降到 2000 年的 20 万元。固网成功以后，华为很快将目光转移到全球移动通信系统，也就是 GSM。当时，国内的 GSM 从基站到手机全部被摩托罗拉、爱立信、诺基亚等国外巨头垄断，这几家公司的占有率超过了 80%。就是在这样的高难度、高门槛条件下，任正非带领华为在 1997 年成功研制出了中国自己的 GSM 制式网络设备，维护了中国的通信主权，为民族移动通信事业做出了巨大的贡献。

任正非曾说，"一家企业唯一可以依存的就是人才"，"华为在任何情况下都会加大对人才特别是顶尖人才的吸纳和吸引"。华为今天雄厚的理论与技术积淀离不开任正非对人才的极度重视。任正非一直非常重视对基础科研人才的引进，以及与世界各地的前沿科学家的深入合作，可谓聚天下英才而用之。任正非在一次采访中透露："华为公司目前有数学家 700 多名、物理学家 800 多名、化学家 120 多名，仅是从事基础研究的专家就有 6 000 余名，研发工程师更是多达 6 万余名。"

华为能够引领 5G 时代也许可以从华为与数学的故事说起。1990 年前后，华为正处于从 2G 到 3G 跨越的关键时期，技术研发部门偶然在某科技杂志上看到了一篇相关的研究论文，而论文的作者正是华为急缺的天才数学家。任正非派出精干力量远赴俄罗斯，"三顾茅庐"。最终，华为以高出谷歌和一家俄罗斯当地企业 5 倍的薪酬将这位俄罗斯天才数学家纳入麾下。然而，由于距离遥远，数学家对于背井离乡远赴中国工作仍有顾虑。面对这一实际困难，任正非眼看"移山"困难，毅然决定：既然"山过不来，那我就过去"。为此，任正非不顾反对，坚持决定把研究院设在俄罗斯当地，吸纳当地科学家，就地开展科研工作。华为也由此正式开启了将研发中心设在全球各地的先例，广纳全球顶尖人才，实现全球人才的就地接入，持续不断地为华为输入新技术。故事到这里还没有结束，天价薪酬聘请来的天才数学家加入华为之后，并没有像大众期望的那样高产，而是显得有些碌碌无为，甚至很多人都怀疑天才数学家只是骗取天价薪酬的噱头。只有任正非力排众议，宽以待才，容许他不受华为狼性文化及绩效考核的约束，按照天才的节奏潜心研究。就这样，在任正非十几年的宽容庇护下，俄罗斯天才数学家终于实现了 2G 到 3G 的技术突破，华为也凭借此项技术优势领先竞争对手爱立信，占领了欧洲市场，相关技术甚至应用在了今天的 5G 设备中。

如果说高通主导了 2G、3G 时代，那么可以认为华为定义了 5G 的标准。华为坚定地从事硬科技研发，如今拥有 1 500 多项 5G 专利，超越了老牌的三星、高通、爱立信，位居全球首位。2022 年，华为在全球两百多个国家和地区已经铺排了超过 20 万个基站。在华为的技术加持下，中国正在引领 5G 发展，建成了全球最大的 5G 网络，拥有最完备的 5G 产品系列和最多的 5G 用户，可以说中国正在以引领者的姿态推进全球 5G 发展。

华为以亲身实践向中国的硬科技企业证明了，要想打赢新一轮科技革命的关键核心技术攻坚战，技术创新与人才牵引双轮驱动是核心动力。根据华为年报数据，2021 年华为的研发投入为 1 427 亿元，占全年收入的比重为 22.4%，排名全球第二。仅 2011 年到 2021 年的 10 年间，华为的研发投入总量就超过了 8 000 亿元，研发人员在 10 万名以上，占华为从业人员总数的半数以上。来自欧盟的《2021 年欧盟产业研发投入记分牌》榜单显示，2020—2021 年度全球研发投入十强中，华为以 174.6 亿欧元位列第二，排名第一的是谷歌母公司 Alphabet（投入 224.7 亿欧元）。

由之前的产品代理商，到今天的全球最大的信息设备供应商，华为的成功离不开任正非这样优秀的硬科技企业家的引领，更离不开全球顶流人才的驱动。任正非以其高远的眼光与格局、深厚的家国情怀、对人才的识别与宽容，带领华为扭转了中国 2G、3G 落后的局面，实现了在 5G 时代领跑全球。

像任正非这样坚持硬科技的企业家有很多，比如隆基绿能的钟宝申。十多年前，在国内外多数光伏企业大多使用成本低、周期短的多晶硅作为原料时，钟宝申审时度势，坚持带领隆基绿能走高效单晶路线，并组建了几十个技术攻关小组，成功推动全球单晶硅产品成本下降，打造了隆基绿能"单晶帝国"的传奇，也因此改变了中国光伏市场的格局。比亚迪的王传福，一直奉行"技术为王，创新为本"，在传统动力汽车向新能源汽车的变革中，在电池研发制造、充电设施普及和高速充电桩建设等方面，牢牢掌握了核心技术，成功带领比亚迪由"电池大王"转型为"汽车新贵"。

◎ 中国未来发展需要硬科技企业家

硬科技企业家是科技成果转化的引擎。为什么一定是硬科技企业家？传统企业家不可以吗？中国企业数量庞大，企业家数量也位居全球第一，然而整体来看，传统型、资源垄断型企业还是占大多数，硬科技企业数量较少。对于诸如煤炭、纺织、化工等传统企业而言，一方面，企业本身硬科技含量不高，技术创新投入不足，科研创新平台不够，缺乏明确的技术需求，因此对科技成果转化关注较少甚至无感；另一方面，传统领域企业家普遍思想保守，改革创新的意识与热情不强，在企业管理和发展方面缺乏新思路，缺乏对"高精尖"的硬科技原始技术的研发能力，对科技成果的承载能力也十分有限。总而言之，传统领域企业家创新能力较为薄弱，普遍缺乏具有自主知识产权的核心技术，企业尚不能够成为科技攻关和成果转化应用的主体。

企业家是创新的动力，融合了硬科技与高站位的硬科技企业家更是中国经济转型升级、实现高水平科技自立自强的生力军。中国的幸运之处在于，在多数人忙着办企业、赚快钱的时候，产业界依然活跃着一批"任正非"，有汽车领域的王传福、光伏产业的钟宝申、显示产业的王东升、玻璃大王曹德旺……他们既有着带领企业向上"捅破天"的技术实力，也有着穿透一个时代的洞察力，能在岁月静好中居安思危。他们既有"虽千万人吾往矣"的勇气，也有"众人皆醉我独醒"的自信，任凭风吹浪打，胜似闲庭信步。而这或许就是硬科技企业家的独特之处吧。硬科技能量的释放、科技成果的转化需要更多这样的硬科技企业家参与其中，有勇气、有精神、有胆识地将实验室的硬科技成果应用到生产实践中，满足新的市场需求，真正让千万朵硬科技之花绽放在祖国的山川大地上。

第四节　投资人看懂你的项目了吗？

前些年，中国的资本大多流向了互联网、信息技术、新消费等模式创新类项目。滴滴、美团等强势吸金，成为名副其实的"融资之王"。显然，相比"短、平、快"的模式创新领域，硬科技很难获得资本青睐。近几年，伴随着新一轮科技革命和产业变革的浪潮，国家意识到：模式创新固然重要，但纯商业模式创新类的项目对国家综合实力提升作用有限。而硬科技带来的颠覆性核心技术的创新才是关乎国家安全、民族利益、人民福祉的关键因素。中国在国际上的话语权、威慑力等都要靠硬科技去支撑，投资硬科技比投资电子商务、新消费、视频游戏等更符合国家利益。特别是，伴随着资本对互联网模式创新的大刹车，硬科技站上风口，成为资本市场追逐的焦点和投资的主赛道，大多数风险投资和私募股权投资已在硬科技赛道布局，越来越多的硬科技项目被投资人看见，轰轰烈烈的中国硬科技投资狂潮一轮接一轮袭来。之前大家都以投出下一个阿里、腾讯为目标，如今却都在为投出下一个华为、中芯国际角逐。至此，属于科技风投的时代真正来临。

◎ 硬科技投资人的几点特质

随着硬科技赛道的投资节奏明显加快，粗略地看，目前市场上拥抱硬科技的投资人大概有两类：一类为长期深耕硬科技领域的投资人，诸如国内较早投资硬科技企业的投资机构中科创星等；另一类则是由投资传统领域转型而来的投资人。那么，问题来了，由传统领域转投硬科技的投资人，能看懂硬科技项目吗？

硬科技是指那些事关国家战略安全的重点产业领域、重大关键产品、重点环节上的关键技术、核心技术和共性技术。长期来看，硬科技是指能够激发新一轮科技革命、催生新的产业变革、引领新一轮跨越式发展的关键核心技术。不难发现：第一，硬科技属于关键核心技术，是特别前沿、特别底层的技术，产品差异化特征明显，相比之前的商业模式创新领域，有足够的门槛和壁垒；第二，硬科技项目从最初的实验室成果一步步转化为现实生产力，这其中存在很大的不确定性；第三，硬科技项目普遍研发周期较长，需要较大的资金投入及长时间的培育，相应地需要风险投资陪跑的时间也很长。以上这几大特点，就决定了硬科技必然要求更高段位的投资人。

第一，硬科技投资人最基础的是要有专业的技术背景，具备相关产业领域的经验积累，包括对产业链上下游有清晰的认知，能够准确判断某一项硬科技在市场中的定位、未来的发展趋势、行业市场空间的大小、细分领域以及中间会遇到的各种问题等。硬科技投资人还要拥有很强的产业生态资源对接能力，能够链接合适的资源帮助创业者。这是硬科技投资人首先要具备的核心能力，这样才能确保看得懂创始人的技术，不会盲目地被市场带节奏，追风口，从而能够在拥挤的硬科技赛道中找到优质的项目。第二，硬科技投资，尤其是天使投资的过程就好比是种下一粒种子，然后在它的成长期精心施肥、除草驱虫，直至它长成参天大树。因此，对于硬科技投资人而言，看得懂技术、经验丰富只是基本功，更难能可贵的是要从国家战略需求出发，与国家同呼吸、共命运，在追求投资价值增殖、逐利的同时，更要牢记国家意志和社会期望，实现满足人类需求和社会进步、国家经济发展与增进大众福祉，做有价值、有使命、有温度的硬科技投资人。第三，要求投资人有坚定的决心和足够的耐心。硬科技投资属于价值投资，它往往需要长期大量的资金投入和时间积累。相比传统领域而言，硬科技投资人需要承担更大的风险，这就要求投资人能够有十年磨一剑的毅力，秉持长期主义，不以眼前短期的财务指标作为评估硬科技项目的标准，而是静下心来，投入长期的资本，以更加长远的眼光、足够的耐心深耕垂直领域，从而帮创业者实现从 IP 到 IPO 的梦想。第四，投资也是投人，事为先，人为重。硬科技投资人在甄别项目时，也要对创始人的情商、领导力、协调力及创业决心等有所甄别，不仅要看好创始人的技术，而且要能够理解创始人的初心、情怀及产业抱负，与创始人拥有使命愿景上的同频共振，能够听得懂科学家的语言，知道在不同发展阶段能够给予创始人什么样的帮助才能真正地为创始人赋能，与创始人实现共赢。第五，投资人要拥有投后赋能的能力。硬科技投资人是名副其实的实验室技术的伯乐，束之高阁的实验室成果需要更多的硬科技投资人去挖掘。对科学家而言，面临的不仅是缺少资金的问题，也包括不会办企业，不懂商业规律、经营管理、人员配置等各类问题，这些都需要投资人去赋能。因此，做硬科技投资，还需要打造投后服务体系，创造性地去打造集创业培训、品牌宣传、融资服务、政策咨询、管理咨询等为一体的投后服务生态，真正地去帮助科学家向企业家转型。

◎ 中国需要更多硬科技投资人

硬科技投资的回报呈指数增长，先慢后快。硬科技就好比水下的宝藏，很多时候需要投资人潜入水底去挖掘，而不是等到宝藏浮出水面再去打捞。既然是水下的宝藏，那必然需要花费更长的时间，也就别指望投资能收到立竿见影的回报。同样地，一旦成功，产品在市场上的竞争力也有极高的壁垒，毕竟竞品从孵化到上市同样需要很长的时间。这也是很多投资人不愿意投实验室成果、不愿意投硬科技的原因：不确定性极大，且需要陪跑很长时间。

硬科技投资从小众投资到今天的群雄逐鹿，科学家也因此迎来了创业的春天。但是，真正懂技术、懂产业、听得懂科学家语言的复合型硬科技投资人还是缺口较大。在现如今激烈的国际竞争面前，中国屡遭西方发达国家打压制裁，迫使我国急需锻造自主可控的关键核心技术，而这显然离不开资本市场的加持。科技成果转化本质上是"技术＋资本＋市场"要素整合的过程，因此，我们呼吁培育更多看得懂技术、耐得住寂寞的硬科技投资人，真正让资本慢下来，响应国家对科技金融的号召，引导资本肩负为中华民族伟大复兴服务的历史使命，承担起新一轮科技革命中科技金融融合发展的重任，助力更多的科技成果走向现实生产力，让资本更加有使命、有高度、有温度，更好地创新科技、服务国家、造福人民。

第五节 寻找缺失的大国工匠

西奥多·冯·卡门曾经说过，"科学家研究世界的本来面目，工程师则创造不曾有的世界"。技术工人、高端工程师等技能领军人才肩负着中国的工业强国梦。每当提及技术工人、高端工程师，人们首先想到的是瑞士将误差控制不超毫秒的钟表匠，是日本将寿司做成艺术品的手艺人……而这一队伍里未见中国人的身影。中国没有被打上"匠人精神""优质制造"的标签，是因为中国没有这样的大国工匠、能工巧匠吗？显然不是，中国有，但是太少。根据人社部统计数据，截至 2021 年，中国拥有技能型劳动者 2 亿人，仅占到全国劳动者总量的 26%；其中，高技能人才仅有不到 6 000 万人，仅占到技能型劳动者总量的 30%，这一数据相较德国、日本等发达经济体 40%～50% 的高端技工占比，差距巨大。近几年，"招工难""技工荒"现象在全国蔓延，我国高质量发展对技能型劳动者的需求倍率长期在 1.5 以上，对高端技工的需求倍率甚至达到了 2 以上。较小的供给与日益增加的需求之间存在超 2 000 万人的巨大缺口，技术工人缺乏、高端工程师匮乏成为中国由制造大国向制造强国转型的关键痛点。培养和打造高素质技能人才队伍已经成为一道绕不过去的坎，也极大地阻碍了中国的科技成果转化事业。

◎ 德国制造业的秘密武器

话说回来，善于解决复杂问题的工程师、技能型人才在科技成果转化中扮演怎样的角色？工程师、技能型人才是联结科研与产业"最后一公里"最核心的劳动要素，他们在很大程度上决定了产业对于科技成果的吸收能力，是一家企业新技术的主要承接力量。高校和科研院所的科技成果大多偏基础、偏理论，处于原型、样品、样机阶段，尚未达到可以直接转化的成熟度，距离产业化仍十分遥远，难以直接形成成套技术、成型装备、成熟产品、成熟工艺路线等。工程师队伍在新技术的验证、中试等环节起着关键的催化作用，他们以其卓越的技术能力、丰富的生产经验，以"用"为导向，对实验室成果进行判断，对实验室工艺进行改进，促进科技成果的成熟化，加快推动实验室成果变成高技术的产品或服务，进而转化为实实在在的现实生产力。

德国作为老牌工业化国家，第二次工业革命期间，井喷式地涌现出了大批的科技成果，如何将这批科技成果转化为现实生产力成为亟待解决的难题。自此，德国政府开始重视应用科学研究，并在摸着石头过河的路上发现，德国的科技成果转化事业，不仅需要科学家、技术工人，在科学家与技术工人之间还需要某种角色，也就是工程师。德国对产业工人、工程师人才的重视便可溯源至此。

德国卓尔不凡的工程师群体堪称德国制造的秘密武器，也是在2008 年的全球金融危机中帮助德国拥有不俗表现的强势工具。德国前总统曾经说过，"为保持经济竞争力，德国需要的不是更多博士，而是更多技师"。在德国，工程师享有很高的社会地位，可与中国的教师、医生等职业媲美，在薪资水平上也略胜一筹。公开资料显示，在德国，大学毕业生的年均工资约为 30 000 欧元；而工程师的年均工资为 35 000 欧元左右，普遍比大学毕业生高，部分行业的工程师的薪资待遇甚至远高于公务员、大学教授。想必这也是德国每年有超 60％的学生进入职业院校，立志成为一名工程师的原因吧。

近年来，我国愈发意识到中国制造的差距在于人才的差距，并不断将技能型人才的地位提高到了前所未有的高度，《关于推动现代职业教育高质量发展的意见》指出，"加快构建现代职业教育体系，建设技能型社会，弘扬工匠精神，培养更多高素质技术技能人才、能工巧匠、大国工匠"。那么，究竟什么样的人才能称得上代表中国制造、中国水平的大国工匠？

◎ 大国工匠高凤林

在 2015 年央视《大国工匠》节目中，一幕镜头中有这样一段有趣的对话引起了人们的注意，这段对话与我们下面要说的人物有关。

高凤林："如果这段（节目）需要十分钟不眨眼，我就十分钟不眨眼。"

记者："您能做到十分钟不眨眼？"

高凤林："那我给你瞪眼看看……"

对高凤林而言，这十分钟的不眨眼相比火箭"心脏"焊接工作高压下的不眨眼，应该是不值得一提的挑战。1970 年，我国发射第一颗人造卫星时，高凤林还是一名小学二年级的学生，从那时起，卫星升空的问号便种在了他的心中。高凤林一心怀揣航天梦，却阴差阳错地成了焊接技工，他的心凉了半截。然而，即便正在做的事不是最初的梦想，他还是凭借异于常人的努力成为焊接领域的佼佼者。

20 世纪 90 年代，在为我国主力火箭长三甲系列运载火箭设计新型大推力氢氧发动机的过程中，项目组遇到了前所未有的瓶颈：面对发动机大喷管上长达 900 米的焊缝，大家束手无措。大喷管的管壁比一张纸还薄，焊枪停留 0.1 秒都有可能把管子烧穿或者焊漏，而一旦出现烧穿或者焊漏，整个管子将全部报废，这将导致数百万元乃至上千万元的经济损失，更重要的是还将影响整个火箭的研制进程。

为顺利完成这一艰巨的战略性任务，高凤林在车间整整待了一个月，进行各种尝试和摸索，最后不负众望，以自己丰富的焊接经验攻克了大喷管的焊接难题，第一台大喷管被成功送上了试车台，推动我国火箭运载能力大幅提升。

火箭"心脏"焊接究竟有多难？高凤林工作时一个焊点的宽度一般仅有 0.16 毫米，且焊接要在极短的时间内完成，时间误差要控制在 0.1 秒之内（而人眨眼的时间是 0.2 秒），这期间丝毫的差错都可能带来发动机爆炸的隐患。这对高凤林来说不光是技术上的挑战，也是巨大的心理抗压的挑战，而高凤林每一次面对疑难杂症总能交出令人满意的答卷。

2006 年的国际反物质探测器项目的成员来自全球 16 个国家和地区，项目进程中因为低温超导磁铁的制造陷入了困局。彼时，来自国外、国内的两批技术专家出具的解决方案均遭到了由美国航空航天局主导的国际联盟的否决。百思不得其解之际，诺贝尔奖获得者丁肇中教授听说了高凤林的事迹，抱着试一试的态度，请高凤林去现场指导。高凤林经过现场仔细考证后，很快便一针见血地指出了问题的症结所在，并提出了设计方案，最后获得了国际联盟的认可。

像这样临危救急的事情，在高凤林的生活中不是第一次，当然也不会是最后一次。一次，我国从俄罗斯引进的一辆中远程客机的发动机出现了裂纹，负责售后的俄罗斯专家断言，维修难度极高，要么运回俄罗斯返厂维修，要么从俄罗斯请专家来中国维修，否则别无他法。这时候，高凤林临危受命，赶赴现场。俄售后专家全然不把长相平平的高凤林放在眼里，傲慢地说："你们不行，中国专家谁也修不了。"高凤林委托翻译回答道："你等着，我十分钟之内就能把它焊好。"很快，裂纹处在高凤林的手中变得严丝合缝，令俄专家目瞪口呆。

以上对高凤林的所述皆为皮毛。从 20 世纪 80 年代至今，40 多年间，高凤林攻克了发动机喷管焊接技术等 200 余项世界级难关，为负责包括"北斗"导航、"嫦娥"探月、长征五号等任务在内的 90 多枚火箭焊接过"心脏"，这些火箭占到我国火箭发射总数的近四成。在 2014 年的德国纽伦堡国际发明展上，高凤林参与的项目同时获得三项金奖，国内外为之震惊。很多外国企业不惜重金引才，更有一外企甚至以 8 倍薪酬加北京两套住房的诱人条件挖高凤林去自己的企业，高凤林回答道："我相信航天事业发展了，工资待遇一定会赶上、超过你们！至于荣耀，你说它能有用我们制造的火箭把卫星送入太空荣耀吗？"

高凤林是我国国宝级的工人，其个人经历深刻阐释了何谓高端工程师、何谓大国工匠。在当今科技与经济大潮中，我国的科技创新、科技成果转化事业，需要更多像高凤林一样的高端工程师，他们不仅能够熟练掌握专业领域的技术知识，且拥有丰富的实践经验，既拥有对整个工艺平台的全局驾控能力，又能攻克解决重大的技术难题。我国科技成果转化这一世纪顽疾的治愈、科技成果转化人才体系的搭建，离不开这样一批"高凤林"。

第六节　技术市场的"摆渡人"

科技成果宛若一件件陈列在展柜里的展品一样，拥有者成就感满满，但"变现"却似乎又遥不可及；需求者求知若渴，却止步于无法获得展柜的钥匙。那钥匙究竟掌握在谁的手中呢？科技变现、科技公共技术成果从实验室走向市场，需要一个"摆渡人"，也就是我们所讲的技术经理人。"技术经理人"一词最早从美国技术转移领域引入，指的是在高校、科研院所的技术转移机构从事技术转移的专业人士。需要明确的是，技术经理人是一个概念，而不是具体的岗位名称，一般以团队作战为主。我国在改革开放初期，开始有技术经理人的雏形，最初也称"星期天工程师"，源于一些科研院所的科研人员利用星期天等休息日去企业一线车间解决一些技术难题。

◎ 我国技术经理人培育工作起步较晚

2017 年，官方首次使用了"技术经理人"这一新称谓，自此这一在科技成果转化中发挥关键桥梁作用的新兴职业逐渐进入政策视野，各级政府对技术经理人的重视程度不断提高。2018 年召开的国务院常务会议提出，要"强化科技成果转化激励，引入技术经理人全程参与成果转化"。2019 年，中国技术市场协会正式成立了技术经理人工作委员会。紧接着在 2020 年，科技部颁发的《国家技术转移专业人员能力等级培训大纲》提出要构建高水平、专业化的技术转移人才队伍。2021 年，包括上海、广州、深圳等在内的多地出台了加强培养技术经理人的相关规定，并把技术经理人列入"十四五"紧缺人才开发目录。同年出台的科技成果转化领域的 49 条政策中，有 17 条将"加强培养技术经理人"列为重点内容。

不少人单纯从字面意思上认为，技术经理人干的是中介的工作。其实不然，虽有一部分职能与中介作用类似，但技术经理人的工作整体上远比中介要复杂得多。他们在科技成果转化中提供的不仅仅是信息，而且是科技成果由实验室到企业的商业化的成套解决方案。一名合格的技术经理人不但要有技术背景，看得懂实验室成果，对技术的先进性及商业化潜力有相对的判断力，而且要对市场有充分的把握，拥有丰富的人力资源渠道，还要熟知法律、金融等多行业知识，掌握一手政策信息。换句话说，就是技术经理人不仅要掌握市场语言、技术语言及政府语言，还要能够转译科研人员的技术成果和企业真实的技术需求，并将其翻译成对方能听得懂的语言，从而快速拉近技术与市场之间的距离。这个过程有点像是打磨一块美玉，首先得由专业的匠人从一堆石头中筛选出含玉的原石，然后由匠人对原石设计打磨，而后呈现的玉石根据应用场景的需要被包装成可上市销售的产品，最终实现价值最大化。

在欧洲国家，科研人员与技术经理人的配比大概是 25∶1，即每 100 个科研人员需配备 4 个技术经理人。相比之下，我国技术经理人极为紧缺，首先数量上缺口巨大：参加过技术经理人培训的有上万人，但其中很多人是出于赶热度、扩大知识面等其他目的，最终真正从事技术经理人工作的少之又少。在这些人中，通过国家科技部"技术经纪人"资格认证的不足从业人数的 10%，高水平的技术经理人更是凤毛麟角。我国技术经理人从质量上来讲也是参差不齐，由于缺少完整健全的培养体系，相关学科的建设很多年来几乎是空白，大多数人是"半路出家"，只接受了阶段性的培训，服务范围与需求期望相差甚远。

国外在技术经理人方面的实践能够给我们提供丰富的可鉴经验。美国许多知名大学都设立了由学校科研管理部门直接管辖的技术转移办公室，由其专职负责科技成果转化。以色列之所以能成为创新创业型国家，也与其成熟的技术经理人培育体系有关。

◎ 以色列成熟的技术经理人培育体系

被誉为"创业的国度"的以色列，高科技公司密度仅次于美国硅谷，是当之无愧的全球科技创新中心之一。2022 年，以色列科研投入占 GDP 的比重高居全球第一。更令人惊叹的是，其科技成果转化率高达 85%。那么，究竟是什么成就了以色列如此高的投入产出比呢？

以色列构建了一套完整的科技成果转化体系。在以色列，无论是大学，还是其他性质的研究机构，都设置有自主运营、以营利为目标的技术转移公司（TTC），这些公司具有明确的规则、系统完善的转化流程，专门负责将大学内的研究成果商业化，为科技成果在市场上找到归宿，然后大学从每项成交的技术转让中获取一定比例的收入。技术转移公司的员工主要由技术鉴定、知识产权、市场、法律、金融等各领域的专家组成，也就是我们上文提到的技术经理人团队，他们一边连着市场、一边连着企业，全方位开展科技成果转化工作。这一复合多元的人才结构，能够确保打通科技成果转化的各个环节，使其不再只是研究所的独角戏。

以色列不少技术转移公司都遵循类似的转化模式，由来自各领域的具有相当专业度的专家组成的技术经理人团队深入科技成果转化的全周期，去敏锐地发掘成果、申请技术专利、寻求合作伙伴、解决融资难题、生产及投放市场，最终完成科技成果转化的闭环，实现成果转化效益的最大化。

以色列拥有十几所知名的研究型大学，除极少数以外，均设有自己的技术转移公司，比如魏兹曼科学院的 Yeda、希伯来大学的 Yissum、以色列理工学院的 T3 等都是经营了若干年的非常成功的技术转移公司。

以 Yeda 为例。1916 年，魏茨曼研制出了丙酮生产的新工艺，并成功将其应用在第一次世界大战中，至此完成了以色列历史上第一项技术转移工作，也因此为以色列带来了一个蒸蒸日上的新行业。魏茨曼科学院的王牌学科以物理、计算机、数学、生物和化学等为主，该科学院在 2011 年被《科学》杂志选为世界排名第一的科研院所。1959 年，全球第一家技术转移公司——Yeda，在魏茨曼科学院诞生，由此开创了全球高校和科研院所技术转移的先河。

秉持"让科学家专心做科研，其他事情我们来办"的运营理念，魏茨曼科学院、Yeda 及科研人员之间通过三方协议约定，将成果使用权及其他各项权益独家转移给 Yeda，由其全权负责魏茨曼科学院包括成果发现、价值评估、专利保护、商业开发、咨询服务、渠道融资、收益分配等在内的所有的科技成果转化工作。相应的转化收益由三方共同分享，基本遵循"四四二"的分配原则，即：转化净收益的 40％归科研人员所有，另外 40％为学校所有，Yeda 收取 20％用于公司的运营管理。

Yeda 专业的技术经理人团队与学校的科研人员保持密切的联系，并密切追踪全校各院系、各实验室的最新科研进展，只要发现有适应市场需求的、有较大转化价值的新技术、新成果，便会成立专门的技术筛选评估小组，对新技术的各项转化指数进行评估。评估通过的项目在征得成果持有人同意后，由 Yeda 负责该项成果的专利起草、申请、授权、寻找合伙企业等全流程的产业化工作。特殊的是，如果项目被 Yeda 评估为具有潜在转化风险，科研人员坚持转化，则在获得学院批准其自行转化的基础上，还需向 Yeda 缴纳转化净收益的 25％。

为了保障魏茨曼科学院的基础科研工作，除了政府的经费支持以外，Yeda 也会利用公司内部资金直接出资支持科研工作，并且会设立奖励基金，奖励学校的前沿项目。那么，Yeda 究竟采用何种技术转移模式？它既可以通过独家或非独家的方式将技术授权给合适的企业，也可以通过与企业共同出资的方式。一般使用的授权类型为材料转移协议，即直接将技术的部分产权转让给企业，借助企业对新技术进行推广。

据悉，Yeda 是世界上公认的最为成功的科技转移公司之一，也是以色列拥有最多专利数的技术转移公司，拥有魏茨曼科学院 2 070 项专利的使用权，其中制药业的专利占比高达 36%。Yeda 是世界上唯一一家拥有三大最赚钱的药物专利的公司，这三项专利中的每一项每年都可获得超 10 亿美元的收入。由 Yeda 投资或持股建立的高科技企业达 80 多家。2016 年，相关公司通过 Yeda 提供的科学院技术实现的产品销售额高达 360 亿美元。

"创业的国度"以色列的经验向我们证明，专业的机构无疑是培养专业的复合型科技成果转化人才的不二选择，专业的技术经理人队伍光靠"散养"、社会化突击培训是远远不够的。因此，建议我国相关部门要加快推进经理人职称制度建设，在全国层面增设技术经理人专业职称。可以分学科门类和层次不断壮大技术经理人队伍，鼓励有条件的高校设立科技成果转化研究生专业培养方向机制，健全从业人员转移转化理论知识的系统性。完善构建"专职＋兼职＋挂职"多层次科技成果转化技术经理人队伍，选择部分人员到技术交易市场和技术转移公司挂职锻炼，以提高实战能力。同时，健全完善科技成果转化人员激励制度，探索建立专业技术转移人才队伍薪酬、工资评定、职位晋升等制度体系。

第十章　筑造科技创新雨林生态

创新就是把各种事物整合到一起。

——史蒂夫·乔布斯

科技创新是大国博弈的核心。科学研究追求的是单项指标的领先，但是到了产业领域，衡量的就不只是单个企业，而是整个产业生态的实力。2004年，美国总统科技顾问委员会发布研究报告《维护国家的创新生态系统：保持美国科学和工程能力之实力》，报告界定了"国家创新生态系统"的概念，强调技术型人才、科研院所、风险资本与聚焦研发创新的政府共同构成了充满活力的生态系统。进入对外开放新阶段，国际竞争焦点已从单一科技创新转向基于国家创新生态系统的整合创新能力。

当前，新一轮科技革命和产业变革正处于实现重大突破的历史关口，新技术、新产业、新业态、新模式层出不穷，科学、技术、创新突破的难度和复杂性空前提升。

诸多前沿科学领域的探索正深入无人区腹地，需要各学科、产业、区域、机构之间更为紧密的交叉、融合、集成与协同攻关。同时，科技创新活动与经济社会的相关性日益增强，学校、企业、研发机构合作越来越紧密。从研发设计、技术集成、生产组织，到价值实现和利益分配，供需互动的形式更加多样、速度更快、界面更加模糊，围绕核心产品或服务形成了无数个持续动态演化的生态系统。由此可见，大至国家，小到产品和服务，单纯的产品竞争、技术竞争已逐渐演变为区域创新链及创新生态的整体竞争。一种良好的创新生态不仅要汇集各类创新要素，更需构建鼓励创新的体制机制，以及开放包容的人文环境。本章重点讨论构建科技雨林生态的创新要素，同时重点以美国硅谷、波士顿 128 公路，以色列特拉维夫，新加坡纬壹科技城等为典型案例进行介绍，它们共同的特点是发展迅速，拥有在全球处于领先地位的产业领域，关注技术创新和产业升级，建立了一套适合自身创新集群发展的模式。

第一节　科技雨林生态的创新要素

国内外创新高地发展规律表明，其形成不是一个或几个孤立的个体或单元，而是一种集多元、共生、协同、包容、进化、开放于一体的雨林型科技生态。雨林生态能够繁荣不在于元素有多少，而在于能够把不同的元素融合在一起，提供合适的环境来培育偶然发生的进化过程，创造出全新且不可预料的物群。科学的统筹规划，为创新发展提供全方位支持，进而放大创新的辐射效应。只有加强联系协调，在创新、文化、服务、金融等环节相互支撑、联动合作，才能构建完整的雨林型科技生态。

因此，构建各类企业协同发展的多元创新主体（聚集"种子"），构建科技核心领域的产业公地（"共生"发展），增强科技金融多元供给的全过程支持体系（促进"成长"），完善开放包容、适宜创新的制度环境（涵养"沃土"）显得尤为重要，必须不断优化科技创新生态，推动创新要素和资源在一定区域内高密度集聚，为各类科创主体营造阳光充足、水分丰沛、土壤肥沃的"热带雨林"。

◎ 聚集"种子"——构建各类企业协同发展的多元创新主体

依托高校、科研院所、大学科技园等载体，大力集聚和培育高成长性"种子"企业群落。

打造高校、科研院所、创新型龙头企业"树干"。加强与高校、科研院所之间的联系，营造科技创新氛围，对构建科技创新生态来讲，是十分必要的。高校和科研院所是开展科学研究的重要阵地，也是培养高水平、高素养科技人才的摇篮，能够为科技园区营造科技创新氛围提供有力的支持与帮助。与此同时，高校和科研院所了解科学研究的前沿，并且掌握着世界范围内前沿技术的发展情况，它们对龙头企业在园区落地具有强大的吸引力，能够促进高科技企业的创建以及高新技术产品的生产与研发，并且能够在技术服务、信息沟通以及技术咨询方面提供极大的科技支撑。龙头企业是创新发展的基石，具有强大的创新资源整合能力。打造一批国际知名、拥有原创性核心技术的龙头企业，形成若干有全球影响力的创新型地标企业，将有利于"树干"的形成。

形成创新型中小企业"丛林"。中小企业是保持促进创新链动态平衡的关键。国际经验表明，一个雨林型创新生态系统一直保持着80%左右的中小企业。围绕龙头企业所在行业，选择一批专业化、精品化、特色化、创新型、市场竞争优势突出的优质中小企业尤为重要。

培育创新型初创型企业"苗木"。依托科技城、双创空间、科技企业孵化器等载体，通过天使投资、创新创业大赛、办公场所补贴、宽容失败的创新氛围等政策组合拳，为创新幼苗企业成长提供良好的环境。

◎ "共生"发展——构建科技核心领域的产业公地

共生是科技创新生态存在的根基和生命力的重要体现，创新平台是集聚创新主体、提升创新浓度、促进知识与价值流动的关键。哈佛大学教授加里·皮萨诺和威利·史提出了产业公地概念，其内涵包括根植于企业、大学和其他组织之中的研发与制造的基础设施、专业知识、工艺开放能力、工程制造能力等，这些能力共同为一系列的产业成长和技术创新提供基础。产业公地是多个产业共享的网络体系，其强劲的溢出效应维系着区域内利益共同体的共同发展，处在产业公地中的企业可以共享供应商、人力资源、配套设施等优质资源，并且与其他企业实现共生共荣。

因此，产业公地成为维系国家或区域一系列产业持续成长和创新的各种能力和要素网络交织形成的集合，对于汇聚更多创新发展的要素资源，推动产业上下游紧密衔接、产业链布局更加完整、产业生态更加完善具有重要意义，波士顿128公路生命健康集群就构造了协同并进的创新生态产业公地。

◎ 促进"成长"——增强科技金融多元供给的全过程支持体系

成长是科技创新生态系统可持续发展和健康活力的源泉，主要表现为创新型企业新兴成员的增加和产业的更新迭代。科创企业存在轻资产、缺少抵押、高成长性的特点。处在种子期、初创期、成长期的科创企业，面临着不同程度的融资难问题。这就需要整合金融各条线资源，积极创新科创产品服务体系，为企业提供全生命周期的金融服务，促进更多金融资源配置到中小型科技企业、"瞪羚企业"，用资金链将产业链、创新链、人才链精准串接，实现金融资本与科技企业的良性互动，用金融资本激活创新资源。例如在硅谷，多层次的资本市场满足了硅谷创新创业的各类资金需求。美国完备的、多层次的资本市场体系，使成熟企业能够通过公开市场融资获得资金，早期初创企业也很容易获得私人风险投资基金的支持。

◎ 涵养"沃土"——完善开放包容、适宜创新的制度环境

营商环境是软实力，是竞争力、吸引力，也是构建科技创新生态系统的重要外部变量。政府与市场的关系是一个地区创新生态的决定性因素。不断完善科技创新生态的内部生态，营造有利于创新的营商环境，打造"鼓励创新、包容失误、审慎处罚"营商环境的措施，有利于优化发展软环境，激发市场活力。其中，以色列特拉维夫"没有门槛"的创新环境就是一个例子。特拉维夫市政府提供近乎免费的基础创业咨询服务，只要有一点创业创新想法，就可以通过预约获得政府相关信息的咨询、培训。

第二节 全球创新中心：美国硅谷

硅谷是圣塔克拉拉谷（Santa Clara Valley）的别称，它位于美国西海岸中部、加利福尼亚州北部、旧金山湾区南部，最早是研究和生产以硅为基础的半导体芯片的地方，并因此而得名。硅谷的面积约为1 854平方英里，人口约300万。

◎ 硅谷，从孕育到成熟

从20世纪90年代至今，经历了从互联网到移动互联的阶段，硅谷的世界创新中心和全球高新技术产业高地地位最终确立。

孕育期：19 世纪末期，美国开始出现电子工业的萌芽，加利福尼亚州圣塔克拉拉谷开始陆续出现工业企业。1885 年，斯坦福大学建立，进一步催生了相关技术研发企业的发展。1909 年，斯坦福大学的毕业生埃尔维尔建立了联邦电报公司，培养了一批硅谷企业家，并培育了硅谷独特的创新文化。1939 年，惠普公司在硅谷创立，并取得巨大成功，被硅谷很多新兴企业所仿效。斯坦福大学的建立、联邦电报公司和惠普等早期电子公司的形成，构成了美国硅谷创新模式的孕育期。

成长期：20 世纪 40 年代，美国直接介入第二次世界大战，军事电子技术的迫切需求为硅谷带来了新的发展契机。"阿波罗计划""民兵"导弹等军方项目使硅谷当时的初创企业获得了大量的资金支持。受到美国军费大幅增长的拉动，硅谷电子类企业迅速发展。此外，1951 年斯坦福大学工业园设立，吸引了大量技术研发类企业在此聚集，硅谷地区高科技公司网络逐步形成。这一阶段一般被外界看作硅谷的成长期。

发展期：20 世纪 50 年代中期，一批半导体物理学家来到硅谷，改变了硅谷工业发展的路径，快速衍生出大量的半导体公司、风险投资公司和律师机构，其中包括著名的英特尔公司等。在这一时期，企业衍生、重组成为硅谷的潮流，形成了硅谷地区企业广泛联系和开放的风气，掀起了硅谷中此起彼伏的创新浪潮。

成熟期：在半导体技术发展的基础之上，1971 年英特尔公司发明了世界上第一款微处理器，开启了个人电脑的发展时代。以苹果公司为首的计算机公司使硅谷的影响扩大到全世界。这一阶段，风险投资的广泛介入推动硅谷企业数量与产值的爆发式增长。此外，互联网的出现与快速发展，使硅谷进一步涌现出一批国际知名的互联网公司，如谷歌、脸书等，成为具有国际影响力的高技术企业聚集区。

◎ 硅谷成功的秘密：站在巨人的肩膀上前行

硅谷创新创业生态的共性优势与成功经验，包含了依托研究型大学和科研院所进行技术创新、构建完善的区域技术创新体系、形成网络型的产业体系和企业组织结构、培育园区独有的文化等。

美国硅谷的成功，很大程度上得益于斯坦福大学及其工业园的建立，形成了大学与企业紧密结合的产学研体系与产业链条。大学研发的技术与企业紧密结合，快速转化为产品或产业化，并推动新一代产品的研发。硅谷的企业大多为私营企业，尤其是中小企业，管理方式灵活，相互之间既是竞争对手又是合作伙伴，彼此共生，形成一套具有生命力的生态系统。

世界一流大学和科研院所

硅谷地区集聚了斯坦福大学、加州大学伯克利分校、加州大学旧金山分校、加州州立大学圣何塞分校等众多世界一流大学，而且拥有世界一流的实验室，如位于加州大学伯克利分校的劳伦斯伯克利国家实验室。这是硅谷发展的基础。高校和科研院所不断研发产出的高新技术成果构成了硅谷的技术基础，这里具有全球最新的科技发明专利、世界最快的技术更新速度、人类下一次技术革命的代表者，这些都为硅谷的成功运作提供了坚实的知识环境。

人才多元化和高度的流动性

硅谷吸引了全球追逐理想和梦想的创业者。这些人不仅在硅谷创新创业，同时还与自己的母国在创新链上建立了一种联系。这种高度的人才聚集效应所导致的规模效应和区域创新效应，带动了硅谷整个区域人力资本的快速积累与提升。

风险投资和天使投资

　　硅谷的成功还有一点比较重要，就是前期资金投入。成熟企业能够通过公开市场融资获得资金，早期初创企业也很容易获得私人风险投资基金的支持。也就是说，在创业初期，企业有好的技术，可以找到投资人给企业投资，把技术变成产品和服务，最后实现价值。在这一过程中，需要多层次的资本市场，比如天使投资、风险投资，这种投资有很大的风险性，但对科技成果转化起到了至关重要的作用。它们之间经过相互选择、相互配合，形成了一个良性运作组织，充分发挥多个创业资本对多个高科技企业的组织性孵化器作用。

科技成果转化平台

　　硅谷的大学、研究机构和企业间的互动是非常紧密的，研究成果向产品的转化效率也非常快。例如，施乐硅谷研发中心和苹果公司交流，苹果把施乐的原创概念鼠标和视窗商品化；又如，斯坦福大学工学院和惠普等公司的良性互动；再比如 1960 年代，军方的帕洛阿图电磁系统实验室和斯坦福大学及当地企业在数字信号处理方面的合作；贝尔实验室发明了晶体管，但专注于完善一个巨大的通信平台，没有努力推进晶体管的市场应用，而肖克利迁回湾区，把技术诀窍传授到湾区，并催生了硅谷；等等。

包容性的创新文化

　　硅谷的成功还源于一种文化，就是包容性的创新文化。硅谷早期的创业没有受到传统工业发展的束缚，勇于突破传统的观念和体制，鼓励冒险、善待失败、平等竞争、乐于合作、以人为本、宽容跳槽，这为硅谷铸就了良好的创新发展软环境，这是一个地区孕育创新的重要的文化土壤。

总的来说，硅谷的成功经验可以概括为五点：知识创新、人才多元化和流动性、多层次的资本市场、敏锐的科技成果转化能力、宽容的文化。另外，我们还要注意，硅谷地区诞生了很多科技巨头，而这些科技巨头又不断分化出很多初创企业，这样就形成了一种完整的以龙头企业为核心的创新生态。

◎ 案例分享：硅谷文化重要缔造者——英特尔

从企业的角度看，英特尔成立 50 多年来始终站在硅谷的风口浪尖，传承着硅谷的文化，也是硅谷文化最大的受益者。创建于 1968 年的英特尔公司是全球最大的半导体生产企业，也是硅谷最有代表性的企业之一。英特尔的两位创始人，一位是发明了集成电路的罗伯特·诺伊斯，另一位是提出摩尔定律的戈登·摩尔，而公司的第三位员工安迪·格鲁夫后来则成为全球最优秀的企业管理大师之一。

今天一提起硅谷，我们想到的可能是谷歌、脸书这些互联网巨头，但其实对硅谷来说，最重要的企业是英特尔。硅谷得名于半导体材料硅，而英特尔是全球最重要的半导体公司之一。在鼎盛时期，英特尔垄断了全球芯片市场 90％的份额，所以说，硅谷必须拥有英特尔才名副其实。更重要的是，英特尔对硅谷的形成起着奠基性作用，它奠定了硅谷的创新创业精神、行业标准、管理模式等一系列影响深远的核心元素。比如，英特尔孕育了硅谷最早的风险投资；英特尔联合创始人摩尔提出的摩尔定律成为半个世纪以来的半导体行业标准；英特尔还打破了等级森严的企业管理模式，率先倡导平等、开放的硅谷精神，创始人和员工一起坐在格子间办公。所以，从这个角度说，英特尔是硅谷最重要的企业。

不过，英特尔并不是天生的王者。英特尔成立之初，在硅谷就已经有了一批实力强劲的竞争对手，如德州仪器、摩托罗拉等，后来日本公司也追赶上来，大打价格战，这让半导体行业的竞争异常惨烈，英特尔有好几次都面临着灭顶之灾。然而，英特尔就像"打不死的小强"，在危机时刻能迅速调整策略，从错误中学习，一旦挺过危机，它就变得更加强大。这种超强的纠错机制和学习能力成就了英特尔后来的霸业。

第三节　创新的高速公路：波士顿 128 公路

128 公路毗邻美国马萨诸塞州波士顿市，是一条长约 90 千米的环形公路。20 世纪 50 年代至 70 年代，这里曾是美国最重要的高新技术产业园区，被誉为"美国科技高速公路"。在规划建设之初，128 公路并非以科创为目的，而是为了振兴马萨诸塞州传统制造业而开展的基建工程。第二次世界大战期间，美国对军用品的需求给这个地区带来大笔订单，大量的军事研发和麻省理工学院共同促进了该区域创新力的爆发式增长，成为 128 公路科技化的重要转折。第二次世界大战结束时，麻省理工学院成为美国最大的国防研发承包商，128 公路则成为"科研一条街"，并且成就了宝丽来、雷神等一批知名企业。

◎ 128 公路的兴衰史

军工业时代

第二次世界大战爆发时，马萨诸塞州东部领先的学术研究基础，被用于开展国防项目，并且研发出了第一台实用的数字计算机，为美国计算机事业奠定了基础。第二次世界大战后，128 公路应运而生，政府修建了交通基础设施来支持即将到来的经济增长。128 公路不仅为交通提供了便利，后续也很快成为美国具有标杆性的科技走廊。

在 1950—1957 年，128 公路沿线吸引了大量的资本，投资总额超过了 1 亿美元。1955 年，128 公路沿线已经有了 50 余家企业；经过 4 年的猛增，到 1959 年企业数量为 223 家，到 1967 年突破了700 家，为当地将近 7 万人提供了就业岗位。土地价格也在 10 年间增长了 10 余倍。20 世纪 60 年代，128 公路成为美国主要的技术中心之一。

计算机产业时代

1970 年以后，128 公路有了产业集群的雏形，企业规模越来越大，聚集度越来越高。1975—1980 年，128 公路总共创造了超过 20万个就业岗位，其中大部分集中在高科技行业。128 公路逐渐成为美国计算机产业的中心，对微型计算机需求的快速增长催生了新的高新技术龙头企业，龙头企业的带动发展也提升了计算机产业的规模。

计算机从硬件到软件技术的民用化，使 128 公路成为小型计算机（面向企业客户）革命的中心。到 1970 年代末，单是数字设备公司、王安电脑、通用数据三家公司的计算机销量，就占据全美市场份额的 42% 以上。这一时期也成为 128 公路超越硅谷的高光时刻：沿线企业超过 1 200 家，雇员约 8.5 万人——超过同时期硅谷6 万雇员的数量。在当时美国制造业大转移的背景下，波士顿实现了制造业逆势增长，被称为"马萨诸塞奇迹"。

产业多点开花时代

"马萨诸塞奇迹"并没有持续太长的时间，因为波士顿的国防、金融和计算机三大支柱产业同时面临较大的危机。战争结束后，128 公路军工产业受到巨大打击，国防开支大幅下降。

后来，128 公路凭借在生命科学与物理学、化学、工程学、计算机科学等多学科领域的技术沉淀和融合，再次崛起。麻省理工、哈佛的教师和毕业生们，再次以自身的技术优势创办了一批生物技术公司，使 128 公路成为全美著名的生物技术走廊，也使阿斯利康、赛默飞、诺华、辉瑞等全球知名生物医药企业汇聚波士顿，造就了这座"基因城"。

◎ 128 公路的创新机制

知识源头：锚定麻省理工和哈佛

128 公路创新廊道汇集了包括麻省理工学院、哈佛大学等在内的 65 所高校，这些高校为波士顿的高科技工业区提供了大量的科学家、高级工程师和技术人员，也为其提供了强大的智力支撑。高校广泛参与创新研究，不断产出各项专利成果，在创新研究中发挥着重要作用，实现了产学研的有效融合，同时也为企业输送了大量的人才。据统计，128 公路沿线高科技工业区内 70％的企业由麻省理工学院的毕业生创办。

因此，麻省理工学院对 128 公路沿线地区的科技发展影响最大，间接吸引了高新技术企业的入驻及促进了高校科技成果的有效转化。美国政府在 128 公路的高校周边布局了大量的工业园区，此举极大地加强了企业与高校间的交流合作，也提升了科技成果转移转化的效率，有利于企业快速获得高校的科技成果。麻省理工学院长期以来工程类学科高速发展并与企业频繁合作，因而其更加注重技术成果的市场价值，而非以学术论文、技术职称为教育导向。大量的科研人员广泛参与创新研究，不断产出各项专利成果。

多元的创新孵化举措推动区域创新发展

128公路创新廊道的创新孵化举措主要表现在以下两个方面：

第一，产学研合作网络。128公路创新廊道的模式体现了区域的创新发展离不开产学研的结合，企业、高校和科研院所不应当是三个独立的个体，否则，很难形成从基础研究到成果产业化的全过程创新链和产业链。区域协同创新中心与学术界、产业界广泛接触联系，一方面鼓励企业、高校及科研院所的研发人员一同参与协同创新中心的技术合作研发，另一方面鼓励科技人员勇于创办科技型企业。

第二，活跃的风险投资。波士顿的金融服务业非常发达（占全美金融服务的27%），其风险投资水平在美国排名第二。活跃的风投资本给高新技术创业公司提供了种子基金。2018年，波士顿地区对生命科学领域初创项目的投资超过88亿美元，当地银行和政府也成立了专门的风险投资公司。这些政策资金和社会资本的参与都为128公路附近的企业提供了强有力的融资保障。另外，国防投资在128公路沿线地区的发展中也发挥着重要作用。

政府扶持：打破创新藩篱

政府的积极参与。128公路地区成立了提供协调与信息服务的相关机构。马萨诸塞州的经济发展厅设立了商务发展办公室，办公室拥有大量经验丰富的专业人员，核心工作是为128公路地区的企业提供各种无偿的信息服务。波士顿所在的马萨诸塞州于 2008 年通过了《马萨诸塞州生命科学法案》，为相关企业提供 10 亿美元的资金支持；成立的马萨诸塞州生命科学中心（MLSC，投资机构），一边扶持初创企业，一边吸引社会资本参与。

积极的财税政策。当地政府出台政策规定，被认定是以创新研究或者新产品开发为特征的科技型企业，可享受 3% 的税收减免，同时免除购买科研用品和办公用品时的销售税。该政策使 128 公路地区的大多数企业能够享受税收减免的优惠。另外，投资生命科学领域的企业、个人，享受 20%～30% 投资税减免；而相关领域初创公司的员工，获得一定比例的个人所得税抵扣。2018 年，6.23 亿美元的生命科学领域税收抵扣法案出台，持续加码税收领域的政策效应。

◎ 案例分享：协同并进的创新生态系统——生命健康产业集群

波士顿作为马萨诸塞州生物医药的核心区，在 2020 年美国生命科学集群中排名第一，得分远超第二名的旧金山湾区。波士顿生命健康产业的发展离不开政府、大学、风险资本和企业等创新要素以利益机制为纽带构建的协同发展的创新生态系统。

政府通过提供长期的资金、税收、产业等政策支持，如波士顿重建局实施波士顿生命技术计划，吸引本土和跨国企业入驻波士顿，扩大现有生命科学企业的规模。政府建立由政府、企业、大学等协同管理的机构（如马萨诸塞州生命科学中心），以制度化与系统化的管理助推生命科学产业，为创新生态系统构建提供了基础保障。包括哈佛大学、麻省理工学院等在内的 40 多所世界知名高校，包括麻省总医院、波士顿儿童医院等在内的优质临床医学院所，以及众多优势平台实验室，都聚集在环波士顿地区。这些机构在创新生态系统中为其发展培养研发人才，提供先进设施和科学技术，形成了创新创业的重要驱动力。

企业在生态系统建设中，主要在人才发展活动、公司风险资本、孵化空间、实验室等区域创新基础设施方面发挥强大作用，为创新成果价值实现提供机会和载体。一方面，波士顿地区基础研究和临床研究方面的丰富资源、强大的创新潜力，吸引了如诺华、辉瑞等世界级实力雄厚的制药公司在此创建研发中心；另一方面，丰富的研究成果和专利，也催生了众多生命科学初创公司。这些企业依托技术变革、新的商业模式和供应链优势，可以快速开拓市场，成为成果转化的生力军。

第四节　"仅次于硅谷的创业圣地"：以色列特拉维夫

以色列是全球著名的创新中心，该国人口约为 979 万，却拥有近 6 000 家创业公司，密度为全球第一。特拉维夫是以色列金融、商业贸易、交通和文化中心，有"以色列的纽约"之称。特拉维夫始建于 1909 年，总面积为 51.76 平方千米，人口约 40 万，聚集了以色列 70% 左右的高科技企业，每平方千米就有 19 家创业公司。[①]在所有特拉维夫初创企业雇员中，49% 曾在高科技企业工作，高于欧洲 21% 的平均水平；连续性创业者的比例达到 47%，仅次于硅谷的 56%，为特拉维夫带来了创新创业的活力。开放多元的现代都市、不拘一格勇于冒险的年轻创业者、鼓励自主创新的生态系统等诸多因素成就了特拉维夫这座别具特色的创新城市，它被誉为"仅次于硅谷的创业圣地"。

① 数据来源于以色列中央统计局。

◎ "迫不得已"的创新

军事威胁、恶劣的地缘政治环境

　　军事威胁、恶劣的地缘政治环境，使得特拉维夫走上高科技创新和全民创业之路。以色列自建国以来就与周边国家之间矛盾不断，这种恶劣的社会环境使得国家安全和国土完整的概念深入每个以色列人的内心，以政治、军事手段保护本国成为必需。以色列投入了大量资本进行军工技术的研发，主要表现在材料、通信、电子、医疗等领域。同时，因交通受到周边国家的阻隔与封闭，研发企业更倾向于研究附加值高的高新技术，这也使得企业具有较强的成长性。

自然资源条件贫瘠

　　以色列土地贫瘠、水资源极端短缺，建国初有近 2/3 的土地被沙漠覆盖。在这种恶劣的自然条件下，投资科技研究、运用科技手段突破自然条件限制是唯一出路。以色列政府在财政上对农业科技研发和推广给予充足的支持，每年用于农业科研开发的专项经费高达 8 000 多万美元，占农业总产值的 3%。

多元化思想的碰撞

　　特拉维夫是一座典型的移民城市，其文化呈现多样性显著特点。来自世界各地的移民，拥有不同的历史、教育和文化背景，他们在对待同一事物时会有不同的见解，这为多元化思想观点的碰撞提供了沃土。创新创业文化的传播，吸引了世界各地的创新创业者、高水平人才不断涌入，为特拉维夫的创新创业发展注入新鲜血液。

犹太人的世界联系与回归

犹太人分布于世界各地，并且具有非常成功的社会地位，特别是在金融、科研领域，同时犹太人注重归属。这三者集于一身就为以色列的创新提供了巨大支持。犹太人与世界各类前沿研究机构的紧密联系，使得他们掌握了各类科学前沿的知识和技术，特别是自然科学和工程学领域的知识和技术，这些人长期来往于以色列和其所在国家，大大促进了以色列与世界各国的科技交换与信息交换。

◎ **成功经验——"来之不易"的成功**

五花八门的创新活动

特拉维夫将城市定位为"永不停歇的创新创业城市"，将构建全球创新中心作为整个城市工作讨论的主题，并在世界各国重点城市进行游说和招商。特拉维夫市政府每年会举办几场大型的创业活动。在活动期间，整个城市弥漫着节日一般的氛围。所有的街边广告都换上了清一色的创业活动的海报，颜色艳丽，充满活力，关键词永远都有"创新""创业""商业""科技"这四个词。这座城市里的任何一个人，都会立即被创业氛围感染，形成强烈的情感认同，进入创新创业的"集体狂欢"。

例如在2014年的9月14日，特拉维夫举行了"DLD特拉维夫创新节"，历时8天，包含了大约100项各式国际创新活动，创新氛围浓烈；吸引了来自全球的数百家创新公司、风投基金、天使投资人、大型跨国企业；同时，邀请了来自全球各国的商界、政界精英人物，参与创新机制和城市创新发展的讨论。

健全引导型的风投体系

特拉维夫实施了亚泽马（YOZMA）计划，该计划被誉为"世界上最成功的政府引导型风投计划"，通过利用投资杠杆放大效应，以官方资金引导民间资金增强对初创企业的支持。YOZMA 投资项目由三方共同管理，即政府机构、国外风投机构和国内的金融机构或投资者。起初，政府为 YOZMA 基金准备了 1 亿美元的母基金，此基金用于投资 10 支私人风险投资基金，至今 YOZMA 计划管理基金已超过 40 亿美元。首席科学家办公室（OCS）①下设的 TNU-FA 项目，是专门用于扶持初创企业或个人创业者的种子基金，该基金为有潜力的创业项目发放 6.5 万美元的资金支持，并帮助个人创业者或初创公司进行项目技术和市场潜力的评估、专利的申请、商业计划的起草等。

贴心便利的创新服务

特拉维夫市政府将自己定位为服务型政府，其充分利用城市设施以及市政府资源，为创业者提供贴心便利的创业服务。例如，专为创业社区提供的图书馆共享工作空间，位于特拉维夫最具有吸引力的创业商业区中心。特拉维夫市政府于 2011 年在最为繁荣的中心商业区接管了香农塔办公大楼七楼的旧公共图书馆，并将其整修成了一个集知识交流、图书共享、创业办公为一体的中心枢纽。

此外，特拉维夫市政府专门建立了名为"Tel Aviv Startup City"的网站。该网站非常全面地提供了在特拉维夫创业所需的信息，内

---

① OCS 是以色列创立的科技创新管理模式。以色列在 28 个部（第 32 届内阁、第 33 届内阁减少为 22 个）设立 13 个首席科学家和首席科学家办公室，贯彻落实国家科技发展规划，协调指导与该部职责有关的科技活动。

容涉及所有政府可以提供的服务及项目、公司注册指南讲解，以及所有相关活动的即时有效信息。

"失败了再来"的创新氛围

　　"失败了再来"是特拉维夫创业者在创业过程中的必经阶段。尽管从统计数据来看，大多数创业公司失败了，但宽松的试错氛围让它们不惧怕失败，这已成为特拉维夫创新文化的基因。特拉维夫市政府建立了非常详细的各类企业的发展情况数据库，包括企业的规模、人数、区位、产品市场、发展阶段、生产规模、主要融资形式、当前的主要问题等。通过参考这一不断更新的数据库，并通过专业的金融分析工具，可以分析各类企业的最优融资模式和规模，减轻了政府的财政负担，也使得资本配置更加合理与有效。首席科学家办公室的"技术孵化器计划"，能帮助初创阶段高风险的高科技创新企业成长为能够自主运营的创业公司。该计划每年的预算为5 000万美元，扶持期限为2年。政府一旦将资本注入之后，就将其所有权和使用权彻底交给企业、团队。企业失败，无须返回资金；如果成功，再逐年返回资金。

　　以色列的特拉维夫资源匮乏、社会环境复杂，但其创新创业能力却处于世界前列。实践经验表明，特拉维夫开放包容的区域氛围、服务型政府支持与健全的风投体系，支撑了其人才创新创业生态系统建设；系统要素的紧密耦合，成为其打造创新创业之城的关键所在。

◎ **案例分享：为什么龙头企业选择特拉维夫**

　　特拉维夫及周边地区集聚了以色列三分之二的创业企业总部及200余家著名跨国企业，包括谷歌、微软、通用、夏普等公司的研发中心。政府大力支持中小企业在跨国公司产业链、创新链上特定环节的探索。近年来，特拉维夫几乎每年都有四五十家创新企业被欧美的大公司收购，由此也形成了特拉维夫独特的创新战略定位——服务全球企业巨头、融入全球创新网络、科技中小企业快速更替。

而对于微软、谷歌等这种非常成熟的企业来说，其关注的核心是政府能够提供的服务（信息公开、思想开放、办事流程透明、市场透明、办事效率高等）和本地的创新支持环境等（各种中小企业在这些大型企业的某些环节的探索、创新）。特拉维夫集聚了以色列近 70％的创新种子企业，大量的企业孵化器、加速器和研发中心遍布全城。从 2012 年至 2018 年，特拉维夫各种创新中心、公共工作空间、孵化器、加速器的数量增加了两倍以上，科技创新中小企业的数量增加了 50％[①]，形成了互联网、通信、信息技术与软件和生命科学四个主要的产业集群，因此，特拉维夫市政府将工作重点置于中小企业特别是本地的企业。这就是特拉维夫能够拥有以色列 70％的创新种子企业的原因，也是特拉维夫每年卖给外国大型公司的创新产品在以色列稳居第一的原因。

第五节　全球产城一体化的模板：新加坡纬壹科技城

新加坡是一个面积仅为 733.2 平方千米、常住人口不到 500 万的小国。但这 700 多平方千米的地方拥有一种特有经济形式——总部经济，集中了 2.6 万家国际公司，而且"财富 500 强"公司中的三分之一都在此设立了亚洲总部。新加坡是全球对投资人最友好的国家之一。

---

① 数据来源于中国技术创业协会孵化分会。

纬壹科技城是由新加坡政府于 2000 年开始耗资 150 亿新元开发的大型新经济项目，是为发展知识型经济而打造的综合产业平台。科技城取名"纬壹"（OneNorth），是指新加坡位于北纬一度，而中文读音接近"唯一"这个词，别具意义。整个科技城占地总面积达 200 公顷，地处新加坡科技走廊的中心地带，交通方便。科技城集住宅、商业中心、高等学府、研究机构、休闲体育设施等于一体，生命科学、信息科技和数字创意多媒体为三大主导产业，辅以商业娱乐与教育生活配套组团。同时，科技城预留远期拓展区，是创新创业的热土。

◎ 新加坡政府的试验场

筹备设计期

20 多年来，新加坡的产业已从最初的劳动密集型发展到资本和技术密集型，正向知识密集型转型，政府看到了前所未有的挑战：全球高新技术快速发展，世界范围内人才竞争激烈，对高级人才的需求不断增长，创新的重要性不断显现，产业升级迫在眉睫。在转型知识密集型经济的过程中，新加坡政府强烈感受到吸引知识型产业和人才的重要性，于 1999 年推出了"21 世纪科技企业家创业计划"（T21），旨在加快构建科技创新生态系统。建设科学中心是该项计划的核心之一。

在当时，新加坡政府面临资金、教育体系和政策结构等方面的巨大挑战，急需通过一个试验场向民众和资本展示科学中心对于新加坡的好处，确立新加坡在全球高科技产业中的地位，为本国的研发和高科技活动创造一个地标区域，营造有利于创新的整体社会氛围。纬壹科技城应运而生，放弃"科学中心"的提法而称"纬壹"，体现了新加坡政府的特别意图，不但指代新加坡北纬一度的地理位置，而且避免将该地区视为传统的商务园或科技园，更彰显了政府对其促进新加坡经济转型的期望——突破界限、超越科学本身。

开发建设期

2002—2014 年是纬壹科技城的开发建设阶段，这期间基本完成了项目的实体建设和产业格局的构建。至此，纬壹科技城不仅入驻了大量世界知名企业和研究机构，还形成了三大产业主体：生物医药公共研究机构及实验室的所在地——启奥城，通信及资讯产业研发中心——启汇城，以及新加坡数字媒体业发展的里程碑——媒体城。

成熟完善期

自 2015 年以后，纬壹科技城迎来新的发展时期，即各项功能和服务的完善提升期。基础设施建设基本已完工，科技城的主要任务转向产业引进和结构调整方面，当然还有各项软性服务的建设、配套也在不断完善。

威硕斯、亚逸拉惹工业区、孵化器项目起步谷等在这段时期陆续完善，比如开放式商业街、主题度假村、音乐剧院、大型购物中心、高档酒店、书店、诊所等。

◎ 纬壹科技城——独特的发展模式

从设立之初，新加坡政府就希望将纬壹科技城打造为一个促进本地多学科融合发展的区域，为研究人员、技术型企业家、科学家和风险资本投资家创造一个融合互动的生态系统，以此促进新加坡科技产业的创新发展。

独特的开发模式

纬壹科技城采用政府主导、市场运作的开发模式，由国有企业重资产自持主导开发，裕廊集团（贸工部下设单位）负责市场化运营，引导目标产业入驻，精准投放企业资源，长期运营精品项目，确保园区的开发、建设、运营是一项具有整体性的行动。

纬壹科技城以核心主导产业驱动整体区域开发，首期启动生命科学城第一阶段建设，并行启动信息通信城第一阶段建设。随着企业的入驻，开始二期建设，启动居住区建筑保留翻新，并行开始媒体城建设。待区域价值整体提升后，开始三期风情商业街区以及企业培训发展区建设。整体土地使用功能复合，居住用地占比高达24%，商业等混合用地占比达12%，产业用地由于集约使用占比仅为13%。

科学的规划

经过科学规划、有序开发，整合叠加了各种资源的纬壹科技城使平台有了更好的依托。无论是优越的地理位置、便利的交通和配套设施，还是纬壹科技城本身的产业研发软硬件设施，都给初创企业带来了庞大稳定的客户群体和合作伙伴。比如，成功的科技城大都靠近大学，且最好是世界名校。纬壹科技城也最终选址于新加坡西南部的创新走廊，方圆两公里内集中了新加坡理工学院、新加坡国立大学和国大医学院、启奥城、启汇城、教育部、媒体发展局等多个政府部门教育机构和大中型研发机构企业，这些都是企业潜在的客户和合作对象。同时，从事高科技活动的研究人员，更加倾向于城市化的环境而非郊区。纬壹科技城与新加坡中央商务区的直线距离仅 10 千米，且有便捷的公共交通保证必要的通勤，这无疑增强了纬壹科技城对科研人才的吸引力。

注重产学研一体化

　　以生命科学城为例，这里集中了 7 个生命科学领域的研究院、重点实验室等，有 2 300 多名研究人员，为生物医药科研人员和生物医药公司提供了一个资源共享、密切合作的科技平台，加快了从科技成果到临床实验以及进一步商业化的进程，形成了从上游研究到下游开发的发展链，加大了研究成果产业发展的推动作用。启汇城聚集了科技和工程领域的 7 个研究院中的 6 个，吸引了 14 个当地和跨国公司的重点实验室落户，进一步促进了跨学科研究及国有企业与私立公司的多样化合作。

　　为了吸引更多研究、实践和教学机构汇聚新加坡，新加坡经济发展局在纬壹科技城内建设新加坡领导网络与知识学院，将在一个园区内汇集众多的商学院、企业大学和专业服务公司，以推动领导力与人才的培养。此举可加强园区内研究、管理和培训之间的联系，鼓励企业与学术机构携手应对经济挑战，加快全新最佳方案的实践与应用。

构建孵化启动平台

　　要想为科技园区营造一流的园区竞争力，就要按照创新社区的理念来打造科技园区，突破传统园区的设施框架，综合考虑工作、学习、生活、消费等各方面需求，并特别注重为人与人之间的交流创造机会和空间，以增进互动和交流。纬壹科技城孵化启动平台也是政府鼓励初创企业发展的空间载体。有别于欧美国家，新加坡政府在培育创业精神和促进创业生态系统方面发挥了较大作用。统计显示，新加坡政府在这方面有大大小小的 16 种津贴和促进计划。

政府机构还专门在平台设立了一个有政府背景的非营利性质的孵化器"创业行动社区"（ACE），以帮助初创企业申请获取政府相关津贴。除此以外，还有媒体发展局的认证体系、国家科学院奖学金、国家研究基金会的早期风险基金、科技税务减免、智慧国、加速器、科研机构商业化计划、旅游企业质量认证等。

　　纬壹科技城现阶段的成功凝结了多方智慧和创新理念。纬壹科技城通过混合布局和融合发展理念将教育科研机构和产业紧密结合，缩短创新链条；通过提早甄别国家未来经济发展方向，纬壹科技城得以及早地布局产业链与辅助设施，在产业发展中处于先导地位；而政府引导、市场运作的运营方式在最大程度上调动了多方资本，将资源最大化利用。

第十一章　国内科技成果转化实践样板

> 专读书也有弊病，所以必须和现实社会接触，使所读的书活起来。
>
> ——鲁迅

科技成果或专利如果只留在实验室，就只是记载研究逻辑的纸；但如果能走出实验室，跳出理论证明，与产业需求、现实社会联系起来，它就会是饥荒年代的粮食、动荡年代的自卫武器、和平年代的智慧生活体验……这张纸，便活了起来。

科技成果转化是科学技术转化为生产力的关键阶段，是打通科技创新价值链的"最后一公里"。高校、科研院所、企业是我国科技成果转化事业的排头兵。因此，本章以中国科学院西安光学精密机械研究所（简称"西安光机所"）、西北工业大学（简称"西工大"）、比亚迪股份有限公司（简称"比亚迪"）为例，深入讲述其科技成果转化实践探索。

第一节　西安光机所"西光模式"

西安光机所成立于 1962 年，是中国科学院在西北地区最大的研究所之一。自成立以来，西安光机所圆满完成"天问一号"、"嫦娥五号"、"奋斗者"号、"夸父一号"等的研制，以及中国空间站建设等十多项国家重大任务，为我国科技创新进步做出了重要贡献。同时，针对国家经济转型升级对科技创新的迫切需求，西安光机所积极面向经济主战场，把握时代发展趋势，提出硬科技理念，实施体制机制改革，打造创新创业生态，走出了一条科技成果转化的新路子。

这条新路子被称为科技成果转化的"西光模式"。2015 年，习近平总书记视察西安光机所，表示"看了西安光机所，听了赵卫所长介绍后，我反复强调的创新驱动发展有了依据"，对西安光机所的科技成果产业化工作给予了高度肯定。

2016 年，时任科技部部长万钢多次点赞"西光模式"，在 2016 年的国务院新闻发布会上明确表示："建议你们可以看一下中国科学院的西安光机所，他们做得很好。"

◎"拆除围墙，开放办所"

2008 年金融危机发生之后，全球经济下行。同时，我国人口红利逐渐消失，传统产业面临升级改造的问题。而当时社会却普遍青睐互联网及其衍生的模式创新，对核心技术的重视程度并不够。此时，社会上部分学者开始思考中国经济结构调整和产业转型升级的问题，科技成果转化逐渐被社会所关注。

10 多年前，高校和科研院所对科技成果转化工作的认识还没有像现在这样深刻。很多高校和科研院所，包括很多科研人员，认为其本职工作是面向世界科技前沿和服务国家重大战略任务，面向经济主战场则是"不务正业"。同时，当时高校和科研院所资源封闭，"领地意识"很强，"儿子""女婿"理念根深蒂固，对国有资产流失问题非常敏感谨慎，大量科研平台很难对外开放。人才评价、人才引进方面的"条条框框"也很多，唯学历、论文论英雄现象普遍存在，造成很多科技成果停留在论文阶段和"书架上"，没有有效转化为现实生产力。

当时，时任西安光机所所长赵卫研究员，也在思考如何将科技成果顺利转化为现实生产力，以支撑我国经济的发展。经过长时间的深入思考，赵卫认为，思想上的束缚是制约科技成果转化的首要障碍。由于思想封闭和体制机制僵化，传统科研院所开展科技成果转化的难度往往较大。

2007 年，赵卫在全所范围内作了一场报告。在这场报告中，他提出了对研究所的归属、价值及出路等根本性问题的思考。

归属之问：这个研究所是谁的研究所？

有人回答是全体职工的研究所。但究其根本，研究所是国家全体纳税人的研究所。

价值之问：研究所的目标是什么？

有人回答研究所的目标是完成任务，让国家满意，让中国科学院满意。但归根结底，研究所的目标也应是让地方满意，让人民满意。

出路之问：西安光机所今后的发展方向在哪里？

"不能再走老路，理念超前是追赶超越的先决条件。"从基于国家项目的传统国立研究所转变为基于市场需求的新型开放研究所，将加快知识扩散的速度、缩短技术转移的周期、提高技术转移的质量作为衡量国立研究机构对国家实质贡献的重要标准，作为判断可持续发展能力的重要要素。

赵卫研究员当时提出了很多理念和做法，如"拆除围墙，开放办所""参股不控股，建企业但不办企业""科研人员或团队占大股""赋予科研人员自主权"等，这些理念和做法在今天看来仍旧具有开创性意义，也构成了科技成果转化"西光模式"的核心内容。

"西光模式"的核心首先是拆除传统国立研究所封闭保守的"思想围墙"，打破科研院所"重研究、轻应用"的思想枷锁，让科技成果向社会财富和就业的转化成为科研机构的基本社会职能。西安光机所鼓励有创业潜力的科研人才带着科研成果走出"围墙"，或许可转让，或创办企业，把原来在"围墙"内的技术成果与市场有效结合。其次是"开放办所"，将研究所的科研平台对外开放，打破"引来女婿，气走儿子"的陈旧落后理念桎梏，打破束缚人才引进的条条框框，对于研究所在编职工和吸引来创新创业的非编制人才一视同仁，让国内外的优秀人才都可以在研究所这个开放"舞台"上创新创业、发挥才能、施展抱负。再次，西安光机所给予科研人员自主权和股权激励，对于走出去创业的科研人员在一定年限内保留其研究员身份。在考核评价上，不再完全以学历、论文、报奖等论英雄，而是将科技创新成果的影响与价值作为重要标准。

一系列当时看似破天荒的观念和创新突破，恰恰顺应了当今中国科技创新发展的趋势。理念上的突破，使科研人员的思想也发生巨大变化，科研人员从事科技成果转化的积极性被充分地调动了起来，他们的热情空前高涨。当时，西安光机所掀起了一股科研人员创业"热潮"，杨小君、张文松、徐金涛、刘伟、吴易明等40余位科研人员，带着成果走出西安光机所，创办了中科微精、和其光电、中科华芯、中科立德等一批硬科技企业。同时，西安光机所也吸引了刘兴胜、龚平、陈辰、程东等一大批海外归国高端人才，他们在西安光机所平台上创新创业，创办了炬光科技、唐晶量子、赛富乐斯、奇芯光电等企业，如今这些企业都已经成长为行业头部企业，在各自领域突破了一批"卡脖子"技术。

◎ 硬科技理念应运而生

在从事科研和成果转化过程中，西安光机所的米磊博士意识到，随着社会的进步与发展，我国人口红利、资源红利逐渐消失，必须转变发展方式，依靠创新驱动引领可持续、高质量发展。2010年，米磊正式提出了硬科技概念。他回忆称："当时人们对科技的理解更多还停留在互联网应用层，很少有人关注底层技术，所以我觉得可以用'硬科技'这样的概念来区分一下。"

硬科技是指事关国家战略安全和综合国力，能够驱动经济社会变革的重点产业链上的关键共性技术。在当前阶段，硬科技就是指那些事关国家战略安全的重点产业领域、重大关键产品、重要环节上的关键技术、核心技术和共性技术。长期来看，硬科技是指能够激发新一轮科技革命、催生新的产业变革、引领新一轮跨越式发展的关键核心技术。

西安光机所成果转化团队期望通过硬科技这个新理念，唤醒全社会对底层技术、关键少数技术、颠覆性技术的关注和重视，在那些能够激发新一轮科技革命、引领新一轮跨越式发展的领域取得突破，促使科技成果真正转化为现实生产力，推动整个人类的进步和社会变革。

经过持续呼吁，政府层面开始关注和发展硬科技。同时，硬科技理念在社会上引发了强烈的反响和共鸣。2017年，西安提出打造"全球硬科技之都"，此后一直举办"全球硬科技创新大会"，硬科技已成为西安新的城市形象。2020年，习近平总书记在上海考察调研时，强调要"支持和鼓励'硬科技'企业上市"。《中华人民共和国国民经济和社会发展第十四个五年规划和 2035 年远景目标纲要》中明确提出要畅通科技型企业国内上市融资渠道，增强科创板的"硬科技"特色。

◎ 构建硬科技创业雨林生态体系

破除思想和体制机制方面的束缚，找准科技成果转化方向，只是完成了成果转化的第一步。科技成果顺利转化为现实生产力，发展壮大，还有很长的路要走。为了推动科技成果转化工作专业化、高效化开展，在赵卫所长的支持下，2012 年西安光机所发起成立了专业化、市场化运营的科技成果转化平台——西安中科光机投资控股有限公司（以下简称"西科控股"），由时任西安光机所产业处处长曹慧涛任董事长。此后，在西安光机所管理层和产业化团队的实践探索中，中科创星、陕西光电子先导院等一批专业化平台相继成立，逐步形成了"科技金融＋科技服务＋科技平台＋科技空间＋科技智库"为一体的硬科技创新雨林生态体系。

打造国内一流硬科技早期投资机构

科研成果从实验室走出来，首先面临的是资金问题。那个时候国内社会资本热衷于互联网企业，早期项目和硬科技企业因为周期长、风险大，社会资本不愿意投。没有"第一笔投资"的催化，很难将一个科研成果打磨成可以被企业应用的技术或者面向市场需求的产品。在此背景下，西安光机所发起成立了硬科技天使投资机构——中科创星，设立了国内首支硬科技天使投资基金。中科创星秉持"投早、投长、投硬"理念，明确要做最耐心的资本，不追风口，主要投向具有高成长潜力、拥有自主创新能力的种子期、初创期的早期硬科技企业，围绕光电芯片、人工智能、商业航天、生命科学、可控核聚变等硬科技领域，旨在为国家和社会培养一批有核心绝活、不被"卡脖子"、未来还有望引领行业发展的硬科技企业。

西安光机所科技成果转化团队最初设定的目标是到 2020 年能够做一支规模达 2 000 万元的基金，这在当时他们看来已经是"大胆包天"的目标了，因为当时投资早期硬科技领域本来已经是个稀罕事了，而由研究所发起设立基金更是闻所未闻。然而，他们发起设立硬科技早期基金的想法和行动，顺应了时代发展和国家发展培育科技创新的需求，获得了国家和地方政府的大力支持，后续早期基金设立情况远远超出了他们的预期。

当时，陕西省、西安市、高新区等各级政府也意识到，早期资金供给不足是制约陕西科技成果转化进程的一个核心瓶颈。因此，西安光机所提出要设立早期基金时，各级政府给予了很大支持，这支基金的规模后来做到 1.3 亿元，为一批实验室技术和初创硬科技企业提供了金融助力。同时，这 1.3 亿元的硬科技早期基金，也助力陕西省天使基金的全国排名从 2014 年的第 23 名，一跃上升到 2015 年的第 8 名，这也从侧面反映了当时国内早期耐心资本严重不足。

如今，中科创星在管基金已经突破百亿元，投资范围也从陕西逐渐覆盖到京津冀、长三角、粤港澳大湾区、成渝双城经济圈，直至面向全国。目前，中科创星已投资孵化了 460 余家硬科技企业，其中包含 15 家独角兽企业、50 余家国家级"专精特新"小巨人和 150 家省级"专精特新"中小企业。2023 年，中科创星在清科 2023 中国早期投资机构排名中，位列全国第一。时至今日，中科创星秉持的"投早、投长、投硬"理念，也获得行业和社会的认可，过去很多聚焦"短、平、快"的社会资本也开始投向硬科技领域。

近几年，随着国家实施创新驱动发展战略，加快推进高质量发展，着力培育新质生产力，我国经济正在向以科技产业为代表的形态转型升级，科技创新对金融供给的需求更加迫切。基于此，西科控股积极开展科技金融"郑国渠"体系建设的探索，联合国家开发银行、中国银行、浦发银行、兴业银行、中国农业银行、中国建设银行等金融机构，在推动股权投资和债权融资的融合发展方面开展了诸多实践，探索了"投联贷""硬科技创新贷""债权＋认股期权"等多种形式的研发贷模式，满足了企业多元化融资诉求。

搭建全生命周期一流科技服务体系

在有效解决科技成果转化"第一笔投资"缺失难题后，西安光机所科技成果转化团队又遇到一个新的问题，即如何办好企业。科研人员擅长技术研究开发，但如何办公司、当总裁、做经营、拓市场，这些都是科研人员需要弥补的短板。

为消除科研人员创新创业面临的现实困境，帮助科研人员创业少走弯路，西安光机所科技成果转化团队立足硬科技企业全生命周期需求，逐渐搭建起全链条的科技服务体系，为企业提供战略规划、市场对接、品牌宣传、投融资对接等一站式、全方位的孵化服务，满足中小型硬科技企业资本、研发、技术、市场、渠道等全链条创业需要。目前，其已经组建形成了一支 250 余人的专业服务团队，为科技成果转化项目"招人、找钱、找市场"。

硬科技冠军营是西安光机所科技成果转化团队打造的面向科研人员创业的培训品牌，自 2015 年启动运营以来，已经连续举办 9 年，累计招募学员超过 600 人，开展各类创新创业培训活动 190 余场，培训人员超过 23 000 人，帮助数百位科研人员实现向企业家的顺利转型。此外，为了帮助硬科技初创企业链接市场，西安光机所科技成果转化团队还广泛链接产业龙头企业，推动硬科技初创企业诸多"好技术"快速转化为产业的"新应用"，不仅帮助了很多初创企业快速扩大市场，还助力诸多传统产业龙头企业加快转型升级。

目前，紧随科技创新演进趋势，西安光机所科技成果转化团队还在积极探索深度孵化模式，依托他们十余年探索积累的科技成果转化平台和品牌，将学术界、工业界、金融界等各界的各类创新资源和人才集成到一起，开展超前孵化服务，并深度参与企业发展的各个阶段，陪伴企业全生命周期成长。

建设一流关键共性技术平台

在解决了科研人员"办企业"难题后，西安光机所科技成果转化团队在服务硬科技初创企业的过程中，又发现这些硬科技初创企业对于高端设备和工艺平台需求很高，但买一台设备动辄需要几百万元乃至上千万元，对于初创企业而言，创业初期资金实力非常弱，没有实力购买研发试验设备。

虽然国内高校和科研院所拥有一些技术研发平台，但受制于体制机制束缚，其设备平台开放程度不够，主要面向本单位内部使用，且无法保障工程化产品实现的条件。而少数产业龙头建设的相关技术平台，或基于产能限制，或基于竞争上的考虑，或基于安全性的思考，也主要面向自身使用。而大的量产代工厂难以为研发类产品安排生产订单。因此，对初期只有少量研发生产需求的企业而言，找到合适的工程化研发平台成为企业产品实现过程中的头号难题。

由于缺少研发设备和平台，很多初创企业在资金和产品周期的双重压力下，无法迈过"死亡之谷"。基于硬科技初创企业的这一现实困境，西安光机所科技成果转化团队开始思考和谋划建设一个市场化运行、面向所有硬科技初创企业开放的共性技术平台。

2013 年，中国芯片进口额高达 2 300 亿美元，芯片超过原油成为我国第一大进口商品。此外，随着芯片技术的发展，集成电路规模尺寸逐渐趋近物理极限，引领集成电路发展的摩尔定律已经难以为继，行业正在寻找新的技术路线。西安光机所产业化团队敏锐地捕捉到这一关键信号，并开始关注和培育"换道超车"技术。西安光机所光学基础优势明显，且光与电都能够作为信息的载体，而当时西安光机所及其科技成果转化团队在思考：以"光"代替"电"，可能是半导体领域发展的一个趋势，也可能是最具潜力的新技术路线之一。

基于全面的研判，西安光机所科技成果转化团队最终决定搭建一个面向光电子领域的共性技术平台。2014 年，他们开始规划陕西光电子先导院初步方案。2015 年，习近平总书记视察西安光机所时强调"核心技术靠化缘是要不来的，必须靠自力更生"。总书记对关键核心技术的重视，坚定了西安光机所科技成果转化团队建设先导院的决心，加快了先导院的建设步伐。2015 年 10 月 29 日，西安光机所联合地方政府、高校及相关企业，正式成立了陕西光电子先导院，并创新性地提出打造"公共平台＋专项基金＋专业服务"的光电子领域世界一流创新生态。

陕西光电子先导院改变了以往或由科研院所、或由企业单个主体建设共性技术平台的方式，充分整合"政产学研"各方力量参与。这种体制机制上的创新，从源头上打破了各类创新主体之间的门槛壁垒，使先导院成为一个市场化和开放程度极高的创新平台。这个平台向所有企业开放，企业在这个平台上基本可以实现"拎包入住"，满足了企业研发、小试、中试、工艺及测试和小批量生产的需求，大大提高了科技成果转化项目创业的成功率，赋能整合光电子行业的发展。这对初创期的硬科技企业来讲吸引力非常大，吸引了程东、龚平、陈辰等一批海外归国创业人才来到陕西，在这个平台上创新创业。

陕西光电子先导院已累计投入近 10 亿元，建成了 4～6 英寸公共服务平台和 6 英寸先进光子器件工程创新平台，正在建设 8 英寸硅光子中试量产平台，未来还将谋划建设 12 英寸硅光子量产平台，届时该平台将成为国内光子领域一流的创新平台。陕西光电子先导院破解了实验室无法工程化创新成果，而成熟批量芯片代工厂又不愿承接工艺还未成熟的创新产品需求的两难局面，满足了中小型创新企业小批量流片的迫切需求，为我国在光电子领域率先实现突破提供了强大助力。

目前，先导院已聚集入驻光电子企业 30 余家，投资孵化 93 个项目，为陕西乃至全国上百家光电子企业提供研发中试服务，培育了一批具有先发优势和全球硬科技冠军潜力的企业。平台企业的多项科技成果及产品突破了国外垄断，实现了进口替代，填补了国内空白。

构筑产业集群化协同发展的一流科技园区

随着培育孵化的企业逐渐发展壮大，硬科技企业对专业化、定制化物理空间和上下游集群协同发展提出了新的诉求。硬科技企业对于物理空间的要求有其特殊性，在层高承重、厂务设计、洁净度、科技空间配套公共仪器设备平台、专业技术团队服务等方面要求较高。同时，地方政府由于对科技缺乏深刻认识，在企业招商过程中普遍面临着诸多困境，如光伏、芯片等众多领域存在招商跟风、产业勾地、技术圈地等现象，地方政府现有土地财政模式难于维持。

基于此，西安光机所科技成果转化团队又打造了"曲率引擎"硬科技企业社区品牌，为硬科技企业提供"量身定制"的专业化物理空间和标准化硬科技聚集社区，构建涵盖研发与制造、基础设施、专业知识、工艺开放、工程制造等能力为一体的硬科技制造业产业公地，满足硬科技企业研发与办公双重需求，有力支持了企业从研发到生产的全业务流程需求。

通过科技园区"筑巢引凤"作用，西安光机所打造了多个产业集群，实现了产业链上下游内部合作和协同，成为西安高新区创建全国硬科技创新示范区的重要承载，也为地方政府打造可持续的土地财政模式提供了样板，促进了区域高质量发展。

西安光机所为硬科技领域初创企业构建的生态体系，如图 11-1 所示，诸多专业化的服务就类似于雨林生态中的"阳光""雨露""土壤""养分""生物多样性"，良好的创业生态能够促进科技成果转化项目更好地成长。

图 11-1　硬科技创业雨林生态体系

土壤，即科研院所，特指经受"拆除围墙，开放办所"思想洗礼和熏陶的科研院所，能够源源不断地孕育科技成果。阳光，即国家政策，是科技成果转化必不可少的条件。雨露，即专注硬科技领域的早期投资，投资是金融活水，为科技初创企业补充急需的水分。养分，即科技成果转化所需的科技成果转化平台和科创服务，为企业成长提供各类有价值的"营养"。"西光模式"通过构筑一种生物多样性生态，使得在土壤、雨露、阳光等先决条件齐备的情况下，企业赖以生存的各要素通过良性循环形成优质的生态环境，从而保证企业欣欣向荣地成长。

第二节 西工大科技成果转化"三项改革"

2021年，西工大开启了职务科技成果单列管理、技术转移人才评价和职称评定制度、横向科研项目结余经费出资科技成果转化三项国家全面创新改革任务。其后一年的改革实践取得了丰硕成果，职务科技成果全部纳入单列管理，通过技术转移人才评价改革树典型，横向科研结余经费出资成果转化稳步推进。陕西省在提炼总结西工大改革经验的基础上，出台"三项改革"实施方案，在全省复制推广。

◎ "三项改革"打破科技成果转化桎梏

"三项改革"聚焦束缚科技成果转化工作的"硬骨头""细绳子"，以小切口实现大突破，从操作层面入手探索破解困扰科技成果有效供给的"不敢转""不想转""缺钱转"等难题，实现科研人员从"要我转"到"我要转"的转变。

职务科技成果单列管理

职务科技成果单列管理，是将职务科技成果从现行国有资产管理体系中单列出来，区别于国有流动资产、固定资产进行管理，建立一套符合科技成果转化规律的职务科技成果管理新机制新模式，消除成果转化过程中对国有资产流失的担忧，旨在破解"不敢转"难题。

西工大树立职务科技成果只有转化才能实现创新价值、不转化才是最大损失的理念，创新促进科技成果转化的机制和模式。具体来说，西工大出台了《西北工业大学职务科技成果单列管理办法》，明确转化前的职务科技成果只在科研管理台账进行登记，不纳入国有资产管理信息系统，不纳入国有资产审计和清产核资范围。提出以作价入股等方式转化职务科技成果，相关领导和责任人员已经履行勤勉尽责义务且没有牟取非法利益仍发生投资亏损的，不纳入国有资产对外投资保值增值考核范围。探索制定职务科技成果作价投资形成国有股权的管理制度，其增资、减持、划转、转让、退出、减值和破产清算等处置以及国有产权登记事项，区别于利用货币资金和其他国有资产对外投资形成的国有股权管理。

在职务科技成果赋权改革确保科研人员有权有责的前提下，通过职务科技成果单列管理，解除了科研人员后顾之忧。自 2021 年实施职务科技成果单列管理以来，西工大孵化科技成果转化企业 28 家，数量超"十三五"期间的总和。

技术转移人才评价和职称评定制度

技术转移人才评价和职称评定制度，是指建立符合技术转移工作特点的专门人才评价制度和职称晋升机制，不断提升科研人员从事科技成果转化工作的获得感、成就感和荣誉感，旨在破解"不想转"难题。

西工大创新技术转移人才评价和职称评定制度，破除"唯论文""唯职称""唯学历""唯奖项"的单一评价制度，引导学校科研人员围绕"四个面向"将科技成果转化为现实生产力，出台了《西北工业大学专业技术职务评审办法（2022版)》，在原有职称体系的任职条件中，增加"科技成果转化系列"作为科学研究的可选项（如图 11-2 所示）。

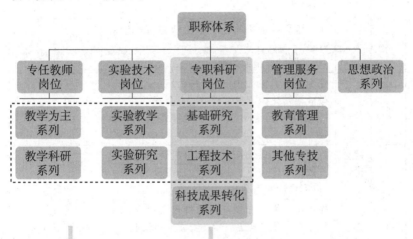

图 11-2 西工大职称体系

在专职科研岗位中单独设置科技成果转化系列，实行单列计划、单设标准、单独评审，从经济效益和社会效益两个维度，设置了 6 项科技成果转化代表性成果（如表 11-1 所示），满足其中 1 项即可申报该系列高级职称。

表 11-1　西工大科技成果转化系列代表性成果（6 选 1）

序号	分类	条件	正高标准	副高标准
1	经济价值	作为负责人以知识产权转让、实施许可或作价投资金额（以实际到账金额或出资协议为准）	600 万元	400 万元
2		作为负责人以知识产权作价投资设立的成果转化企业中学校所占股权累积实现税前收益（以实际到账金额为准，同一企业不论金额只认定一次）	500 万元	300 万元
3		个人因科技成果转化为学校获得直接经济效益（以实际到账金额为准）	1 000 万元	500 万元
4	社会价值	作为负责人以知识产权作价投资设立的学校成果转化企业吸引货币投资金额（以实缴到位为准，同一企业不论金额只认定一次）	2 000 万元	1 000 万元
5		作为负责人以知识产权作价投资设立的学校成果转化企业上一年度缴纳税金（以完税证明为准）	300 万元	100 万元
6		作为负责人以知识产权作价投资设立的学校成果转化企业上一年度安置人员就业（以社保证明为准）	300 人	100 人

这项改革的实施，推动"破四唯"与"立新标"双管齐下，让真正有作为、有贡献的科研人员名利双收，使高校打破成果转化成功还不如发篇高水平论文的思维惯性，推动科研工作者由"不想转"变为"我要转"，有效地激发了科研人员的内生动力。在 2022 年度职称评审中，评出科技成果转化系列研究员和副研究员各 1 人，另有 30 余位教师凭借科技成果转化贡献晋升了高级职称。

横向科研项目结余经费出资科技成果转化

横向科研项目结余经费出资科技成果转化，是允许将科研人员的横向科研项目结余经费以现金出资方式入股学校成果转化企业，实现"技术入股＋现金入股"的投资组合，盘活闲置的横向结余经费，旨在破解"缺钱转"难题。

西工大探索横向科研项目经费管理新办法，探索设立了产业发展基金，科研人员可申请将结余经费划入基金，并根据需要提出使用资金申请，学校组建专门的专家委员会对出资可行性进行论证，根据投资金额进行分级审批。同时，学校落实对科研人员的奖励政策，将横向科研项目结余经费出资形成股权收益的90％奖励给科研人员，形成激励科研人员推动科技成果转化的长效机制。

这项改革的探索与推进，为科研人员参与科技成果转化提供了资金支持，让科研人员有真金白银投入成果转化企业中，以"技术入股＋现金入股"方式实现利益捆绑和风险共担。目前，西工大以"技术入股＋现金入股"方式已组建成果转化企业 19 家。

◎ "三个一"模式赋能科技成果转化

西工大在"三项改革"基础上，建设以科技园为核心的全方位成果转化服务体系，贯通了从成果源头（前端）到服务单位（中端）再到持股平台（后端）的成果转化服务链路（如图 11－3 所示）。科学技术研究院作为成果转化工作的前端，负责科技成果的管理、知识产权保护和技术推广；科技园作为成果转化的中端，提供成果转化（作价投资）服务，负责对接前后端，组建成果转化企业；资产公司作为成果转化的后端，负责代表学校对成果转化企业进行相应的股权管理。

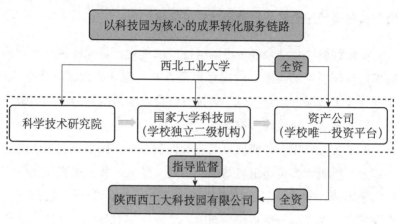

图 11-3　西工大科技成果转化服务体系

西工大通过全方位服务体系，充分发挥"三项改革"对科技成果转化及应用的支持作用，实施有组织的科技成果转化，已初步形成了"转一批""扶一程""帮一把"的"三个一"科技创新成果转化模式，促进了成果转化企业从无到有、从小到大、从大到强。

"转一批"是指基于"三项改革"的先决条件，从技术成熟度、投资规模、市场准入门槛等多个维度对科技成果进行论证，"一项一策"量身定制转化方案，使科技成果择优尽转。

"扶一程"是指与成果转化企业在技术、人才和平台等方面深度合作，组建"科学家＋工程师"等联合攻关团队，共建"四主体一联合"校企研发平台、创新联合体等新型研发机构，为企业提供持续的技术研发支撑，实现产学研协同创新。

"帮一把"是指帮助成果转化企业背书，一方面帮助企业获得市场订单，特别是国防军工行业的订单；另一方面为企业提供资源政策对接、项目申报和投融资等增值服务，从而提升成果转化企业的核心竞争力。

◎ 西工大成果转化典型案例

西工大科技成果转化成绩颇丰。基于学校的科研优势、"三项改革"以及全方位的科创服务体系，不到三年时间，其成果转化形成的企业（铂力特、华秦科技）相继在科创板成功上市。这是西工大创新科技成果转化模式最生动的体现，也是西工大促进创新成果与金融资本有效衔接的成功典范。下文以铂力特为例，讲述其从无到有、从小到大、从大到强的过程。

铂力特，成立于 2011 年，全名为西安铂力特增材技术股份有限公司，是中国领先的金属增材制造技术全套解决方案提供商，其在核心业务及产品的关键技术性能方面已达到国际先进水平。铂力特的设立主要依托于西北工业大学凝固技术国家重点实验室，这个实验室是我国最早研发 3D 打印技术（增材制造技术）的单位之一。实验室的黄卫东团队在金属高性能增材制造技术方面有着雄厚的科研底蕴与实力，这为铂力特今后的发展奠定了坚实的技术基础。同时，铂力特的成功与西工大"三个一"科技创新成果转化模式密不可分。

1995 年，黄卫东教授提出了一种全新金属高性能增材制造技术。2007 年，黄卫东团队研制出国内首套商用 LSF-型激光立体成形制造装备。随着技术研发不断取得突破，2011 年，学校决定以黄卫东团队为示范，通过建立规范的公司运营来推动金属增材制造技术产业化，实施"转一批"，组建了铂力特公司，并将学校所持股权的 50％奖励给科研团队。铂力特公司成立后，学校开始"扶一程"，推动其成为"国家重点研发计划""工业强基工程"等国家级项目的承担者，与其共建金属增材制造国家地方联合工程研究中心等，促使其不断提高技术研发能力及其核心竞争力。2017 年，铂力特荣获第一届全球 3D 打印大奖年度 OEM 奖，成为当年唯一上

榜的中国金属 3D 打印企业。随着铂力特发展日趋成熟，学校启动
"帮一把"，协助铂力特进行股份制改造，协调完成 IPO 过程中的
各项工作。铂力特于 2019 年首批登陆科创板，成为"3D 打印第
一股"。

第三节　比亚迪技术转化应用模式

比亚迪是中国新能源汽车龙头企业，业务布局涵盖电子、汽
车、新能源和轨道交通等领域，已在全球设立 30 多个工业园，实
现全球六大洲的战略布局，目前，企业下属参控公司 15 余家，深
度布局新能源汽车产业链，是全球第一家也是唯一一家同时掌握电
池、电机、电控、IGBT 芯片等核心技术的新能源汽车生产企业，
具有强大的产业链垂直整合能力。

◎ 完备的研发体系是成果转化的基石

经过多年发展，比亚迪在整车制造、模具研发、车型开发等方
面都达到了国际领先水平。供应链层面，公司通过自建和收并购方
式，实现了从电池原材料到三电系统到整车生产再到电池回收和汽
车服务的一体化布局，初步构成了产业链闭环，具备显著的产业协
同效应。

基于市场实际需求，比亚迪打造出完备的研发体系（见表 11-2），
设立了中央研究院、汽车工程研究院以及客车研究院等多个研究
院，负责高科技产品和技术的研发以及产业和市场的研究等，拥有
多种产品的完全自主开发经验与数据积累，逐步形成了具有自身特
色并达到国际水平的技术平台体系（如刀片电池、DM-i 超级混动
系统、纯电动汽车平台 e 平台）。

表 11 - 2　比亚迪设立的研发机构

研究院	研发内容
中央研究院	主要从事各种新型材料研发、新产品的设计、工业技术改进及产业孵化
汽车工程研究院	主要从事传统燃油动力和新能源动力两大领域所有乘用车车型及平台的研发和设计工作
汽车智慧生态研究院	面向汽车发展的未来，主要从事开放式智慧汽车平台、智慧型客户关系、智能型汽车应用的研发工作
卡车研究院	主要从事新能源卡车及专用车整车研发，集整车设计、试制、试验于一体
客车研究院	主要从事新能源客车整车及底盘研发，集试制、验证及订单车型设计于一体
产品规划及汽车新技术研究院	主要从事乘用车、商用车、专用车、城市轨道交通及其相关产品零部件的规划和新技术预研工作

◎ 高额研发投入是成果转化的关键

　　比亚迪在研发方面持续保持着高额投入，并始终走在行业竞争的最前端。2015—2018 年，比亚迪研发投入持续增长，复合增长率高达 32.4%。2021 年，比亚迪营收 2 161.42 亿元，研发投入106.2 亿元，同比增长 24.2%。具体来看，比亚迪历年在汽车板块的研发投入占比为总研发投入的 45%～50%，如 2021 年，比亚迪在汽车板块的研发投入为 51.4 亿元，在研发投入中占比 48.4%；在汽车板块的开发支出成本总计 99 亿元，其中有约 45.7 亿元转换为无形资产。按照比亚迪的研发支出计算方式，这个数据即意味着超过 46% 的技术投入已经在产品市场中得到应用。可以理解为：2021 年，市场对于比亚迪刀片电池、DM-i、e 平台 3.0、DiLink4.0技术的广泛认可，为其技术投入换来了尤为可观的收益。

比亚迪研发布局不仅仅局限于汽车板块，而是更加多元化、全链条化，其还布局了电池全产业链、轨道交通等板块研发。公司研发人员超 3 万人，持续的研发投入为公司研发成果持续增多提供了支持，推动技术优势反哺业务发展。2010—2020 年，比亚迪年度专利数量远超长城、长安、广汽等同行业公司，年均增速达17.74％，涉及新能源汽车、分离和混合加工作业、无线通信业务、电气元件和结构部件等多个技术领域。比亚迪始终保持高额研发投入，坚持关键零部件自主研发，推动科技创新能力不断提升，并促进技术创新赋能业务发展。

◎ **建设技术应用生态是成果转化的精髓**

比亚迪从中游业务电池起家，向上向下双向开拓，投资上游锂矿，并向下拓展汽车、新能源储能及电子加工等不同领域，进而凭借自身积累的制造经验，向汽车相关智能化零部件及上游 IGBT 等半导体领域拓展，最终形成整体覆盖上中下游的成熟配套体系，不断拓宽技术应用领域。

针对上游，比亚迪投资电池锂矿，保证了电池原材料供应。比亚迪先后布局：青海盐湖资源，拟建设 3 万吨/年电池级碳酸锂项目；西藏扎布耶盐湖资源，拟建设万吨电池级碳酸锂项目；拟规划新建 6 万吨/年锂盐的印尼项目等。比亚迪将半导体项目部独立出来，成立子公司，以车规级半导体为核心快速开拓布局中上游，主营业务产品包括功率半导体、智能控制 IC、智能传感器、光电半导体等，应用领域包含汽车半导体、智能车载、工程应用、光伏逆变等。

针对中游，比亚迪设立弗迪系子公司（弗迪科技、弗迪电池、弗迪精工、弗迪动力、弗迪视觉/比亚迪照明），覆盖多样零部件。

例如：电动化领域，以弗迪电池、弗迪动力为核心，保障比亚迪动力电池、电机、电控等产品的提供；智能化领域，以弗迪科技为核心，其掌握大量汽车电子和底盘技术，涵盖乘用车、商用车、轨道交通三大领域等。

针对下游，比亚迪依托自身在电池、制造加工等领域的完善布局，进一步开拓"汽车＋电子＋储能＋轨道交通"等不同领域。其中，在轨道交通领域，比亚迪已成功研发出高效率、低成本的中运量"云轨"和低运量"云巴"产品，以配合新能源汽车实现对城市公共交通的立体化覆盖。

总体来看，比亚迪的成功得益于企业长期稳定的技术创新驱动路线。首先，基于产业实际需求，打造具有企业自身特色的研发体系；其次，针对企业核心业务，投入稳定且高额的研发资金，在新能源技术上更是如此；最后，凝合前期积累资源，高度垂直整合，布局全产业链，将所有涉及汽车关键核心技术的零部件牢牢把控在自己手中，自行研发生产。正是这种"研发＋技术应用＋垂直整合"的模式，让比亚迪能够在公司内部实现对各零部件的集成创新和协调发展，推动企业从燃油车技术顺利过渡到新能源技术并实现快速良性的迭代发展，并把新能源相关的电机、电控、电池等零部件成本及应用做到行业领先的地步。因此，比亚迪才能在这个燃油向新能源过渡的变革时代，引领潮流，成绩斐然。

参考文献

[1] 习近平. 在中国科学院第二十次院士大会、中国工程院第十五次院士大会、中国科协第十次全国代表大会上的讲话[N]. 人民日报,2021 - 05 - 29(2).

[2] 樊春良. 建立全球领先的科学技术创新体系——美国成为世界科技强国之路[J]. 中国科学院院刊,2018,33(5):509 - 519.

[3] 李晓慧,贺德方,彭洁. 美国促进科技成果转化的政策[J]. 科技导报,2016,34(23):137 - 142.

[4] 梁伟. 美国科技创新体系中的政府作用[J]. 全球科技经济瞭望,2008,23(3):20 - 25.

[5] 李洁. 美国国家创新体系:政策、管理与政府功能创新[J]. 世界经济与政治论坛,2006(6):55 - 60.

[6] 杨克瑞. 美国高等教育与经济的腾飞——1862 年《莫里尔法》再探[J]. 内蒙古师范大学学报(教育科学版),2003(4):1 - 4.

[7] 王志强. 研究型大学与美国国家创新系统的演进[D]. 上海:华东师范大学,2012.

[8] 曼彻斯特. 光荣与梦想:1932—1972 年美国社会实录[M]. 四川外国语大学翻译学院翻译组,译. 北京:中信出版社,2015.

[9] 格鲁伯,约翰逊. 美国创新简史:科技如何助推经济增长[M]. 穆凤良,译. 北京:中信出版集团,2021.

[10] 胡紫玲,沈振锋. 从《莫里尔法案》到《史密斯—利弗法

案》——美国高等农业教育的发展路径、成功经验及其启示[J]. 高等农业教育,2007(9):86-88.

[11] 李崇寒. 从教会手中夺权 普鲁士:最早实行义务教育的国家[J]. 国家人文历史,2017(8):21-25.

[12] 戴婉莹. 试析 19 世纪普鲁士的"洪堡教育改革"[J]. 亚太教育,2015(21):298.

[13] 周华东. 德国科技成果转化的经验及其对我国的启示[J]. 科技中国,2018(12):22-26.

[14] 付岩. 发达国家科研创新机构科技成果转移转化的特点及启示——以德国弗劳恩霍夫应用研究院和日本科学技术振兴机构为例[J]. 中国科技资源导刊,2017,49(3):97-103.

[15] 奥斯特哈默. 世界的演变:19 世纪史[M]. 强朝晖,刘风,译. 北京:社会科学文献出版社,2016.

[16] 陈润. 时代的见证者:摹状奋斗者的足迹,讲述不一样的中国故事[M]. 杭州:浙江大学出版社,2019.

[17] 谢伏瞻. 中国社会科学院国际形势报告(2022)[M]. 北京:社会科学文献出版社,2022.

[18] 联合国. 2022 年中世界经济形势与展望[R]. 2022.

[19] 中华人民共和国国民经济和社会发展第十四个五年规划和 2035 年远景目标纲要[N]. 人民日报,2021-03-13(1).

[20] 布什,霍尔特. 科学:无尽的前沿[M]. 崔传刚,译. 北京:中信出版集团,2021.

[21] 周黎安. 转型中的地方政府:官员激励与治理[M]. 上海:格致出版社,2017.

[22] 厄格洛. 好奇心改变世界:月光社与工业革命[M]. 杨枭,译. 北京:中国工人出版社,2020.

[23] 李斌. 月光社的历史及其影响[J]. 科学文化评论,2007(1):26-52.

[24] 黄奇帆. 伟大复兴的关键阶段——学习《中华人民共和国国民经济和社会发展第十四个五年规划和2035年远景目标纲要》的认识和体会[J]. 人民论坛,2021(15):6-10.

[25] 习近平:为建设世界科技强国而奋斗[N]. 人民日报,2016-06-01(2).

[26] 马晓澄. 解码硅谷:创新的生态及对中国的启示[M]. 北京:机械工业出版社,2019.

[27] 邓小平. 邓小平文选:第三卷[M]. 北京:人民出版社,1993.

[28] 费尔普斯. 大繁荣:大众创新如何带来国家繁荣[M]. 余江,译. 北京:中信出版社,2013.

[29] 中国科学技术协会. 第十一次中国公民科学素质抽样调查结果[R]. 2021.

[30] 苏继成,李红娟. 新发展格局下深化科技体制改革的思路与对策研究[J]. 宏观经济研究,2021(7):100-111.

[31] 李德轩,曹琛,李学术. 国外大型科研仪器设备管理的主要做法与经验[J]. 云南科技管理,2011,24(2):55-56.

[32] 马宁,刘召. 大型科研仪器共享体系研究[J]. 科技管理研究,2017,37(18):180-185.

[33] 陈宝明,文丰安. 全面深化科技体制改革的路径找寻[J]. 改革,2018(7):5-16.

[34] 孙烈. 中国科技体制的演变[J]. 当代中国史研究,2019,26(6):146.

[35] 寇宗来. 中国科技体制改革三十年[J]. 世界经济文汇,

2008(1):77-92.

[36] 宫超. 攻破科技转化"中梗阻"[J]. 瞭望,2015(21):32-34.

[37] 张强. 思创新、聚人才、建生态,更好发挥企业在科技创新中的主体作用[J]. 张江科技评论,2022(1):30-31.

[38] 平力群. 日本《TLO 法》在促进科技成果转化中的作用[J]. 国际技术经济研究,2006(2):32-36.

[39] Group I. BTG:New Vice President and General Manager BTG Instruments[J]. Ipw Internationale Papierwirtschaft,2011(3/4):9.

[40] 邬欣欣,沈尤佳. 关键核心技术攻关新型举国体制的方略[J]. 山东社会科学,2022(5):22-33.

[41] 闫瑞峰. 科技创新新型举国体制:理论、经验与实践[J]. 经济学家,2022(6):68-77.

[42] 徐兴祥,饶世权. 职务科技成果专利权共有制度的合理性与价值研究——以西南交通大学职务科技成果混合所有制实践为例[J]. 中国高校科技,2019(5):87-90.

[43] 贾颖颖,符新伟,何国强,等. 扎实推进"三项改革"推动科技成果转化见效成势[J]. 新西部,2022(6):175-177.

[44] 李海波,白寿辉,武玉青. 关于我国新型研发机构建设的若干思考[J]. 科技中国,2022(3):14-16.

[45] 欧春尧,刘贻新,张光宇,等. 面向科技创新的新型研发机构产生背景与现实契机研究[J]. 广东工业大学学报,2019,36(5):102-110.

[46] 穆淼. 新型研发机构促进科技成果转化的优势分析[J]. 中小企业管理与科技,2016(2):153-154.

[47] 林巧宁. 新型研发机构建设意义探析[J]. 江苏科技信息，2014(24)：14-15.

[48] 吴崇明，程萍，王钦宏. 中国建设新型研发机构的源起、问题及对策建议[J]. 科技和产业，2022,22(7)：306-314.

[49] 马文静，胡贝贝，王胜光. 基于新型研发机构的知识转移逻辑[J]. 科学学研究，2022,40(4)：665-673.

[50] 中国科技评估与成果管理研究会，国家科技评估中心，中国科学技术信息研究所. 中国科技成果转化年度报告2020[M]. 北京：科学技术文献出版社，2021.

[51] 张岭，李怡欢，李冬冬. 科研人员职务科技成果赋权的困境与对策研究[J/OL]. 科学学研究，2023,41(4)：679-687.

[52] 郝世甲，伏永祥. 高校科技成果转化能力对创新性人才培养质量的影响研究[J]. 中国大学教学，2020(6)：54-59.

[53] 李婧铼，董贵成. 习近平关于战略科学家重要论述的精髓要义[J]. 科学社会主义，2022(3)：48-52.

[54] 谭红军，郭传杰，霍国庆. 战略科学家领导力研究[J]. 科学学研究，2011,29(10)：1441-1448.

[55] 刘玉磊. 带给人类动力的发明家：瓦特[M]. 北京：中国社会出版社，2012.

[56] 马克思. 资本论[M]. 郭大力，王亚南，译. 上海：上海三联书店，2009.

[57] 张云东. 本原与初心：中国资本市场之问[M]. 北京：中信出版集团，2022.

[58] 连平，周昆平. 科技金融：驱动国家创新的力量[M]. 北京：中信出版集团，2017.

[59] 彻诺. 摩根财团：美国一代银行王朝和现代金融业的崛起

[M]. 金立群,译. 北京:中国财政经济出版社,2003.

[60] 韦伯. 新教伦理与资本主义精神[M]. 阎克文,译. 上海:上海人民出版社,2012.

[61] 皮凯蒂. 21世纪资本论[M]. 巴曙松,陈剑,余江,等译. 北京:中信出版社,2014.

[62] 王可炜. 科技创新300年[M]. 兰州:敦煌文艺出版社,2016.

[63] 王培君. 从科研人才到科技企业家:路在何方?——"千人计划"专家丁列明转型为科技企业家的启示[J]. 中国人才,2016(5):15-16.

[64] 孙庆. 高凤林——火箭"心脏"焊接人[J]. 中华儿女,2016(11):48-49.

[65] 朱雪忠,胡锴. 技术转移的专业核心素养与职业教育模式——国际技术转移经理人联盟经验解析[J]. 科学学研究,2018,36(6):1018-1026.

[66] 青木昌彦. 硅谷模式的信息与治理结构[J]. 经济社会体制比较,2000(1):18-27.

[67] 吕克斐. 美国硅谷创新创业新动向——《2015硅谷指数》解读[J]. 今日科技,2015(2):54-55.

[68] 拉奥,斯加鲁菲. 硅谷百年史[M]. 闫景立,侯爱华,闫勇,译. 北京:人民邮电出版社,2016.

[69] 刘希宋,甘志霞. 硅谷与128公路地区的对比分析及对我国高技术园区发展的启示[J]. 研究与发展管理,2003(5):53-57.

[70] 郑宗. 美国为什么只有一个硅谷——128公路高科技园区衰败的原因及启示[J]. 中国国情国力,2002(3):48-50.

[71] 塞诺,辛格. 创业的国度:以色列经济奇迹的启示[M]. 王

跃红,韩君宜,译. 北京:中信出版社,2010.

［72］PITUACH H. 2021 IATI Israel's life science annual industry report［J］. Israel:Israel Advanced Technology Industries,2021:4 - 137.

［73］许超,郑璇,张琼琼."创新街区"国际案例分析——新加坡纬壹科技城的经验与启示［J］. 山西科技,2018(4):6 - 10.

［74］东吴证券. 比亚迪深度研究:十年技术积淀,业务多点开花［R］. 2022.

图书在版编目（CIP）数据

硬科技 2：从实验室到市场/米磊等著．--北京：
中国人民大学出版社，2024.5
（创新中国书系）
ISBN 978-7-300-32734-1

Ⅰ．①硬… Ⅱ．①米… Ⅲ．①科技发展-研究-中国
Ⅳ．①N12

中国国家版本馆 CIP 数据核字（2024）第 082621 号

硬科技 2

从实验室到市场

米 磊 曹慧涛 李 浩 张 程 著

Yingkeji 2

出版发行	中国人民大学出版社		
社　　址	北京中关村大街 31 号	**邮政编码**	100080
电　　话	010 - 62511242（总编室）	010 - 62511770（质管部）	
	010 - 82501766（邮购部）	010 - 62514148（门市部）	
	010 - 62515195（发行公司）	010 - 62515275（盗版举报）	
网　　址	http://www.crup.com.cn		
经　　销	新华书店		
印　　刷	天津中印联印务有限公司		
开　　本	890 mm×1240 mm　1/32	**版　　次**	2024 年 5 月第 1 版
印　　张	10.25 插页 1	**印　　次**	2024 年 5 月第 1 次印刷
字　　数	242 000	**定　　价**	78.00 元